U0279374

混凝土建筑碳排放计算与低碳设计

张孝存　王凤来　刘凯华　著

机 械 工 业 出 版 社

建筑行业是我国积极稳妥推进碳达峰碳中和目标的重点领域。建筑设计阶段所确定的建筑材料、建造方式及运行性能，对建筑全生命周期近90%的碳排放有着直接或间接的影响。由此可见，建筑节能降碳设计是推动建筑领域实现低碳可持续发展的关键举措。

本书以我国广泛应用的混凝土结构为对象，从隐含碳排放计算方法、碳排放指标特征、碳排放预测模型，以及材料、构件与结构的低碳设计这四个维度进行阐述，旨在为混凝土建筑的低碳设计与评价提供有效指导。

本书共7章，在分析建筑领域碳排放现状、相关政策与标准建设，以及国内外研究情况的基础上，综合运用生命周期评价、建筑结构设计、机器学习、智能优化算法和统计概率分析等交叉学科知识，系统地阐述了混凝土建筑隐含碳排放计算方法，基于工程大数据分析了隐含碳排放指标的统计特性与影响因素，提出了早期设计阶段的碳排放强度智能预测模型，并通过理论研究和工程实例建立了混凝土材料、构件及结构的低碳设计方法。

本书结构清晰、内容丰富，理论与实践相结合，可供土木工程等相关专业的高等院校、科研单位及建筑企业的相关人员参考，尤其适合从事建筑结构节能降碳设计等研究与工程实践的研究生和技术人员使用。

图书在版编目（CIP）数据

混凝土建筑碳排放计算与低碳设计／张孝存，王凤来，刘凯华著. -- 北京：机械工业出版社，2025. 2.
ISBN 978-7-111-77183-8

Ⅰ．TU37

中国国家版本馆 CIP 数据核字第 2025T5Y679 号

机械工业出版社（北京市百万庄大街 22 号　邮政编码 100037）
策划编辑：马军平　　　　　　　责任编辑：马军平　张大勇
责任校对：梁　园　李小宝　　　封面设计：马若濛
责任印制：邓　博
北京盛通数码印刷有限公司印刷
2025 年 2 月第 1 版第 1 次印刷
184mm×260mm · 17.5 印张 · 2 插页 · 429 千字
标准书号：ISBN 978-7-111-77183-8
定价：139.00 元

电话服务　　　　　　　　　网络服务
客服电话：010-88361066　　机　工　官　网：www.cmpbook.com
　　　　　010-88379833　　机　工　官　博：weibo.com/cmp1952
　　　　　010-68326294　　金　书　网：www.golden-book.com
封底无防伪标均为盗版　机工教育服务网：www.cmpedu.com

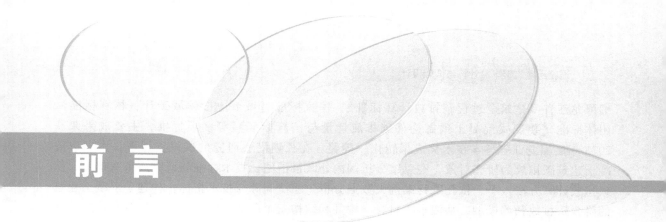

前言

　　碳达峰碳中和是我国基于推动构建人类命运共同体的责任担当和实现可持续发展的内在要求而作出的重大战略决策，展示了我国为应对全球气候变化作出的新努力和新贡献。建筑领域是我国资源、能源消费与碳排放的重点领域，节能降碳任务艰巨、潜力巨大。为加快推动建筑领域节能降碳，积极稳妥推进碳达峰碳中和战略目标，促进建筑产业实现高质量发展，发展新质生产力，我国陆续建立了 1+N 完整的政策体系，发布了《加快推动建筑领域节能降碳工作方案》等重要政策文件，对推进建筑领域碳排放统计核算与绿色低碳建造，具有极其重大的理论意义和实践指导价值。

　　混凝土结构作为我国应用最为广泛的建筑结构体系之一，在建筑领域占据着举足轻重的地位。然而，混凝土建筑在建造过程中需要消耗大量的水泥、钢材等高碳排放建筑材料，形成了环境保护的巨大压力。从头而论，建筑设计阶段决定了建筑材料的种类和用量，决定了建造方式及运行阶段的各项性能与参数，实际上直接或间接对建筑全生命周期近 90% 的碳排放量有至关重要的影响。为此，以设计为切入点，深入研究混凝土建筑的碳排放特征与节能降碳技术路径，是抓住了建筑领域低碳可持续发展的"牛鼻子"。

　　近年来，建筑领域碳排放的相关研究备受行业关注。全球范围内，从建筑碳排放的计算方法、案例分析与低碳设计等方面开展了大量的基础性研究、应用与标准化工作，国内外先后发布了 GB/T 51366—2019《建筑碳排放计算标准》及 BS EN 15978：2011 等标准，配套了 Gabi Build-It、BEES、PKPM-CES 等建筑领域碳计算与分析的专门性软件，为加快建筑领域节能降碳工作奠定了良好基础。与此同时，围绕混凝土建筑隐含碳排放的研究与应用仍存在明显不足：首先，碳排放计算模型的工程适用性有待提高，碳排放因子基础数据库亟须完善，与现行工程计量及计价体系的衔接等方面尚有较大的工作量；其次，工程案例碳排放计算与分析受限于计算边界、计量方法与基础数据的准确性，行业碳排放基准值的确定十分困难，加大了在设计阶段早期完成碳排放预测的难度，形成对材料、技术与建筑低碳评价工作的阻碍；最后，建筑设计过程低碳化评判缺乏系统化的量化指标、实际工作中技术堆砌带来的低碳夸大等问题十分普遍，从低碳材料、低碳构件、低碳技术到低碳建筑的系统性设计方法尚处于起步阶段。

　　本书作者在建筑结构碳排放计算、评价与低碳设计等方面有深刻的理解和研究基础，承担相关科研项目十余项，发表高质量学术论文数十篇，曾出版《建筑工程碳排放计量》（"十四五"国家重点出版物出版规划项目——"碳中和绿色建造丛书"子目），并主编或参编黑龙江省《建筑全过程碳排放计算标准》、国家标准《城乡建设领域碳计量核算标准》、团体标准《装配式混凝土预制构件碳排放计量与核算标准》等多项标准，主要成果荣获2023年度黑龙江省科学技术奖成果转化一等奖。在长期潜心研究的成果支撑下，本书以混凝土建筑碳排放为研究对象，在总结分析国内外政策措施、技术标准与研究成果基础上，从碳排放计算方法入手，依托工程案例大数据分析，厘清碳源与技术指标，构建了混凝土建筑的隐含碳排放预测模型，从混凝土材料、构件和结构三个层面，结合人工智能算法建立了低碳设计方法体系，从而为混凝土建筑的低碳设计与评价提供指导。

全书共分为7章，第1章介绍了全球建筑领域碳排放现状、相关政策、标准建设情况及国内外研究现状；第2章整理了混凝土建筑隐含碳排放计算的理论框架，基于物料消耗和分项工程建立了实用计算模型及不确定性评价方法；第3章给出了混凝土建筑隐含碳排放指标的统计方法，研究了低层、多层与高层混凝土建筑隐含碳排放的统计特性；第4章以机器学习算法为核心，基于数据处理、模型创建与实例分析提出了适用于早期设计阶段的混凝土建筑隐含碳排放智能预测模型；第5章以混凝土材料为对象，集成机器学习与智能优化算法建立了配合比的低碳优化设计方法；第6章提出了混凝土构件的低碳优化设计算法，并以框架柱、简支梁和连续梁为对象开展了实例研究与影响因素分析；第7章聚焦混凝土结构的低碳设计，通过实例研究分析了对比设计法与优化设计法实现混凝土结构降碳设计的可行路径与潜力。

本书由宁波大学张孝存、哈尔滨工业大学王凤来和广东工业大学刘凯华合著，具体分工为：第1章，张孝存和王凤来；第2~3章，张孝存；第4~5章，张孝存和刘凯华；第6~7章，张孝存。全书由张孝存负责统稿，王凤来和刘凯华进行内容校对。本书由国家自然科学基金项目"基于低碳指标的混凝土结构可持续性设计与评价方法研究"（编号52108152）、浙江省自然科学基金项目"建筑碳排放定额计算方法与低碳量化评价模型研究"（编号LQ22E080001）和宁波市自然科学基金项目"基于机器学习的城市居住建筑物化碳排放指标分析与特征研究"（编号2023J073）资助。本书引用了大量的国内外相关研究文献，在此向文献作者表示衷心感谢。本书撰写过程中，宁波大学陈海亮、徐龙等也做了一些辅助性工作，在此一并表示感谢。

本书以混凝土建筑的碳排放计算方法、统计特征、预测模型及低碳设计体系为着眼点，理论研究与实例分析相结合，组织脉络清晰、内容体系完整，适用于土木工程等相关专业高等院校、科研单位及建筑企业的相关人员参考使用。由于作者水平有限，书中难免存在不妥之处，恳请广大读者及时反馈相关问题与建议，帮助不断完善本书内容，为建筑领域低碳可持续发展共同努力。

作　者

目 录

第1章

概　　述

1.1　建筑碳排放现状

1.1.1　全球碳排放趋势

温室气体是大气中能吸收地面反射的太阳辐射，并重新发射辐射的气体，具有使地球表面变得更暖的影响，这种影响被称为温室效应。《京都议定书》中管控的温室气体包括二氧化碳（CO_2）、甲烷（CH_4）、氧化亚氮（N_2O）、氢氟碳化物（HFCs）、全氟化碳（PFCs）、六氟化硫（SF_6）、三氟化氮（NF_3）等。上述温室气体中，HFCs、PFCs 和 SF_6 三类气体造成温室效应的能力最强，但大气中二氧化碳的含量最高，对温室效应的总体贡献最大。因此，目前常采用"碳排放"这一表述方式替代"温室气体排放"，即碳排放是温室气体排放的统称或简称，并以二氧化碳当量表示（CO_{2e}）。需要指出的是，水蒸气、臭氧也是典型的温室气体，但这两种气体的时空分布变化较大，且与上述受管控的温室气体在控制气候变化方面的作用及影响机理存在显著不同，故在进行碳排放核算与分析时，一般不考虑这两种气体。

长期以来，大气中二氧化碳等温室气体的浓度保持相对稳定。但自工业革命以来，受人类活动的影响，温室气体排放急剧增加。联合国政府间气候变化专门委员会（IPCC）的第 6 次评估报告[1] 指出，2019 年，大气中二氧化碳的平均体积分数达到 $4.1×10^{-4}$，甲烷的平均体积分数达到 $1.866×10^{-6}$，氧化亚氮的体积分数达到 $3.32×10^{-7}$。如图 1-1 所示，人类活动已成为影响全球气候变化的最主要因素。2010—2019 年期间，全球地表平均温度较 1850—1900 年增长了 $0.8~1.3℃$（平均 $1.07℃$），且地表升温明显高于洋面。全球变暖对人类和自然生态系统有严重的负面影响，如冰川融化、海平面上升、极端气候事件频发、动植物分布范围向极区和高海拔区延伸、生物多样性减少、淡水资源短缺等。因此，通过全球共同努力，控制增温不超过 $2℃$ 的警戒线已基本达成共识。

21 世纪以来，全球化石能源利用的碳排放迅速增长。如图 1-2 所示，参考《世界能源统计年鉴》[2] 给出的数据资料，2022 年全球能源产生的二氧化碳排放总量达 343.7 亿 t，相比于 2000 年增长了约 40%。因而，实现碳达峰碳中和已成为当前社会和经济可持续发展的重中之重。

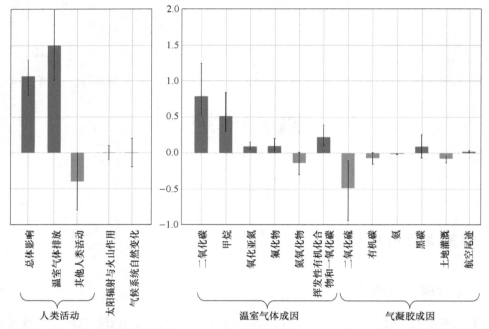

图 1-1　2010—2019 年全球地表增温（以 1850—1900 年为基准，℃）（数据引自 IPCC 第 6 次评估报告）

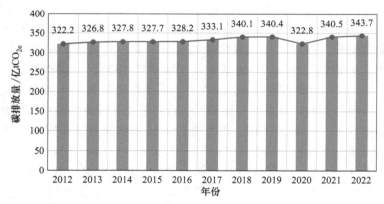

图 1-2　2012—2022 年全球能源产生的二氧化碳排放总量

1.1.2　建筑领域碳排放

从全产业链视角，建筑领域碳排放来源于建材生产、建筑施工、运行维护、拆除处置及上下游服务的全过程。作为社会经济低碳可持续发展的重要部分，建筑领域消耗了全球 30%~40% 的能源，贡献了超过 40% 的碳排放[3]，引起了全社会的广泛关注。作为全球主要经济体之一，中国是碳排放总量最高的国家，其中建筑领域的贡献尤为突出。目前，国内有关建筑领域碳排放总量的统计口径并不一致，依据中国建筑节能协会《2023 中国建筑与城市基础设施碳排放研究报告》[4]，2021 年全国房屋建筑全过程碳排放量为 40.7 亿 tCO_{2e}，占全国能源碳排放总量的 38.2%。其中，建材生产过程的碳排放量为 17.0 亿 tCO_{2e}（41.8%），建筑施工过程的碳排放量为 0.7 亿 tCO_{2e}（1.6%），而建筑运行过程的碳排放量为 23.0 亿 tCO_{2e}

（56.6%）。尽管与"十三五"期间相比，由于房屋建设总量下降导致生产与施工过程（物化阶段）碳排放量出现下滑，但建筑领域全过程仍对我国碳排放总量有至关重要的贡献。在积极稳妥推进"双碳"战略目标的背景下，建筑领域节能降碳势在必行。

建筑领域碳排放按来源不同可大致划分为三个范围。其中，范围一指由化石燃料燃烧或无组织逸散产生的直接温室气体排放（如现场施工的金属焊接、运行过程的制冷剂逸散等）；范围二指由外购电力产生的间接温室气体排放；而范围三指其他所有来源的间接碳排放，如建筑材料使用、产业服务活动等。除范围一外，建筑领域其他来源的碳排放是以消费活动体现的，并不在建筑现场产生，故常称其为"间接碳排放"。建筑全过程碳排放中，直接碳排放的占比相对较小，间接碳排放是主要来源[5]。因此，从节能降碳视角，通过采取适当的技术，减少建筑活动中的资源、能源消耗，是实现建筑领域节能降碳的重要路径。例如，在工程设计阶段，选用经济适用的绿色建筑体系与高效节能技术，降低材料消耗并延长建筑使用寿命；在建材生产阶段，注重研发并推广利用绿色、低碳建材；在建筑施工阶段，积极采用高效、节能的施工技术，落实组织管理，集成装配式技术、大数据、物联网与人工智能等实现智能建造；在运行维护阶段，因地制宜利用风能、水能、太阳能、地热能等新能源，降低传统化石能源消耗，并不断强化公众节能意识，加强能源管理；在拆除处置阶段，加强废弃物的循环再生与再利用，实现建筑垃圾无害化处理等。此外，我国人口众多，立足我国庞大的既有建筑总量，实现节能降碳与安全性升级改造，也是建筑领域绿色、低碳转型发展的关键路径。

从建筑全生命周期视角，也常将建筑碳排放划分为运行碳排放和隐含碳排放[6]。其中，运行碳排放指建筑运行活动中由于利用各类能源产生的直接或间接碳排放；而隐含碳排放指除了运行碳排放，建筑在建材生产、建筑施工、维修维护及拆除处置过程产生的所有碳排放。近年来，通过发展绿色建筑、推广利用新能源技术、推进既有建筑节能改造等手段[7]，我国建筑运行碳排放增长得到了有效控制；然而，随着城镇化发展与生活水平提升，我国房屋建设量仍较高，生产、施工等过程的隐含碳排放不容忽视。从项目层面来看，当前设计标准要求下，隐含碳排放占建筑全过程碳排放总量的10%~40%；随着绿色、低能耗建筑的发展，建筑运行能效不断提升，隐含碳排放的贡献日益增加，已成为制约建筑碳中和的重要因素[8]。

1.2 相关政策与标准建设

1.2.1 国际政策

20世纪80年代以来，随着对温室效应与气候变化问题的不断重视，节能降碳的重要性日渐突出。1988年，世界气象组织和联合国环境规划署联合建立IPCC，旨在对全球气候变化相关的科学、技术、经济和社会信息等进行评估，为制定应对气候变化的政策和行动提供科学依据。迄今为止，IPCC已发布了六次全球气候变化评估报告。1990年，第一次评估报告首次确认了气候变化的科学依据，指出过去一个世纪内全球地表平均温度上升了0.3~0.6℃，并初步提出了应对气候变化的方案；1996年，第二次评估报告强调CO_2排放是人类活动对气候变化的主要影响，并指出气候变化对生态环境造成的不可逆影响；2001年，第三次评估报告明确人类活动是地表增温观测结果的主要原因，并预测全球气温将继续升高；2007 年，第四次评估报告进一步确认了人为因素是大气中温室气体浓度增加的关键，并指出了温室效应与气候变化对经济发展、食品安全和公众健康等的影响；2014 年，第五次评估报告指出人类需要大幅减少温室气体排放，才能实现 2℃ 的增温控制目标，并首次提出了全球碳排放预算的概念；2023 年，第六次评估报告总结了气候变化的事实、影响与风险，指出全球地表平均温度已上升 1.1℃，并特别关注了气候、生态和生物多样性与人类社会的依存关系。

1992 年，《联合国气候变化框架公约》（UNFCCC）审议通过，并于 1994 年正式生效。该公约为应对全球气候变化的国际合作提供了基本框架，其核心内容包括：①设立应对气候变化的目标，要求各国采取措施减少人类活动的温室气体排放，控制全球增温与气候变化风险；②规定缔约方的义务，要求缔约方制定和执行应对气候变化的政策与措施，并定期报告温室气体排放情况及减排进展；③确定"共同但有区别的责任"的原则，呼吁发达国家承担主要的减排责任，并为发展中国家在应对气候变化方面提供技术支持和财政援助，而发展中国家根据自身能力采用减排行动；④强调信息交流和透明度，缔约方须分享关于气候变化的科学信息、技术数据和应对措施，不断加强全球合作；⑤设立缔约方会议，评估公约的实施情况，推动应对气候变化的行动进展。

为推动 UNFCCC 的实施，1997 年第三次缔约方会议通过了公约的附加协议《京都议定书》，并于 2005 年正式生效。该附加协议规定了部分国家应在 2008—2012 年期间，将温室气体排放量在 1990 年的水平上平均减少 5.2%，不同国家根据历史排放数据和经济水平分配了差异化的减排目标。协议引入了三种履约机制实现温室气体减排目标：①排放交易机制（ET），允许国家在全球范围内买卖温室气体排放配额，通过市场机制促进减排成本的最小化；②清洁发展机制（CDM），允许发达国家在发展中国家投资减排项目，以获得减排信用，CDM 鼓励发达国家投资全球减排工作，并同时促进发展中国家的可持续发展；③联合履行机制（JI），允许发达国家之间通过项目合作获得减排信用，为发达国家在减排目标的国际合作上提供了更为灵活的选择。

2009 年，UNFCCC 第 15 次缔约方会议在丹麦哥本哈根召开，来自全球 190 多个国家的代表参与了本次大会，哥本哈根气候大会未能达成具有法律约束力的全球气候协议，仅形成了非正式的《哥本哈根协议》，但为后续的气候谈判和行动奠定了基础，推动了全球气候治理的进程。

2012 年，UNFCCC 第 18 次缔约方会议在卡塔尔多哈召开，会议达成了《〈京都议定书〉多哈修正案》，该修正案于 2020 年正式生效。该修正案对 UNFCCC 附件一所列缔约方的第二期（2013—2020 年）减排承诺做出安排，并设定了在 1990 年水平上至少减排 18% 的目标。此外，多哈修正案将三氟化氮纳入了温室气体的管控范围。

2015 年，UNFCCC 第 21 次缔约方会议在法国巴黎召开，会议通过了具有里程碑意义的《巴黎协定》。该协定包括目标、减缓、适应、自主贡献、资金、透明度、全球盘点等内容。《巴黎协定》要求各缔约方加强对气候变化威胁的全球应对，强调了全球增温不超过 2℃ 的长期目标，努力将增温控制在 1.5℃ 以内，并在 21 世纪下半叶实现温室气体的净零排放（人为排放与清除相平衡）。根据协定，各方将以"自主贡献"的方式参与全球应对气候变化行动，发达国家将继续带头减排，提出全经济范围的绝对量减排目标，并加强对发展中国家的资金、技术和能力建设支持。从 2023 年开始，每 5 年对全球行动进展进行盘点，以提高行动力度、加强国际合作，实现全球应对气候变化的长期目标。《巴黎协定》形成了全球气候治理的崭新形势，将气候治理的理念进一步确定为绿色、低碳发展，奠定了全球各国广泛参与减排的格局。

面临应对全球气候变化的严峻形势，在《巴黎协定》等重要国际协议的引领下，世界各国纷纷提出了碳中和路线图，并积极制定了促进建筑领域碳中和的政策与措施[9]。

英国于 2008 年通过《气候变化法案》（Climate Change Act），设定了到 2050 年温室气体较 1990 年减排 80% 的目标；2022 年发布《Net Zero Strategy：Build Back Greener》，设定了到 2050 年实现各经济部门脱碳的目标，并推出了绿色工业革命的十点计划。建筑运行碳排放方面，2021 年发布了《Heat and Buildings Strategy》，旨在减少既有建筑运行阶段的碳排放量；2023 年发布了《The Future Home Standard》，要求 2025 年起的新建住宅比当前减少 75%~80% 的碳排放量。建筑隐含碳排放方面，确立了 BS EN 15978 标准为建筑隐含碳排放计算与报告的基础性标准文件；2021 年发布了《National Model Design Code》，为建筑材料和施工技术的选择提供指导，以提高效率并减少建筑材料和施工的环境影响。此外，非政府组织方面，2021 年，英国绿色建筑委员会（the UK Green Building Council）发布了《Net Zero Whole Life Carbon Roadmap》，聚焦全过程各方协作为 2050 年实现净零碳提供通用性指导。

欧盟于 2021 年达成《欧洲气候法案》（European Climate Law），设定了到 2050 年实现碳中和的长期目标，并设定到 2030 年温室气体净排放较 1990 年减少 55% 的目标。各成员国须起草十年期国家能源和气候计划（NECP），设定有约束力的减排目标及具体行动方案，如法国、德国、荷兰、瑞典等分别提出了 2035—2050 年期间实现碳中和的减排目标，并将碳中和纳入了气候变化的相关法案。建筑行业层面，欧盟于 2020 年发布了《Circular Economy Principles for Building Designs》，提出建筑可持续性设计、优化材料使用和降低环境影响等措施；2022 年修订的《Construction Products Regulation》，进一步关注了建筑产品的可持续性与回收再利用问题。比利时、法国和意大利已强制要求建筑产品的环保声明（EPD）。此外，丹麦、芬兰等欧盟国家对新建筑项目的全生命周期碳排放计算进行了相关规定，旨在推动建筑碳排放报告与标准化。

加拿大于 2021 年发布《Canadian Net-Zero Emissions Accountability Act》，以实现到 2050 年达到净零排放的目标，履行其在缓解气候变化方面的国际承诺。建筑部门约占加拿大直接温室气体排放的 12%，其引入了多种机制来实现建筑领域碳中和目标，如《Canada Green Homes Grant》《Energy Efficiency in Indigenous Housing》等，具体举措包括设立低碳建筑材料创新中心、促进低碳建材使用、制定监管标准、加快净零碳建筑的标准建设及提升建成环境的气候韧性等。

澳大利亚于 2021 年发布《Long-Term Emissions Reduction Plan》，以实现 2050 年达到净零排放的目标。在此基础上，进一步发布了《Australia's Technology Investment Roadmap》，该路线图推荐氢能源、太阳能、储能、低排放钢铁、碳捕获和储存等碳中和技术的投资，这些技术已在电力、运输、建筑、农业、工业、采矿和制造业等各领域得到了广泛应用。对于建筑行业，通过太阳能、氢能及储能技术等实现清洁电力利用、电气化和能效提升，是实现碳中和的重要路径，并由此制定了《Nationwide House Energy Rating Scheme for Residential Buildings》《National Australian Built Environment Rating System for Commercial Buildings》等评价体系。

新加坡于 2022 年通过了修订的《Carbon Pricing Act》，以支持 2050 年实现温室气体净零排放。建筑行业启动了超低能耗计划，预期实现 2030 年前绿色建筑占比超过 80% 的目标。为达成这一目标，2021 年，根据《Code for Environmental Sustainability of Buildings（4th Edition）》，强制要求既有和新建建筑满足各自的环境可持续性规定。该标准适用于建筑面积超过 5000m² 的新建和改扩建建筑。

韩国于 2021 年通过《Carbon Neutrality and Green Growth Act for the Climate Change》法案，承诺到 2050 年实现碳中和。该法案要求在 2030 年前温室气体排放相较于 2018 年降低至少 40%。对于建筑领域，《National GHG Reduction Roadmap 2030》概述了建筑部门减排的相关政策和措施，主要包括强化新建建筑能效标准与净零能耗建筑认证、推动既有建筑绿色改造与能效提升、扩大可再生能源供应等。在首尔（约占韩国建筑碳排放总量的 70%），2024 年起所有公共建筑需满足净零排放认证要求，2025 年起所有面积大于 1000m² 的商业建筑需满足净零排放认证要求。

1.2.2　国内政策

面临社会经济建设与环境可持续发展的双重挑战，中国积极采取行动、稳妥推进节能降碳政策，先后加入《联合国气候变化框架公约》《京都议定书》《巴黎协定》等，以应对全球气候变化。

1994 年，我国发布《中国 21 世纪议程——中国 21 世纪人口、环境与发展白皮书》，白皮书从人口、环境与经济发展的具体国情出发，提出了促进经济、社会、资源与环境相互协调和可持续发展的总体战略、对策及行动方案。

2006 年，我国发布《气候变化国家评估报告》，该报告总结了我国在应对气候变化方面的观测数据、研究成果及政策主张，对推动可持续发展和生态文明建设具有重要的指导作用。

2007 年，我国颁布《中国应对气候变化国家方案》，明确了我国应对气候变化以科学发展观为指导思想，以控制温室气体排放、增强适应气候变化能力为重点，遵循"共同但有区别的责任"的原则，统筹经济发展与环境保护，并设定了提高能源利用率、发展可再生能源和增加森林覆盖率等多方面目标。

2009 年，我国在哥本哈根气候大会上提出了到 2020 年单位国内生产总值（GDP）二氧化碳排放量相较于 2005 年下降 40%~45% 的目标。根据国家发展和改革委员会发布的信息，我国通过能源结构调整、产业升级、能效提升、森林碳汇等多方面努力，到 2020 年底实现了单位 GDP 减排 48.4%，超额完成了减排 40% 的预期目标，充分体现了我国作为发展中国家在应对全球气候变化行动中的责任担当。

2012 年，我国正式发布《中华人民共和国可持续发展国家报告》，总结了我国推进经济、社会、环境可持续发展与国际合作方面的努力和进展。报告涵盖了中国可持续发展总论、经济结构调整和发展方式转变、人的发展与社会进步、资源可持续利用、生态环境保护与应对气候变化、可持续发展能力建设、国际合作及对联合国可持续发展大会的原则立场等内容。

2015 年，中央政治局会议在"新型工业化、城镇化、信息化、农业现代化"的基础上，首次提出"绿色化"理念，强调生产方式绿色化、生活方式绿色化，把生态文明纳入社会主义核心价值体系，将生态文明建设提升至了全新的政治高度。

2020年，习近平总书记在第七十五届联合国大会一般性辩论上发表重要讲话，宣布"中国将提高国家自主贡献力度，采取更加有力的政策和措施，二氧化碳排放力争于2030年前达到峰值，努力争取2060年前实现碳中和。"碳达峰碳中和战略目标的提出，是我国实现高质量、可持续发展的内在要求，也是推动构建人类命运共同体的必然选择。

2021年，国务院印发《2030年前碳达峰行动方案》，将碳达峰贯穿于经济社会发展的全过程和各方面，确定了能源绿色低碳转型行动、节能降碳增效行动、工业领域碳达峰行动、城乡建设碳达峰行动、交通运输绿色低碳行动、循环经济助力降碳行动、绿色低碳科技创新行动、碳汇能力巩固提升行动、绿色低碳全民行动、各地区梯次有序碳达峰行动等重点任务。

2022年，市场监管总局等九部门联合印发《建立健全碳达峰碳中和标准计量体系实施方案》。作为国家碳达峰碳中和"1+N"政策体系的保障方案之一，明确了我国碳达峰碳中和标准计量体系工作总体部署，对碳达峰碳中和标准计量体系的建设工作起到指导作用。该方案提出，到2025年，碳达峰碳中和标准计量体系基本建立；到2030年，碳达峰碳中和标准计量体系更加健全；到2060年，引领国际的碳中和标准计量体系全面建成。

2023年，国家发展改革委发布《国家碳达峰试点建设方案》，明确选择100个具有代表性的城市和园区开展碳达峰试点建设，聚焦绿色低碳发展面临的瓶颈探索多元化的碳达峰路径，为全国各地提供可操作、可复制、可推广的经验做法。

建筑业作为我国积极稳妥推进碳达峰碳中和战略目标的重点领域，近年来发布了一系列推进节能降碳与绿色转型发展的政策文件。

2021年，国务院印发《关于推动城乡建设绿色发展的意见》。意见提出，到2025年，城乡建设绿色发展体制机制和政策体系基本建立，建设方式绿色转型成效显著，碳减排扎实推进，城市整体性、系统性、生长性增强，"城市病"问题缓解，城乡生态环境质量整体改善，城乡发展质量和资源环境承载能力明显提升，综合治理能力显著提高，绿色生活方式普遍推广。

2022年3月，住房和城乡建设部印发《"十四五"建筑节能与绿色建筑发展规划》。规划明确了"十四五"时期建筑节能与绿色建筑发展的重点任务，即提升绿色建筑发展质量、提高新建建筑节能水平、加强既有建筑节能绿色改造、推动可再生能源应用、实施建筑电气化工程、推广新型绿色建造方式、促进绿色建材推广应用、推进区域建筑能源协同、推动绿色城市建设。

2022年7月，住房和城乡建设部与国家发展改革委联合发布《城乡建设领域碳达峰实施方案》。方案提出，2030年前，城乡建设领域碳排放达到峰值。城乡建设绿色低碳发展政策体系和体制机制基本建立；建筑节能、垃圾资源化利用等水平大幅提高，能源资源利用效率达到国际先进水平；用能结构和方式更加优化，可再生能源应用更加充分；城乡建设方式绿色低碳转型取得积极进展；建筑品质和工程质量进一步提高，人居环境质量大幅改善；绿色生活方式普遍形成，绿色低碳运行初步实现。

2022年11月，工业和信息化部、国家发展改革委等四部门联合印发《建材行业碳达峰实施方案》，方案提出，"十四五"期间建材产业结构调整取得明显进展，行业节能低碳技术持续推广，水泥、玻璃、陶瓷等重点产品单位能耗、碳排放强度不断下降；"十五五"期间，建材行业绿色低碳关键技术产业化实现重大突破，原燃料替代水平大幅提高，基本建立绿色低碳循环发展的产业体系，确保 2030 年前建材行业实现碳达峰。

2024 年 3 月，国务院办公厅转发国家发展改革委、住房城乡建设部《加快推动建筑领域节能降碳工作方案》。方案提出了 12 项重点任务，即提升城镇新建建筑节能降碳水平、推进城镇既有建筑改造升级、强化建筑运行节能降碳管理、推动建筑用能低碳转型、推进供热计量和按供热量收费、提升农房绿色低碳水平、推进绿色低碳建造、严格建筑拆除管理、加快节能降碳先进技术研发推广、完善建筑领域能耗碳排放统计核算制度、强化法规标准支撑、加大政策资金支持力度。

1.2.3 标准建设

1. 国外标准

国际标准化组织（ISO）建立了 ISO 14000 环境管理体系，其中，ISO 14064 系列标准[10-12]以生命周期评价为基础，为组织的温室气体排放计量、监测和报告等提供了统一标准。

2008 年，英国发布 PAS 2050：2008 标准[13]。该标准以生命周期评价理论为基础，给出了具体、明确的产品碳足迹计算方法，并提供了"从摇篮到工厂"和"从摇篮到坟墓"两种评价方案。同年，德国发布了可持续建筑评价体系 DGNB，其将建筑全生命周期划分为材料生产、建筑施工、建筑运行、拆除处置和回收再利用几个阶段，给出了包括温室气体排放在内的建筑环境影响量化计算方法。

2011 年，英国发布 BS EN 15978：2011 标准[14]，用于建筑可持续性的计算评估。该标准采用了与德国 DNGB 体系相似的建筑生命周期划分，并对各阶段包含的详细过程做了具体规定。

2013 年，国际标准化组织发布 ISO 14067 标准[15]，为量化产品与服务在生命周期中的直接和间接温室气体排放提供了标准化方法。

目前，国外专门性的建筑碳排放计算标准仍相对稀缺，大都是以 BS EN 15978：2011 为代表的建筑可持续性评价和环境影响评价标准。

2. 国家标准

2019 年 4 月，GB/T 51366—2019《建筑碳排放计算标准》[16]正式发布。该标准作为我国建筑碳排放计算方面的首部国家标准，适用于新建和改扩建建筑的碳排放计算或核算。该标准将建筑全生命周期划分为运行阶段、建筑及拆除阶段和建材生产及运输阶段，规定了碳排放计算的基本方法框架与目标范围，并给出了典型能源、材料、机械及运输的碳排放因子参考值。该标准内容侧重建筑运行阶段的计算分析，规定运行碳排放的计算范围应包括暖通空调、生活热水、照明、电梯、可再生能源及碳汇等，但有关隐含碳排放计算的边界范围与方法相对简略，仍需进一步完善并细化。

2019 年 3 月，发布的 GB/T 50378—2019《绿色建筑评价标准》[17]将"进行建筑碳排放计算分析，采取措施降低单位建筑面积碳排放强度"作为提高与创新加分项。2024 年 6 月，该标准发布的局部修订中，将相关规定修改为"采取措施降低建筑全寿命期碳排放强度，降低 10% 得 10 分，每再降低 1% 再得 1 分"，评价总分值也由原标准的 12 分提升至 30

分，重要性进一步突出。

2021 年 9 月，强制性工程建设规范 GB 55015—2021《建筑节能与可再生能源利用通用规范》[18] 发布，并于 2022 年 4 月正式实施。该标准规定，建设项目可行性研究报告、建设方案和初步设计文件应包含建筑能耗、可再生能源利用及建筑碳排放分析报告，标志着碳排放分析作为设计文件的一部分成为强制性规定。该标准也规定了新建居住和公共建筑的降碳指标，即碳排放强度应在 2016 年执行的节能设计标准的基础上平均降低 40% 和 $7kgCO_2/(m^2 \cdot a)$ 以上。

2023 年 4 月，国家标准委等十一部门联合印发《碳达峰碳中和标准体系建设指南》。指南提出，围绕碳达峰碳中和标准体系，到 2025 年制修订不少于 1000 项国家和行业标准，覆盖能源、工业、城乡建设等领域。该指南为建筑碳排放相关标准体系的建设提供了顶层设计和指导。

3. 其他标准

地方标准方面，2019 年，厦门市发布 DB3502/Z 5053—2019《建筑碳排放核算标准》[19]。该标准规定按建筑物化阶段、运行阶段和拆除阶段进行建筑全生命周期的碳排放核算，并在国家标准的基础上，进一步补充和完善了建筑全生命周期碳排放的计算方法与碳排放因子基础数据。

2021 年 12 月，广东省发布《建筑碳排放计算导则（试行）》[20]。该导则按照建筑领域碳排放计算边界，给出了建造、运行、拆除三个阶段的碳排放核算方法。导则既可用于已建成建筑的碳排放计算，也可用于设计阶段的建筑碳排放估算。

2023 年 7 月，山东省发布《建筑设计碳排放计算导则（试行）》[21]。该导则聚焦建筑运行碳排放计算与报告，对设计阶段通过建筑能耗模型完成暖通空调系统、生活热水系统、照明及电梯系统、可再生能源系统等碳排放计算的方法进行了规定。

2023 年 9 月，江苏省发布《江苏省民用建筑碳排放计算导则》[22]。该导则在国家标准规定的建材生产与运输阶段、建造与拆除阶段及运行阶段碳排放计算的基础上，列入了废弃物处置阶段碳排放计算方法和碳汇计算方法，并考虑建设项目不同阶段数据差异性，分可行性研究与方案设计阶段、初步设计及后续各阶段，分别给出了相应的碳排放计算方法。

2023 年 11 月，黑龙江省发布 DB23/T 3631—2023《建筑全过程碳排放计算标准》[23]，该地方标准明确按建筑项目的不同阶段分别进行碳排放预算与核算，对建筑碳排放的报告样式做了详细规定，并结合黑龙江省自然地理特点，给出了常见树种的单位面积及单株固碳量参考值。

此外，近年来，以中国工程建设标准化协会标准为代表，发布了多项碳排放相关的团体标准。2014 年发布的 CECS 374—2014《建筑碳排放计量标准》[24]，是我国首部建筑碳排放计算的相关标准。2020 年以来，在碳达峰碳中和战略目标的指导下，工程建设领域碳排放计算、计量、统计等相关标准建设迎来了高潮期，陆续发布了 T/CECS 1243—2023《民用建筑碳排放数据统计与分析标准》[25]、T/CECS 1532—2024《城市轨道交通工程碳排放核算标准》[26]、T/CECS 1586—2024《民用建筑新风系统碳排放评价标准》[27]、T/CECS 1653—2024《民用建筑暖通空调系统碳排放计算标准》[28]、T/CECS 1663—2024《建筑幕墙碳排放计算标准》[29] 等，并有多部其他相关标准在编制中。这些标准为推动建筑行业碳排放计量核算工作提供了有力支撑。

1.3 国内外研究情况

1.3.1 建筑碳排放计算方法

1. 计算理论

碳排放计算是量化建筑碳排放水平、实现低碳设计的基础条件。建筑碳排放计算方法可分为实测法、质量平衡法、排放因子法、投入产出分析法和混合式方法等[30-31]。实测法通过在核算边界范围内直接测量建筑活动中的各类温室气体排放量或浓度变化实现碳排放计量；质量平衡法依据原料与产品之间的质量守恒关系，通过建筑活动中的碳含量平衡分析与定量计算，对碳排放量进行核算；排放因子法基于建筑全生命周期各过程的材料、能源消耗等活动数据与碳排放因子完成碳排放计算，也称为基于过程的生命周期评价方法[32]；投入产出法依据建筑部门与其他相关经济部门间的数量依存关系，利用货币价值与投入产出表实现碳排放估算[33]；而混合式方法整合排放因子法和投入产出分析法的特点，通过构建技术矩阵实现建筑碳排放的计算。

在上述方法中，实测法和质量平衡法需要依据温室气体排放、原材料、中间产物、最终产品及副产品的事实数据进行建筑活动的碳排放核算，尽管结果准确性好，但计量监测难度大、成本高，且无法在工程设计或建设前期实现碳排放水平的预估。投入产出分析法基于宏观经济模型实现部门碳排放核算，考虑了全产业链的生产关联，计算边界完整。排放因子法可根据活动数据实现建筑生命周期各过程碳排放的详细分析，便于识别碳排放的关键影响因素并制定减排策略。然而，投入产出分析法采用了纯部门假定，得到的是部门产品碳排放强度的平均水平，用于项目层面碳排放计算时的准确性较差[34]；排放因子法需要对活动过程进行拆分，建立数据清单时需划定合适的边界范围，但同时会引入截断误差，影响计算结果准确性[35]。为此，结合排放因子法和投入产出分析法的优点，混合式方法得到了广泛研究[36]，具体可分为分层混合（Tiered Hybrid，TH）法、投入产出混合（Input-Output-based Hybrid，IOH）法和整合混合（Integrated Hybrid，IH）法。

TH 法利用排放因子法对主要的生产和施工过程及运行能耗产生的碳排放进行计算，采用投入产出法对其他次要过程及上游环节的碳排放进行估计，最终以两部分碳排放量的线性叠加作为最终计算结果。该方法概念简单、计算边界相比排放因子法更完整，但无法考虑两部分碳排放计算边界的交互性，容易产生重复计算问题。IOH 法采用一定的方法对经济部门进行拆分，基于拓展的投入产出表实现生产及施工过程的碳排放计算，并采用排放因子法补充计算建筑运行和处置阶段的碳排放，最终叠加得到建筑碳排放总量。该方法通过部门拆分提高项目层面碳排放计算的适用性，但投入产出表扩展需要引入大量附加数据与假设，对计算过程引入了额外的不确定性。IH 法通过整合排放因子法和投入产出分析法，建立技术矩阵实现碳排放的计算。该方法的计算边界完备、结果准确可靠，但技术矩阵构建复杂，且由于不同项目的数据清单差异，难以形成普适性的统一技术矩阵，实际应用受限。

综上，尽管排放因子法存在截断误差等缺点，但方法实现容易、计算精度可控，故基于建筑生命周期清单分析的排放因子法是目前应用最为广泛的建筑碳排放计算方法。GB/T 51366—2019《建筑碳排放计算标准》[16] 等国内外标准，均以这一方法为理论基础。所谓建筑生命周期，是指从建筑诞生到寿命终止的全过程，包括原材料开采、材料与部件生产加工、场外运输、现场施工、建筑运行、维修维护、建筑拆除和废弃物处置等过程。见表1-1，现有建筑生命周期的阶段划分并不统一，对计算方法的合理性与结果可比性造成了一定的阻碍[37]。综合来看，绝大多数标准及相关研究均考虑了材料生产、材料运输、施工安装、建筑运行和建筑拆除过程；大部分研究进一步考虑了建筑维护更新和垃圾处置过程；而少数研究将废弃物回收再利用的潜在降碳效益及建筑设计过程考虑在内，但此时需重点关注所评估建筑与其他建筑（如设计工作所在建筑、使用再生材料的建筑）碳排放计算边界的衔接问题，避免不同建筑项目间碳排放或降碳量的重复计算。此外，建筑隐含碳排放计算常采用三类边界，即仅考虑材料生产过程的"摇篮到大门"边界，考虑材料生产和运输过程的"摇篮到现场"边界，以及考虑除建筑设计和运行外其他过程的"摇篮到坟墓"边界。

表1-1 建筑生命周期阶段划分

来源	建筑设计	材料生产	材料运输	施工安装	建筑运行	维护更新	建筑拆除	垃圾运输	回收利用
BS EN 15978：2011[38]		√	√	√	√	√	√	√	
Kurian 等（2011）[39]		√	√	√	√	√	√		
张春晖等（2014）[40]		√		√	√	√	√		√
Zhan 等（2018）[41]		√	√	√	√	√	√	√	
张孝存（2018）[42]		√	√	√	√	√	√	√	
GB/T 51366—2019[16]		√	√	√	√	√	√	√	
Li 等（2019）[43]		√	√	√	√	√	√	√	
李金潞（2019）[44]	√	√	√	√	√	√	√		√
Luo 等（2020）[45]	√	√	√	√	√	√	√		
Alotaibi 等（2022）[46]		√	√	√	√	√	√	√	
Li 等（2022）[47]		√	√	√	√	√	√	√	
张宏等（2022）[48]		√	√	√	√	√	√		√
吴刚等（2022）[49]		√	√	√	√	√	√	√	
张艳敏（2023）[50]		√	√	√	√	√			
Kumar 等（2024）[51]		√	√	√	√	√	√	√	

2. 实用模型

在建筑设计阶段，采用排放因子法进行建筑碳排放计算时，需要获得材料、能源消耗等活动数据。其中，建筑运行碳排放计算所需的能耗等数据常根据建筑节能分析或能耗模拟结果确定，而隐含碳排放计算所需的材料消耗及机械台班等数据，根据获取方法的不同，形成了"物料法""清单（定额）法"和"BIM（建筑信息模型）法"等具有代表性的实用计算模型。

（1）物料法　物料法是根据工程设计图或造价资料等计算或统计各类材料的消耗量及施工机械台班数，并结合对应的碳排放因子完成计算。该方法概念简单、计算过程直观，在建筑碳排放计算的早期研究中得到了广泛应用[52-54]，目前国内碳排放计算软件大多以该方法为理论基础。然而，该方法在清单标准化与结果分析方面存在一定不足。首先，与一般产品的生命周期清单分析不同，建筑活动涉及的材料和机械种类、规格型号繁多，即使同种材料的计量单位也可能不同。然而，碳排放计算时要求活动数据与碳排放因子一一对应，故难以形成标准化的数据清单，且材料及机械的分类整理、活动数据单位换算等工作量大。其次，在结果分析方面，按物料消耗进行碳排放计算时，可直观掌握不同材料或机械的碳排放贡献；但当需要深入研究碳排放的分项工程来源、影响因素与降碳措施时，数据分类统计与分析的工作量将显著增加，计算处理较为复杂。

（2）清单法　清单法依据工程定额或工程量清单，以分部分项工程或建筑构、部件为基本计算单元，通过估计单位工程量的材料、能源消耗建立相应的综合碳排放指标，并与对应的工程总量相结合，实现隐含碳排放的快速计算。采用这一方法时，综合碳排放指标可根据计算单元的特点形成标准化数据库，在不同项目碳排放分析时重复使用，提高计算效率。此外，目前我国建筑招投标项目大多采用工程量清单计价方式，基于"清单法"的碳排放计算与现行工程计价体系匹配性更高，可实现工程计价与计碳的协同，且综合碳排放指标可反映不同建筑企业生产低碳水平的差异，方便项目低碳设计与分析，有助于形成绿色竞争机制。

具体而言，Fang 等（2018）[55] 以现场施工过程为研究对象，基于工程定额给出的单位工程施工机械台班数及单位台班能耗，建立了典型分项工程的施工碳排放定额，并结合工程量清单实现了某海底隧道项目施工过程碳排放的分析。Huang 等（2024）[56] 以工序过程为基本计算单元建立了隐含碳排放计算方法，并基于一栋建筑的现场实测数据，实现了对施工现场典型工序过程及构件综合碳排放指标的分析。张孝存等（2020）[57] 以分部分项工程为基本单元，采用排放因子法和投入产出分析法建立了综合碳排放指标的计算模型，并以《房屋建筑与装饰工程消耗量定额》为基础，建立了包含 17 类共 2930 余项典型分部分项工程的综合碳排放指标数据库；在此基础上，通过案例研究对比了"清单法"与"物料法"的碳排放计算差异，并进行了敏感性分析，结果表明二者的相对误差仅为 0.4%，验证了"清单法"的准确性。徐鹏鹏等（2020）[58] 基于《重庆市房屋建筑与装饰工程计价定额》，以预制构件为对象建立了基于定额的单位体积构件的碳排放计算方法，并基于典型构件碳排放指标与含钢量的相关性给出了构件碳排放指标的简单线性回归公式。王茹等（2023）[59] 以建筑装饰工程为研究对象，以分项工程子目为基本计算单元，整合单位工程的材料生产及施工过程提出了基于实际工作面投影面积的"碳排放便捷计算因子"，建立了装饰工程碳排放的快速计算方法。此外，一些研究[60] 尽管仍以"物料法"进行碳排放计算，但其以工程量清单为主要数据源，并基于构部件或分项工程对计算结果进行整合与分析，一定程度上体现了"清单法"在数据分析与结果对比方面的优势。

（3）BIM 法　BIM 法将碳排放计算与建筑信息模型技术相结合，并可具体分为"分离式"和"嵌入式"两种实现方法。"分离式"是指从建筑信息模型中导出计算所需的工程量数据，并采用"物料法"或"清单法"脱离模型完成碳排放分析，即该方法仅将 BIM 作为获取活动数据的途径。目前，基于 BIM 的建筑碳排放研究多采用该方法。而另一种"嵌入式"方法则是通过在建模过程中，利用 Autodesk Revit 等 BIM 软件的内置功能或进行二次开发，增加碳排放计算相关的数据信息与算法，从而在模型中实现碳排放的动态计算分析与数据可视化。

近年来,随着 BIM 技术在建筑行业的推广应用,基于 BIM 的碳排放计算方法得到了快速发展,表 1-2 总结了相关研究的情况。需要注意的是,尽管"BIM 法"在数据集成、模拟计算、专业协同等方面具有显著的优势[61],但研究表明底层数据库缺失、计算成本相对较高与普及度受限等,仍是"BIM 法"在建筑碳排放计算应用中面临的主要问题[62]。此外,已有"BIM 法"多采用基于物料消耗的排放因子法进行碳排放计算,未见与清单法结合;且多数研究中,不能通过 BIM 模型直接模拟或统计施工过程能耗,需通过其他途径计算或估算。

表 1-2 基于 BIM 的碳排放计算方法相关研究

来源	范围	方法	建模与计算	案例分析
吴东东(2015)[63]	建材生产、运输及拆除	嵌入式	Autodesk Revit 建模,基于 .Net 平台开发插件,实现工程量统计与碳排放计算	2 栋高层住宅
Peng(2016)[64]	生命周期	分离式	Autodesk Revit 计算工程量;Ecotect 模拟运行能耗	1 栋 15 层办公楼
袁荣丽(2019)[65]	物化阶段	分离式	Autodesk Revit 计算工程量;Delphi + Access 开发桌面程序计算碳排放	4 栋 12 层实验楼、1 栋 9 层住宅,现浇结构
Cheng 等(2020)[66]	生命周期	分离式	Autodesk Revit 计算工程量;Design Builder 模拟运行能耗	1 栋 4 层博物馆
Ding 等(2020)[67]	物化阶段	分离式	Autodesk Revit 计算工程量;Access 计算碳排放	1 栋 25 层装配式住宅
Hao 等(2020)[68]	物化阶段	分离式	广联达建模计算工程量	1 栋高层装配式办公楼
Li 等(2022)[47]	生命周期(仅物化阶段应用 BIM)	分离式	广联达建模计算工程量;运行能耗按相关研究或标准估算	5 栋高层装配式住宅,层数 16~25 层
张黎维(2022)[69]	生命周期(仅物化阶段应用 BIM)	分离式	Autodesk Revit 计算工程量;Python + JavaScript + MySQL 开发 Web 端计算隐含碳排放;运行能耗按相关研究报告估算	18 层商业办公楼,绿色建筑
Zhang 等(2022)[70]	生命周期	分离式	Autodesk Revit 建模导入广联达计算工程量;Green Building Studio 运行能耗模拟	4 层公共建筑
Morsi 等(2022)[71]	生命周期(仅物化阶段应用 BIM)	嵌入式	Autodesk Revit 建模 + One-Click LCA 插件计算隐含碳排放;运行能耗按统计数据估计	6 层公寓
李春丽等(2023)[72]	生命周期	分离式	Autodesk Revit 建模导入广联达计算工程量;Green Building Studio 模拟运行能耗	无
刘平平等(2024)[73]	生命周期	分离式	PKPM BIMBase 建模计算工程量及运行能耗	1 栋 22 层装配式住宅
Parece 等(2024)[74]	建材生产与运输	嵌入式	Autodesk Revit 建模+Excel 数据存储,二次开发实现碳排放计算	1 栋 2 层住宅和 1 栋 14 层住宅

3. 预测算法

目前,国内外分别从宏观建筑行业和中观项目层面,对碳排放的预测模型开展了相关研究工作。

在建筑行业层面,对数平均迪式指数(LMDI)分解[75]、广义迪式指数(GDI)分解[76]、Kaya 恒等式[77]、IPAT 模型[78]、STIRPAT 模型[79]等方法被广泛用于建筑业碳排放的影响因素分解与预测,各方法的基本原理和特点见表1-3。具体而言,基于上述方法进行建筑行业碳排放预测包含三个主要步骤。首先,通过LMDI等定量模型或文献调研法确定建筑行业碳排放的驱动因素;其次,基于上述驱动因素,选择STIRPAT等适当的模型,通过对历史碳排放数据的拟合评估模型参数;最后,基于政策文件和假设,对驱动因素的未来变化趋势进行情景分析,根据不同情景设置对碳排放的时序变化进行预测。近年来,借助人工智能的快速发展及其在数据挖掘等方面的应用优势,也对基于机器学习算法的区域建筑业碳排放预测模型进行了研究[80-81],并获得了令人满意的结果。

表 1-3　常用驱动因素分解方法

方法	概述	表达式	说明
LMDI 分解	用于分析和量化不同因素对某个目标变量变化贡献的指数分解技术,其通过考虑不同因素在基期和报告期的相对变化来分解总体变化,有加法分解和乘法分解两种形式	加法:$\Delta V_x = \sum_i W(V_{iT}, V_{i0}) \ln\left(\dfrac{x_{iT}}{x_{i0}}\right)$ 乘法:$\Delta V_x = \exp\left[\sum_i \dfrac{W(V_{iT}, V_{i0})}{W(V_T, V_0)} \ln\left(\dfrac{x_{iT}}{x_{i0}}\right)\right]$ $W(\mu,\nu) = \dfrac{\mu - \nu}{\ln\mu - \ln\nu}$	ΔV_x 为由因素 x 引起的目标变量 V 的变化量;V_{iT} 和 V_{i0} 分别为第 i 个部门(或来源、地区等)目标变量在报告期和基期的取值;V_T 和 V_0 分别为目标变量在报告期和基期的取值;x_{iT} 和 x_{i0} 分别为第 i 个部门因素 x 在报告期和基期的取值;W 为权重函数,μ,ν 指两个变量
GDI 分解	克服了 LMDI 方法中各因素之间相互依赖的缺陷,使得在模型分解中可以包含多个相互独立或相关关联的因素	$\Delta V[x \mid \boldsymbol{\Phi}] = \int_L (\nabla V)^{\mathrm{T}}(I - \boldsymbol{\Phi}_x \boldsymbol{\Phi}_x^+) \, \mathrm{d}x$	$\boldsymbol{\Phi}$ 为因子互联方程;$\boldsymbol{\Phi}_x$ 为 $\boldsymbol{\Phi}$ 的雅可比矩阵;$\boldsymbol{\Phi}_x^+$ 为 $\boldsymbol{\Phi}_x$ 的广义逆矩阵;I 为单位矩阵
Kaya 恒等式	广泛应用于环境经济学领域,建立了碳排放与人口、能源、经济等关键因素的关系	$C = \dfrac{C}{E} \cdot \dfrac{E}{\mathrm{GDP}} \cdot \dfrac{\mathrm{GDP}}{P} \cdot P$	C 为碳排放量;E 为能源消耗总量;GDP 为地区生产总值;P 为人口规模
IPAT 模型	环境影响由人口规模、财富(经济)水平和技术因素共同决定;该模型形式简单,但其假设上述三个因素对环境影响的贡献水平一致,与实际不符	$I = PAT$	I 为环境影响;A 为财富水平;T 为技术因素
STIRPAT 模型	引入随机效应和误差项对 IPAT 模型进行改进,以考虑不同因素对环境影响的随机性与非线性特征	基本形式:$I = aP^b A^c T^d e$ 对数形式:$\ln I = \ln a + b\ln P + c\ln A + d\ln T + \ln e$	a、b、c 和 d 为模型参数;e 为误差项;模型系数可依据对数表达式采用多元线性回归方法通过拟合历史数据得到

影响因素分析方面,Li 等(2023)[76] 采用 GDI 分解方法研究了建筑面积、能源消费、人口规模和可支配收入等因素对我国建筑运行碳排放的影响;Chen 等(2023)[82]、Zhang 等(2023)[83] 对我国建筑运行碳排放进行 LMDI 分解时,考虑了能源消费、建筑面积、人口规模、能源结构与地区生产总值等因素;Lu 等(2016)[84] 采用 LMDI 分解研究了能源消费、施工面积、机械设备投入、建筑材料用量和建筑业产值对我国建筑隐含碳排放的影响;Zhu 等(2022)[85] 基于建筑施工面积、竣工房屋造价、间接碳排放强度、人均能源消费、能源强度和全要素生产率(Total Factor Productivity)建立了隐含碳排放的 STIRPAT 模型;

Sun 等（2024）[86] 考虑碳排放源、施工面积、机械设备投入、建筑业增加值、地区生产总值和人口数，采用 LMDI 分解研究了中国东北地区建筑隐含碳排放的影响因素；Wu 等（2019）[87] 基于 LMDI 分解和 Kaya 恒等式研究我国建筑全过程碳排放驱动因素时，考虑了建筑业增加值、能源消费、竣工面积、既有建筑面积、人口、材料消费结构等的影响。

在识别关键驱动因素的基础上，相关研究提出了建筑业节能降碳的可行策略。Huo 等（2021）[88] 以我国居住建筑为研究对象，提出控制建筑面积、提升设计标准、加强节能改造及发展分布式供热是实现碳达峰的可行措施；Li 等（2023）[89] 研究发现，强化建筑维护结构性能、优化供热系统和利用可再生能源是墨尔本居住建筑脱碳的关键路径；Zhang 等（2019）[90] 强调，控制建设规模和提高生产效率对控制我国建筑物化过程碳排放有重要作用。近年来，为指导建筑行业节能降碳的政策、管理和技术措施，预测建筑业碳达峰情景的重要性日益突出。Huo 等（2021）[91] 利用 Kaya 恒等式研究了城镇化进程对碳排放峰值的影响；Li 等（2023）[92] 和 Zou 等（2023）[93] 利用 IPAT 模型基于人口、经济和技术因素预测了建筑运行碳排放的变化趋势；Xin 等（2023）[94] 采用模特卡洛模拟分别对北京、重庆建筑业的碳达峰碳中和情景进行了预测分析。

在中观建筑项目层面，采用排放因子法等进行碳排放计算时，需要以材料和能源消耗等活动数据为基础，适用于施工图设计完成及后续的阶段。然而，在方案设计与初步设计阶段尚未形成详细的设计图与工程量清单，仅能够获得项目概况与基本设计信息，并依据工程投资估算与设计概算估算钢筋、混凝土等主要建材的消耗量。考虑早期设计阶段对建筑项目低碳设计与评估的重要性，如何构建该阶段碳排放的估算方法已成为建筑节能降碳设计的关键问题之一。为此，国内外研究者尝试基于样本回归分析建立建筑碳排放的快速估算公式，相应研究情况见表 1-4。

表 1-4　建筑碳排放估算公式的相关研究

来源	类型	范围	变量	形式	决定系数（R^2）	数据基础
张又升等（2002）[95]	住宅、办公楼、学校	材料生产、建筑施工、建筑拆除、废弃物运输	层数	材料生产采用二次多项式回归；其他过程采用线性回归	0.950~0.980	62 栋住宅、76 栋办公楼、36 栋学校用于生产过程；6 栋建筑用于施工及拆除过程
董坤涛（2011）[96]	住宅、办公楼	材料生产、建筑施工	层数	材料生产采用线性和二次多项式回归，施工过程采用线性回归	0.858~0.967	36 栋住宅和 37 栋办公楼用于生产过程；6 栋住宅用于施工过程
Luo 等（2016）[97]	办公楼	物化阶段	层数或钢筋、混凝土及墙体材料消耗量	一元和多元线性回归	0.497~0.895	78 栋办公楼
Victoria 等（2018）[98]	办公楼	材料生产	墙体与地面面积比和地下室层数等	多元线性回归	0.513~0.559	41 栋办公楼
毛希凯（2018）[99]	住宅	材料全生命周期	标准层建筑面积和层数	多元线性回归和指数回归	0.903~0.948	38 栋住宅
Cang 等（2020）[100]	住宅	材料生产	钢材、混凝土、砂浆和砌体的单位面积碳排放强度之和	一元线性回归	0.709~0.931	129 栋住宅分不同结构体系

（续）

来源	类型	范围	变量	形式	决定系数（R^2）	数据基础
宋志茜等（2023）[101]	住宅、办公楼	材料生产、建筑施工	层数、是否有地下室；或钢材、混凝土、砌体、砂浆、保温材料、门窗的单位面积碳排放强度之和	多元线性回归；一元线性回归	0.904~0.967	30栋居住建筑、30栋办公建筑
张孝存等（2024）[102]	住宅	材料生产和运输	钢筋、混凝土、预制构件、砌体和门窗五种材料的消耗量	多元线性回归	0.691~0.821	438栋多层住宅

上述估算公式的形式简单，用于早期设计阶段碳排放估算十分方便，因而在广东省《建筑碳排放计算导则（试行）》等地方文件和标准中得到了一定的应用，但这些公式仍存在明显不足。首先，以建筑楼层数为单一变量的估算公式，假定碳排放与层数呈正相关。然而，最近的研究表明，在更一般的情况下（基于大样本的统计分析），这种相关性可能并不显著[98,102]。总体来看，以建筑高度或几种典型材料为变量建立的估算公式，无法考虑建筑实际设计条件与特点的影响，适用范围有限。其次，已有研究多采用线性回归与多项式回归方法，尽管公式形式简单、易构造，但这些方法无法考虑结构体系、抗震设防烈度、交付形式、建设地点、建筑构造情况等分类型变量，而非数值型变量的影响。最后，尽管大部分估算模型的决定系数（R^2）能够达到0.8以上，但这些模型通常仅采用数十个建筑样本进行模型参数估计，其准确性与可靠性无法得到有效保证。

与简单的线性回归和多项式回归相比，机器学习算法在处理数据的非线性方面更为强大，预测性能更为突出，逐渐成为建筑碳排放预测模型研究的热点。运行碳排放预测方面，Chen等（2022）[103]采用10种典型机器学习算法建立了办公建筑的碳排放和热舒适性预测模型，研究了25个建筑特征、5种采样方法对模型预测性能的影响，并通过敏感性和贡献率分析识别了最佳算法组合，以减少模型参数、提高预测效率。Su等（2023）[104]以一栋大型商业建筑为研究对象，以历史用电量数据为基础，采用支持向量机回归、随机森林和极端梯度提升算法建立了预测模型，对不同季节的运行碳排放进行了时间序列预测。Yan等（2023）[105]以2000个住宅单元的数据集为基础，使用卷积神经网络算法创建了可在早期设计阶段预测住宅单元运行碳排放的实时模型，并将模型预测结果与Energy Plus软件的模拟结果进行了对比验证。隐含碳排放预测方面的研究相对较少，Fang等（2021）[106]基于38个住宅建筑样本，采用随机森林算法建立了建筑施工碳排放的预测模型，该模型以建筑高度、地上建筑层数、基底面积、地上建筑面积、地下建筑面积和地下室深度等建筑与施工场地特征参数作为输入变量。王志强等（2024）[107]基于74个剪力墙结构建筑样本，考虑建筑面积、建筑高度、地下室深度、基底面积和抗震等级五个变量，对比了支持向量机、多层感知机、极端梯度提升和极端随机树四种算法的预测性能，并研究了不同特征变量对隐含碳排放强度的影响。结果表明，极端随机树算法的性能最优，且建筑面积和高度两个特征的重要性最高。

此外，也有研究尝试建立建筑生命周期碳排放总量的预测模型。李远钊等（2021）[108]以29个高层办公楼为基础，考虑西向窗墙比、体形系数、外墙传热系数、外窗传热系数四个变量建立了生命周期碳排放预测的支持向量机回归模型。Zheng 等（2024）[109] 基于英国 150 栋居住建筑样本，考虑建筑面积、供暖形式、人行为特征等 28 个变量训练了多元线性回归、决策树和随机森林等 10 种常用算法，用于建筑全生命周期碳排放预测，研究发现随机森林算法的预测性能最佳。Mao 等[110] 基于天津市 207 栋住宅建筑，通过相关性分析和弹性网络算法筛选楼层数、建筑高度、楼层面积、建筑体积、形状系数、窗墙比和传热系数等 12 个变量，并采用主成分回归、多层感知机、支持向量机和随机森林算法建立了全生命周期碳排放的预测模型。结果表明，支持向量机算法的预测效果相对较好，模型的决定系数约为 0.8。

上述研究发现，采用机器学习算法进行建筑项目碳排放预测时，可考虑更为丰富的输入参数，并获得良好的预测性能，但仍存在一定的局限性。研究对象方面，现有研究大多聚焦建筑运行阶段及全生命周期碳排放总量的预测，有关建筑隐含碳排放预测的研究十分有限。变量选择方面，隐含碳排放预测仅考虑了建筑面积、高度、地下室深度等几个简单变量，没有进一步计入结构体系、交付形式、建设地点、主材用量指标等变量的影响；而生命周期预测考虑的变量更为丰富，但建模时没有考虑到隐含与运行碳排放影响因素的差异。适用范围方面，现有模型在适用设计阶段的处理上较为模糊，模型构建时没有考虑方案设计、初步设计等不同阶段设计文件深度的差异。算法选择方面，基于树的学习模型、多层感知机和支持向量机应用较多，其他算法的适用性与有效性需进一步分析。模型性能方面，尽管大多数模型能获得令人满意的决定系数和误差水平，但对模型可解释性等方面的分析仍不充分，且现有多数研究训练模型时所采用的建筑样本数仍较少（大都 200 以内），模型的鲁棒性与泛化能力有待进一步验证。

4. 计算软件

建筑碳排放计算涉及的活动繁多、数据复杂，人工计算工作量大、易出错。国外计算软件方面，早期建筑碳排放计算常采用 GaBi、SimaPro 等生命周期评价软件。

GaBi 是由德国 PE International 公司和斯图加特大学联合开发的生命周期评价软件，可应用于各行业领域的环境影响评价与可持续性分析。该软件能够评估从原材料开采到废弃物处理全过程的环境影响，根据 ISO 14040、EN 15804 和 LEED 等可持续评价标准进行生命周期评价与报告，量化温室气体排放及资源、能源消耗等，确保计算分析过程的合规性。GaBi 提供涵盖丰富产品及过程的生命周期清单数据，具有强大的数据库访问功能，链接了 Ecoinvent、US. LCI 等常用数据库，并支持情景分析、敏感性分析、蒙特卡罗模拟等高级分析功能，从而帮助用户深入理解生命周期评价结果的影响因素与不确定性。

SimaPro 由荷兰 PRé Sustainability 开发，可广泛应用于从原材料开采到生产、使用和最终处置的生命周期全过程环境影响评价，并支持环保产品声明（Environmental Product Declaration，EPD）。该软件具备强大的数据处理与结果可视化能力，可直观地展示产品的生命周期环境影响，并持续对最新评估方法进行更新，保证科学严谨与时效性。此外，SimaPro 同样包含丰富的生命周期清单数据，且提供灵活的定制分析功能，用户可根据具体需求和场景，自定义评价模型、方法及指标，从而提供更有针对性的评价结果。

然而，这一类生命周期评价软件常需用户自行定义产品或过程的评估框架，专业性强，用于建筑碳排放计算时，建模分析过程复杂。为此，在建筑节能降碳需求的引导下，国外发达国家陆续开发了建筑碳排放计算的专门性软件，如 Gabi Build-It、BEES（Building for Environmental and Economic Sustainability）等。

Gabi Build-It 是基于 Gabi 开发的聚焦建筑生命周期评价的软件。该软件提供建筑生命周期评价的标准化模板，可用于不同类型和规模建筑的全过程能耗、碳排放及资源消耗分析，并提供建筑相关的生命周期清单数据库。

BEES 是由美国国家标准与技术研究院（NIST）开发的，专门用于建筑可持续性评价的软件。软件覆盖了建筑生命周期中材料获取、制造、运输、施工、运行、维护、拆除和废弃物处理的全过程，并以 ISO 14040 系列标准和美国 ASTM 标准规定的生命周期评价方法为基础，实现温室气体与污染物排放等环境影响及建筑全过程经济成本的分析，保证评价结果的一致性与可比性。

国内计算软件方面，2020 年以来，在我国积极稳妥推进碳达峰碳中和战略目标的背景下，在 GB/T 51366—2019《建筑碳排放计算标准》等标准的指导下，以 PKPM-CES、东禾建筑碳排放计算分析、绿建斯维尔 CEEB 为代表的碳排放计算软件得到了快速发展[111]。

PKPM-CES 是由中建研科技股份有限公司开发的，我国第一款商业化推广的碳排放计算软件。该软件基于 GB/T 51366—2019《建筑碳排放计算标准》、GB 55015—2021《建筑节能与可再生能源利用通用规范》等标准研发，同时支持《广东省碳排放计算导则（试行）》等地方要求。PKPM-CES 可与节能、绿建系列软件共用模型，通过对标准参数、专业设置、材料编辑、能耗计算、碳排放设计、碳排放计算、结果分析、报告书、绿建评价等内容进行设置，即可完成建筑碳排放计算与报告，并支持碳汇、可再生能源及建材回收等内容的分析。

东禾建筑碳排放计算分析软件是由东南大学和中国建筑集团有限公司联合开发的轻量化建筑碳排放计算分析专用软件。该软件可基于 GB/T 51366—2019《建筑碳排放计算标准》和《江苏省民用建筑碳排放计算导则》完成建材生产和运输、建筑建造和拆除，以及建筑运行的全生命周期碳排放计算分析，并自动生成计算报告。此外，通过整合区块链和 Web-BIM 技术，软件可根据工程设计的不同阶段，实现可行性研究与方案设计阶段的碳排放估算、初步设计和施工图设计阶段的碳排放概预算，以及建造交付及运行使用阶段的碳排放核算。

绿建斯维尔 CEEB 适用于建筑全生命周期的碳排放计算分析。CEEB 提供了多种用于各阶段碳排放计算或估算的方法，内置了典型建筑主要建材指标库，支持材料清单的快速导入与碳排放因子数据匹配，并可共享绿建斯维尔能耗软件等的模型数据和系统设备信息。

综合来看，国外建筑可持续性评价软件不仅支持碳排放计算，同时提供了环境影响与成本指标的评估方法，且数据库资源更为丰富。然而，国内建筑碳排放计算软件与我国标准的匹配性更好，支持多阶段的碳排放估算或核算，并可与建筑节能、绿建等软件实现模型与数据共享，软件使用更为友好。目前，国内建筑碳排放计算软件在低碳建筑优化设计、降碳措施分析及不确定性评估等方面仍有待进一步发展。

1.3.2 建筑碳排放案例研究

1. 单体建筑

近年来，国内外对不同功能类型、不同建筑高度和不同结构体系的建筑碳排放水平、构成及降碳措施等，开展了大量的案例研究工作。表 1-5 总结了部分典型建筑案例的碳排放分析结果。依据表中案例计算数据，建筑生命周期碳排放总量的取值范围为 $689 \sim 14032 kgCO_{2e}/m^2$，平均值和中位数分别为 $3634kgCO_{2e}/m^2$ 和 $2948kgCO_{2e}/m^2$，其中工业仓库的碳排放水平最低，而地铁站、医院等大型公共建筑的碳排放水平较高；建筑物化阶段的碳排放量为 $277 \sim 1364kgCO_{2e}/m^2$，平均值和中位数分别为 $672.6kgCO_{2e}/m^2$ 和 $529.5kgCO_{2e}/m^2$，物化阶段对全生命周期碳排放量的贡献为 $5\% \sim 53\%$，其中，净零能耗建筑、学校、工业仓库等的物化阶段贡献相对较高。综合而言，由于背景数据、清单范围、计算方法、自然条件等的不一致性，单体建筑案例碳排放分析结果的离散性大，全生命周期和物化阶段碳排放强度的变异系数分别高达 0.924 和 0.464。

表 1-5　建筑碳排放的案例对比研究

来源	地区	类型	结构	阶段	建筑面积/m^2	指标/($kgCO_{2e}/m^2$)
Marshall 等（2012）[112]	美国	商业建筑	混凝土结构	施工过程	1245	59.8
Pacheco-Torres 等（2014）[113]	西班牙	3层别墅	混凝土结构	物化阶段	313	385.6
Hong 等（2015）[114]	中国	住宅	混凝土结构	物化阶段	11508	756.6
Su 等（2016）[115]	中国	6、11和18层住宅	钢结构	物化阶段	5524、5544、9574	947、917、950
Gan 等（2017）[116]	中国	60层建筑	组合结构	物化阶段	—	459
Teng 和 Pan（2019）[117]	中国	30层住宅	装配式混凝土结构	物化阶段	39501	561
Zhan 等（2023）[118]	中国	11层住宅	装配式混凝土结构	物化阶段	5410	387.3
黄志甲（2011）[119]	中国	12层住宅	混凝土结构	生命周期	3277	生命周期：1269 物化阶段：277.6
Davies 等（2015）[120]	英国	工业仓库	未注明	生命周期	191074	生命周期（25年）：689 物化阶段：361.9
Li 等（2016）[121]	中国	4层住宅	砌体结构	生命周期	1839	生命周期：952 物化阶段：336.1
王幼松 等（2017）[122]	中国	13层学校	混凝土结构	生命周期	27067	生命周期：2851 物化阶段：895.9
Roh（2017）[123]	韩国	21层公寓	混凝土结构	生命周期	87557	生命周期（40年）：1971 物化阶段：498
Lu 等（2019）[124]	中国	4层医院	混凝土结构	生命周期	6367	生命周期：6296 物化阶段：497.4
郑晓云（2019）[125]	中国	别墅	钢结构	生命周期	82	生命周期：5075 物化阶段：830.3
Zhang 等（2020）[126]	中国	16、17层住宅	混凝土结构	生命周期	17559、12971	生命周期：3500、3509 物化阶段：470.4、442.4
秦骜（2020）[127]	中国	2层地铁站	—	生命周期	12862	生命周期：14032 物化阶段：692.4
冯国会（2022）[128]	中国	2层近零能耗建筑	钢结构	生命周期	302	生命周期：2592 物化阶段：1363.6
罗智星（2023）[129]	中国	9层住宅	混凝土结构	生命周期	7429	生命周期：1956 物化阶段：493.7
惠怡（2023）[130]	中国	5层学校	混凝土结构	生命周期	2421	生命周期：3044 物化阶段：955.8
王婷（2024）[131]	中国	4层学校	混凝土结构	生命周期	6663	生命周期：3144 物化阶段：1319.2

2. 统计分析

上述单一项目案例碳排放分析结果的不确定性，难以形成统一的量化指标用于指导低碳设计与评价。为此，基于一定数量建筑样本的碳排放指标特征统计分析逐渐受到关注。

目前，多数统计研究以居住和办公建筑为对象，并侧重物化阶段。Luo 等（2016）[97]对中国 78 栋混凝土结构办公楼的隐含碳排放进行了分析。结果表明，隐含碳排放强度的平均值为 326.8kgCO$_{2e}$/m^2，且与建筑高度呈正相关。超高层建筑的单位面积碳排放量是多层建筑的 1.5 倍，其中主体结构是隐含碳排放的主要来源，占比达 75%，钢材、混凝土、砂浆和墙体材料的贡献尤为突出。Chastas 等（2018）[132]通过文献调研收集了 95 个居住建筑案例，并对隐含碳排放强度进行了统计分析。结果表明，隐含碳排放强度的取值范围为 179.3～1050kgCO$_{2e}$/m^2，对建筑全生命周期碳排放的贡献为 9%～80%，其中混凝土建筑的隐含碳排放范围为 505.7～1050kgCO$_{2e}$/m^2，离散性显著。Röck（2020）[133]通过文献调研，获得了包含 52 栋办公建筑和 186 栋居住建筑的案例数据，并对隐含与运行碳排放水平进行了分析。结果表明，办公建筑的隐含碳排放强度（平均为 646.8kgCO$_{2e}$/m^2）明显高于居住建筑（平均为 387.0kgCO$_{2e}$/m^2）。随着建筑设计节能水平的提高，运行碳排放呈下降趋势，但隐含碳排放量及占比均有增加。现有设计标准下，全生命周期中隐含碳排放的贡献为 20%～25%，而高效节能建筑可达 45%～50%，个别案例的隐含碳排放占比甚至高达 90% 以上。张凯等（2020）[134]通过文献调研，分析了中国 5 栋高层混凝土结构住宅的全生命周期碳排放强度，结果为 1971～3997kgCO$_{2e}$/m^2，其中物化碳排放为 221.0～820.3kgCO$_{2e}$/m^2，平均占比 17.5%。进一步分析表明，钢材、混凝土、水泥、门窗和砂石对物化碳排放的累计贡献在 80% 以上，是主要排放源。Nawarathna 等（2021）[135]对斯里兰卡 20 栋商业办公楼的建材隐含碳排放进行了研究。结果表明，隐含碳排放强度的取值范围为 384.5～677.4kgCO$_{2e}$/m^2，其中低层、多层和高层办公建筑的隐含碳排放强度平均值分别为 522.2kgCO$_{2e}$/m^2、457.9kgCO$_{2e}$/m^2 和 567.5kgCO$_{2e}$/m^2，且主体结构、楼地面和外墙是隐含碳排放的主要来源，占比为 85%～95%。Cheng 等（2023）[136]对中国 15 栋居住建筑的物化阶段碳排放进行了分析，结果为 372.4～525.9kgCO$_{2e}$/m^2，平均值为 442.9kgCO$_{2e}$/m^2。材料生产过程是物化碳排放的主要来源，其中钢材和混凝土的合计贡献约为 75%。相关性分析表明，物化碳排放强度与建筑层数的相关性并不显著。

在案例统计分析的基础上，部分研究深入分析了气候条件、节能水准、设计参数、结构体系、建设地点等对碳排放强度的影响规律。Ji 等（2020）[137]考虑不同气候区的影响，比较了韩国 39 栋教育建筑的生命周期碳排放。按 40 年使用寿命考虑，寒冷地区的隐含和运行碳排放分别为 611kgCO$_{2e}$/m^2 和 2817kgCO$_{2e}$/m^2，温和地区的隐含和运行碳排放分别为 620kgCO$_{2e}$/m^2 和 2273kgCO$_{2e}$/m^2。不同气候区的教育建筑隐含碳排放相差较小而运行碳排放差异明显，应采取差异化的运行节能降碳策略。杨芯岩等（2023）[138]以中国 10 栋近零能耗公共建筑项目为对象，分析其全生命周期碳排放水平为 1252～2066kgCO$_{2e}$/m^2。与现行设计标准下的基准建筑相比，近零能耗建筑的物化阶段碳排放有一定增加，但运行阶段和全生命周期碳排放强度可分别降低 56.3% 和 43.5%，相应物化阶段占比由基准建筑的 19.0% 提升至 34.4%。通过采用清洁电力、低碳建材和装配式建造等技术，全生命周期碳排放强度可降低至 805kgCO$_{2e}$/m^2。Zheng 等（2023）[139]量化了英国 145 栋居住建筑的全生命周期碳排放水平，相应取值范围为 $500 \sim 2600 kgCO_{2e}/m^2$，平均为 $1490 kgCO_{2e}/m^2$，其中隐含碳排放占比约为29%。研究表明，建筑面积和居住人数是影响生命周期碳排放的主要因素，卧室数量、窗框材料、供暖系统、居住者年龄和保温层厚度等也有一定的影响。Zhang 等（2023）[140] 基于中国 403 个建筑样本对高层住宅建筑的隐含碳强度进行了统计分析。考虑建材生产和运输过程，隐含碳排放强度服从对数正态分布，平均值和中位数为 $424.1 kgCO_{2e}/m^2$ 和 $410.0 kgCO_{2e}/m^2$，其中约 2/3 由钢材、混凝土和预制构件贡献。进一步的相关性分析表明，建筑隐含碳排放强度与抗震等级、交付形式和建造成本有显著相关性，而与建筑高度、结构类型的相关性不显著，但这两个因素对主体结构的隐含碳排放强度有潜在影响。Arceo 等（2023）[141] 基于 80 栋独栋住宅项目案例，对比研究了加拿大多伦多（木-混凝土组合结构）、澳大利亚珀斯（砌体结构）和菲律宾吕宋岛（混凝土结构）的建筑材料隐含碳排放水平。三个地区的碳排放强度平均水平分别为 $137 kgCO_{2e}/m^2$、$190 kgCO_{2e}/m^2$ 和 $313 kgCO_{2e}/m^2$，其中混凝土和砌体是主要排放源。Huang 等（2024）[142] 通过对 161 篇文献的调研，对 826 栋建筑的生命周期碳排放进行了统计分析。其中，564 个案例的隐含碳排放统计结果表明，混凝土结构、钢结构、木结构与砌体结构的碳排放强度中位数分别为 $436.0 kgCO_{2e}/m^2$、$27.9 kgCO_{2e}/m^2$、$182.1 kgCO_{2e}/m^2$ 和 $338.8 kgCO_{2e}/m^2$，中国建筑案例的隐含碳排放强度均值为 $448.0 kgCO_{2e}/m^2$；172 个建筑案例的施工阶段碳排放强度中位数为 $32.2 kgCO_{2e}/m^2$；而建筑全生命周期碳排放强度的中位数 $1932 kgCO_{2e}/m^2$，其中物化阶段碳排放占比约为18%。Guo 等（2024）[143] 通过文献调研收集了 68 栋建筑的数据资料，其中 39 栋为居住建筑，29 栋为公共建筑。分析表明，不同结构体系的建材隐含碳排放强度有明显差异。其中，木结构最低，平均为 $107 kgCO_{2e}/m^2$；混凝土结构最高，平均为 $594 kgCO_{2e}/m^2$。在全生命周期中，建材生产阶段的碳排放贡献率为 $10\% \sim 30\%$，而施工阶段的贡献率不足 5%。

此外，也有研究通过文献调研或统计分析方法对建筑碳排放的基准值进行评估。Izaola 等（2023）[144] 基于欧洲地区 15 项独立研究的结果，采用平均化等数据处理方法得到了西班牙居住建筑全生命周期碳排放强度的基准值。其中，隐含和运行碳排放分别为 $559 kgCO_{2e}/m^2$ 和 $1385 kgCO_{2e}/m^2$。在此基础上，进一步考虑 5 种情景论证了不同节能设计水准对建筑生命周期降碳效果的影响。佘洁卿等（2023）[145] 对夏热冬暖地区 100 栋居住建筑的建材隐含碳排放进行了统计分析，结果为 $262.1 \sim 390.4 kgCO_{2e}/m^2$，平均值为 $336.2 kgCO_{2e}/m^2$，其中钢材和水泥的平均贡献达 67.4%。在此基础上，采用百分数法、聚类分析法和概率分布拟合法对碳排放的基准值进行了研究，相应限定值和先进值分别建议近似取 $375 kgCO_{2e}/m^2$ 和 $320 kgCO_{2e}/m^2$。

上述有关建筑全生命周期和物化阶段碳排放的统计研究，可为设计过程的碳排放预测和建筑节能降碳路径分析提供重要的数据指标基础。总结而言，案例统计分析的主要结果如下：

1）受设计条件与地区差异的影响，不同研究基于案例统计分析得到的碳排放强度指标仍具有较大的差异性与离散性，需要进一步拓展案例数量，并结合建筑功能类型、建设地点、气候条件、结构体系等进行分类统计分析。

2）在现行设计标准下，建筑隐含碳排放（主要为物化阶段碳排放）的占比为 $10\% \sim$

40%，而随着节能设计水准的提高，隐含碳排放的贡献可达 50% 以上，甚至超过 90%。隐含碳排放中，钢材、混凝土和砌体等是主要排放源，合计贡献可达 60%~80%。因此，隐含碳排放，特别是建材生产过程的隐含碳排放，应作为建筑节能降碳设计的重点。

3）尽管表 1-4 所示的早期设计阶段碳排放估算，常以建筑层数或高度为变量建立简单的线性或多项式回归模型，但最近的案例统计分析表明，隐含碳排放强度与建筑高度的相关并不显著，但与建筑物的高度分类（低层、多层和高层）具有一定的关联性。建筑隐含碳排放受气候条件、抗震要求、结构体系、交付形式等复杂建筑设计条件的影响，需要建立更为准确、高效的智能化预测模型。

4）通过对比不同建筑结构体系的碳排放强度统计结果可发现，相较于其他结构类型，多数研究表明混凝土结构的隐含碳排放水平较高。与此同时，混凝土结构是我国当前房屋建筑领域应用最为广泛的结构体系，故其隐含碳排放水平与降碳设计方法的研究具有显著的重要性。

3. 案例对比

在评估建筑碳排放水平与分析影响因素的基础上，国内外相关研究也进行了大量的案例对比工作，见表 1-6，这些建筑碳排放的对比研究工作涉及结构体系、建造方式、设计水准、节能保温构造等多个方面，能够为建筑全生命周期的低碳设计与节能降碳路径研究提供宝贵的经验。案例对比研究的主要结果总结如下：

表 1-6　单体建筑碳排放的案例研究

来源	案例概况	对比内容	碳排放指标/($kgCO_{2e}/m^2$)		
			设计方案	物化阶段	生命周期
Gong 等（2012）[146]	3 层住宅采用木结构、轻钢结构和混凝土结构对比设计	结构体系	木结构	172.8	520.6
			混凝土结构	441.0	788.9
			钢结构	197.9	549.2
李飞等（2012）[147]	7 层砌体结构住宅和 14 层剪力墙结构住宅分别设计	结构体系	砌体结构	341.5	2298
			剪力墙结构	711.6	2300
杜书廷等（2013）[148]	2 层夯土结构住宅、5 层砌体结构住宅、11 层框架-剪力墙结构住宅和 26 层剪力墙结构住宅分别设计	结构体系	夯土结构	48.3	
			砌体结构	419.5	
			框架-剪力墙结构	510.5	
			剪力墙结构	515.0	
Li 等（2014）[149]	17 栋住宅，其中 9 栋高层框架-剪力墙结构、5 栋多层框架结构和 3 栋多层砌体结构分别设计	结构体系	框架-剪力墙结构	325.5	
			框架结构	272.9	
			砌体结构	232.4	
Sazedj 等（2016）[150]	居住建筑采用混凝土结构和砌体结构对比设计	结构体系	混凝体结构	212.0	
			砌体结构	188.0	
Kaziolas 等（2017）[151]	单层住宅采用木结构和钢结构对比设计	结构体系	木结构	74.9	
			钢结构	457.9	
Zhang 等（2020）[152]	7 层住宅采用砖砌体、空心砌块砌体、配筋砌块砌体、混凝土框架结构和剪力墙结构对比设计	结构体系	砖砌体结构	480.2	
			砌块砌体结构	432.3	
			配筋砌块砌体结构	448.0	
			混凝土框架结构	469.6	
			混凝土剪力墙结构	531.4	

（续）

来源	案例概况	对比内容	碳排放指标/（kgCO$_{2e}$/m²）		
			设计方案	物化阶段	生命周期
徐洪澎等（2021）[153]	3层模型建筑采用木结构和混凝土结构对比设计	结构体系	木结构 混凝土结构	175.6 240.0	816.1 907.0
张孝存等（2021）[154]	3层住宅采用混凝土框架结构和钢-竹组合结构对比设计	结构体系	混凝土框架结构 钢-竹组合结构	493.2 462.2	1495.0 1231.9
Chen 等（2022）[155]	8层建筑采用混凝土结构和木结构对比设计	结构体系	木结构 混凝土结构	221.3 295.6	
魏同正等（2024）[156]	1栋建筑采用木结构、混凝土结构和钢结构对比设计	结构体系	木结构 混凝土结构 钢结构	530.4 622.1 680.6	2715.3 2984.7 2864.9
Mao 等（2013）[157]	1栋装配式混凝土结构和1栋现浇混凝土框架-剪力墙结构高层建筑分别设计	建造方式	现浇结构 装配式结构	368.0 336.0	
Li 等（2021）[158]	4栋高层建筑，其中2栋装配式混凝土结构和2栋现浇混凝土结构分别设计	建造方式	现浇结构 装配式结构	445.5 431.0	
曹西等（2021）[159]	18层住宅采用现浇与装配式混凝土剪力墙结构对比设计	建造方式	现浇结构 装配式结构	332.9 325.2	
Wu 等（2017）[160]	9栋居住建筑（3栋为绿色建筑）和17栋商业建筑（7栋为绿色建筑）分别设计	设计水准	绿色建筑 普通建筑	921 704	3200 3558
王卓然（2020）[161]	假想住宅单元分别采用 EPS、XPS、PUR 和岩棉作为保温材料进行设计	保温构造	EPS，100mm XPS，90mm PUR，80mm 岩棉，100mm		362.2 358.8 350.4 370.1

1）结构体系方面，对比了木结构、砌体结构、混凝土结构和钢结构等的碳排放水平。总体而言，混凝土结构的碳排放强度相对较高，这一结论与案例统计分析的结果一致。值得注意的是，尽管砌体结构的碳排放强度相对较低，但由于抗震性能、适用范围等方面的局限，在我国现有新建建筑中逐渐被混凝土结构替代；钢结构的碳排放计算中，一般均考虑了钢材回收利用的碳抵消，否则其碳排放强度会大幅增加；而木结构的碳排放强度最低，除受材料与结构自身特点的影响，计入木材的固碳量也对碳排放计算结果有显著影响。此外，部分案例提供的不同结构体系的生命周期碳排放计算结果表明，在相同节能设计水准下，结构方案选择对建筑运行碳排放的影响有限，可主要对比物化阶段碳排放以确定低碳结构体系。

2）建造方式的对比方面，在现有生产、设计和建造水平下，与现浇混凝土建筑相比，装配式建筑的降碳优势并不明显，尽管部分案例给出的降碳比例达到约10%，但多数案例给出的降碳量均不足5%。具体而言，装配式建筑可提高劳动生产效率，降低材料浪费，从而减少构件生产及现场施工过程的碳排放量。然而，装配式建筑增加了预制构件的运输环节，一定程度上抵消了生产及施工过程的降碳，实践中需要慎重考虑预制构件厂服务半径对碳排放水平的影响。此外，由于构件生产环节采用机械代替了人工，生产过程的用能有一定的增加。目前，部分研究者及从业人员提出，应在碳排放计算中计入人的影响，以体现建筑工业化生产效率提高产生的间接降碳效益。

3）通过对不同节能设计水准的对比发现，绿色建筑与低能耗建筑在物化阶段的碳排放有一定增加（约30%），但全生命周期的碳排放相对更低（约10%）。此外，保温隔热材料的选择及构造优化设计对建筑的全生命周期碳排放水平也有一定的影响（约5%）。近年来，我国建筑节能设计标准不断提高，以期减少建筑运行阶段的碳排放水平。然而，案例研究显示，从动态生命周期的角度考虑，随着能源供应部门的系统性脱碳，运行节能的潜在降碳量将逐渐减少，由此将造成物化阶段碳排放增量的回收期逐步增加，从而影响全生命周期降碳效益。因此，建筑节能率提升应综合研判，并控制在合理范围内。

值得注意的是，多数结构体系与建造方式的对比研究并未在相同建筑设计条件下完成，而是以体量、布局具有显著差异性的案例或假象的建筑单元为研究对象。此外，部分研究采用的系统边界或计算方法过度简化，没有建立相对完整的数据清单用于碳排放对比分析。因此，这些研究中对比结果的可靠性仍需进一步论证。

1.3.3 混凝土建筑低碳设计

鉴于混凝土建筑隐含碳排放控制对实现建筑领域低碳可持续发展的显著影响，近年来，国内外从低碳材料研发与应用、混凝土构件的低碳设计和混凝土结构的低碳设计等多方面[162-163]，对结构体系的降碳路径进行了系统性研究。

1. 低碳材料

材料生产过程是建筑物化碳排放的最主要来源，使用低碳材料具有显著的节能降碳效益。目前，有关低碳材料的研究主要聚焦在生物质材料、低碳水泥及材料再生利用三个方向。

（1）生物质材料方面　Bergman 等（2014）[164]和 Gong 等（2024）[165]对木材碳排放因子的研究发现，考虑生物质固碳时，木材是典型的低碳建材。Zeitz 等（2019）[166]、Hart 等（2021）[167] 和 Robati 等（2022）[168]对木结构建筑的研究进一步表明，使用木材等生物质材料替代混凝土和钢材，具有高达70%的降碳潜力。此外，Sasaki 等（2021）[169] 的研究表明，使用生物质废料替代化石能源，也有显著的降碳效益。

（2）低碳水泥方面　已有研究主要采用能源降碳（如新能源利用、废料替代化石能源）、工艺降碳（如水泥熟料矿物组成优化、低碳水泥体系开发、工业废渣利用、工艺能耗优化、水泥性能提升）和捕集储存（如 CCUS、二氧化碳养护）等方式[170,171]，具体路径措施如图 1-3 所示。

（3）材料再生利用方面　再生混凝土和再生钢是目前的研究热点。Quattrone 等（2014）[172]、Visintin 等（2020）[173]、Xiao 等（2022）[174] 和 Zhao 等（2023）[175]对再生骨料混凝土的力学性能、环境影响等进行了系统性研究，论证了再生骨料混凝土的降碳潜力。Pomponi 等（2018）[176] 对原生钢与再生钢的生产碳排放因子进行总结对比。其中，原生钢的碳排放因子取值范围为 $1.34 \sim 3.81 kgCO_2e/kg$，平均值为 $2.11 kgCO_2e/kg$；再生钢为 $0.16 \sim 0.62 kgCO_2e/kg$，平均值为 $0.36 kgCO_2e/kg$。因此，提高再生钢利用率具有显著的降碳效益。

2. 低碳构件

案例研究发现，主体结构是建筑隐含碳排放的主要来源。作为混凝土结构的基本组成部分，构件的低碳设计是实现建筑结构物化阶段节能降碳的重要技术路径。已有研究以碳排放为目标对构件的优化设计进行了算例分析，见表 1-7。相关研究可从低碳视角为材料强度、

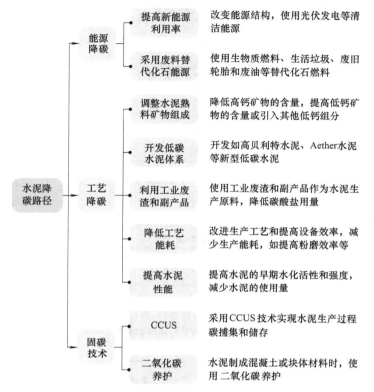

图 1-3 水泥生产过程降碳的技术路径

截面尺寸等构件设计参数的选择提供指导，其主要研究结果总结如下：

1）研究对象方面。现有研究主要以混凝土梁、柱和板构件为研究对象[177-184]，对其他类型构件（如剪力墙、装配式构件及连接节点）的研究较少。

2）设计目标方面。尽管部分研究考虑了碳排放、成本等多个目标，但除了本书作者[183,184]，优化设计时仍多采用单目标优化算法，基于各目标进行逐一优化设计。

3）计算边界方面。多数研究建立优化设计的目标函数时，仅考虑了混凝土、钢筋和模板等几种基本建材的生产过程，而忽略了其他辅材、材料运输及施工过程等碳排放源。这一系统边界的不完备性，可能对优化设计结果产生不利的影响。

4）优化算法方面。穷举法在构件层面的优化设计中得到了大量应用，该方法能够在参数空间内对所有解进行评估，但计算成本高，用于大量构件设计时的效率较低，需要进一步探索智能优化算法在构件低碳设计中的应用。

5）设计结果方面。减小构件截面尺寸、增加构件配筋率及提高材料强度等级（特别是钢筋强度）是实现混凝土构件低碳设计的可行措施。进一步地，对于梁构件，可通过适当减小梁截面宽度及选择合适的截面高度降低隐含碳排放；而对于柱构件，选择合适的截面使得构件轴压比控制在 0.4~0.6 时，具有较好的低碳与经济性。

6）随着装配式建筑的推广应用，也有研究者[185]对预制混凝土构件的碳排放指标与低碳设计方法进行了初步的探索，为装配式建筑的碳排放量计算和降碳设计提供了参考。

表 1-7　混凝土构件的低碳优化设计研究

来源	构件类型	目标	计算边界	优化方法	低碳设计建议
Park 等（2014）[177]	柱	碳排放、成本	混凝土和钢筋的生产	穷举法	提高配筋率可降低碳排放，但会增加成本；提高混凝土和钢筋强度
Fraile-Garcia 等（2015）[178]	板	环境影响、成本	混凝土、钢筋、块材等的生产、运输、施工及处置	穷举法+Perato 前沿	选择合适的支撑构件、填充材料及板厚度
Oh 等（2017）[179]	梁（双筋截面）	碳排放	混凝土和钢筋的生产	穷举法	混凝土与钢筋的碳排放因子之比有重要影响，优化设计时需考虑背景数据的不确定性
Mergos（2018）[180]	梁、柱	碳排放	混凝土、钢筋和模板的生产	穷举法	减小混凝土截面尺寸，提高配筋率；抗震设计时选择适当的构件延性等级
Na 等（2019）[181]	板	碳排放、成本	混凝土、钢筋和模板的生产、运输和施工	对比法	采用空心板可降低 12% 的成本及隐含碳排放
Jayasinghe 等（2021）[182]	梁（T 形截面）	碳排放	混凝土和钢筋的生产	穷举法	减小腹板截面宽度
张孝存等（2021）[183]	梁（含单筋和双筋截面）	碳排放、成本	生产（含钢材、混凝土、模板及辅材）、运输和施工	双目标遗传算法+Perato 前沿	控制截面宽度，选择适当的截面高度；提高纵筋强度；荷载效应高时采用双筋截面；环境恶劣时采用单筋截面
张孝存等（2022）[184]	柱	碳排放、成本	生产（含钢材、混凝土、模板及辅材）、运输和施工	双目标遗传算法+Perato 前沿	采用高强纵筋；适当提高混凝土强度等级；轴压比设计为 0.4~0.6

3. 低碳结构

与构件层次的研究相比，结构设计涉及的条件和变量的复杂度呈几何式增长，其低碳设计的难度显著增加。目前，结构低碳设计主要采用对比设计和优化设计两类方法。

（1）对比设计法　对比设计法是指通过对比不同结构方案的碳排放指标，论证设计方案的低碳性。第 1.3.2 节的建筑碳排放案例研究，可为确定不同设计条件下的低碳结构体系提供参考。在此基础上，国内外对不同结构体系与布局、装配式技术应用、材料选择与再生利用，以及长寿设计与隔振减震的影响做了进一步分析，具体研究结果如下：

1）结构体系与布局。Nadoushani 等（2015）[186] 考虑结构抗侧力体系、结构材料（混凝土与钢材）及建筑高度的影响，采用 5 种不同结构设计方案对 3 层、10 层和 15 层建筑进行了对比设计与生命周期碳排放分析，结果表明，不同结构体系的碳排放有显著差异。建筑隐含碳排放随层数增加呈增长趋势，3 层和 15 层建筑采用钢框架-支撑结构体系时的碳排放最低，而 10 层建筑采用混凝土剪力墙结构的低碳性最佳；建筑全生命周期碳排放随层数增加反而降低，且混凝土剪力墙结构的碳排放最低。此外，在不设置围护结构保温层的情况下，结构材料传热系数的不同会使得相应的运行碳排放产生差异。Lotteau 等（2017）[187] 对比分析了不同结构平面布置方案和建筑体型特征对隐含碳排放量的影响，结果表明，随着建筑高度、建筑表面积与楼面面积之比的增大，碳排放量呈上升趋势。此外，研究发现，与构部件单元的局部设计参数相比，建筑整体布局的尺寸参数对碳排放指标的影响更为显著。

赵彦革等（2023）[188] 通过多个案例对比与工程经验判断，研究了建筑形体、结构体系等对低碳设计的影响。与规则结构相比，严重不规则的建筑形体会增加碳排放量10%～25%，而合理选择结构体系并进行结构优化可降低碳排放8%～10%。Trinh等（2021）[189] 以框架结构为例，考虑柱网尺寸、混凝土强度、构件截面及预应力等因素的影响，进行了不同设计方案中材料隐含碳排放的对比分析。研究建议，减小柱网尺寸（板跨度）和板厚度、增加柱截面尺寸并降低柱配筋量，以及使用预应力技术，是降低结构碳排放的有效措施。混凝土结构的低碳设计不能简单地通过降低自重来实现。Almulhim等（2023）[190] 以五层公寓为例，对比研究了五种不同楼盖结构体系与布局的隐含碳排放量。结果表明，单向板肋梁楼盖的碳排放量最低，其次为无梁楼盖和双向板肋梁楼盖。

2）装配式技术。Han等（2022）[191] 以7层宿舍为例，对不同预制率（预制构件混凝土用量占混凝土总用量的体积比）的装配式混凝土结构物化阶段碳排放进行了对比，结果表明随着预制率的提高，装配式建筑的物化碳排放有一定的下降。王安琪（2023）[192] 以装配式混凝土框架结构为研究对象，通过对比设计研究了装配率（预制构件、建筑部品用量占总用量的数量比或面积比）、板跨、抗震设防烈度等对物化阶段碳排放量的影响。结果表明，装配率提高时，生产过程碳排放下降，而运输及施工过程碳排放增加，物化阶段碳排放总量呈下降趋势，但降幅不足5%；装配率相同时，随板跨减小与抗震等级提高，装配式框架结构的降碳效益逐渐下降，甚至反超现浇混凝土结构。

3）材料选择与再生利用。李小冬等（2011）[193] 分析了C30～C100预拌混凝土的生命周期环境影响，并通过对比采用不同强度等级混凝土的框架结构模型，建议采用C50～C60混凝土以获得更佳的低碳性与经济性。Gan等（2017）等[194] 以高层建筑为对象，考虑不同再生材料利用率的影响，对比分析了钢结构、组合结构和混凝土结构的材料生产及运输过程的隐含碳排放量。结果表明，不考虑材料回收利用的情况下，钢结构的碳排放量高于混凝土结构和组合结构的25%～30%；当再生钢的利用率提高至80%以上时，钢结构的碳排放量最低；然而，当采用35%粉煤灰或75%的粒化高炉矿渣替代水泥作为胶凝材料时，无论是否采用再生钢，混凝土结构均是最低碳的结构体系。

4）长寿设计与隔振减震。王载等（2023）[195] 考虑不同抗震等级的影响，对混凝土剪力墙结构住宅、混凝土框架-剪力墙结构、混凝土框架-核心筒结构、钢框架结构及钢框架-支撑结构的办公楼进行了对比研究。结果表明，延长结构设计工作年限时，物化碳排放总量有4%～29%的增加，但年均碳排放量可降低35%～48%；采用隔振减震措施在明显提高建筑抗震性能的同时，可降碳2%～17%。赵彦革等（2023）[188] 等也通过对混凝土框架及框支剪力墙结构的案例研究发现，采取隔振减震措施具有3%～5%的降碳效益。

（2）优化设计法　优化设计法是指通过建立适当的计算模型和优化算法，以碳排放最小化为目标进行结构布局与设计参数优化。已有研究采用多种方法实现了混凝土框架结构、剪力墙结构及框架-剪力墙（核心筒）结构等的低碳优化设计。

1）框架结构。Paya-Zaforteza等（2009）[196]、Camp等（2013）[197]、Yeo等（2015）[198] 和Mergos（2018）[199] 以二维平面框架的隐含碳排放、建造成本等作为优化设计目标，采用模拟退火算法、大爆炸（Big Bang-Big Crunch）算法和遗传算法等，实现了结构的低碳优化设计。研究表明，与成本最小化设计相比，碳排放量最小化设计在不显著增加成本的情况下可额外降低4%～10%的碳排放量；在高烈度地区，采用相对较高的延性设计水准可显著降低框架结构的碳排放水平。这些研究为框架结构的低碳设计提供了可行的算法，然而相关研究以平面框架模型为对象，与实际结构有较大差异性。Mergos（2024）[200] 以层数为 2~6 层，跨数为 1~3 跨的简单三维框架结构为研究对象，将混凝土用量和材料隐含碳排放量作为优化目标，采用穷举法对选定的设计参数组合进行了分析，并基于 Pareto 前沿分析了最优解的特点。研究表明，当钢筋与混凝土的碳排放因子之比小于 10 时，混凝土用量最小化和碳排放最小化设计的优化结果相同，可通过减小结构的混凝土总用量达到低碳设计的目标；而当钢筋与混凝土的碳排放因子之比远大于 10 时，混凝土用量最小化设计可能导致碳排放量增加 10%~40%。Xiang 等（2024）[201] 等基于参数化建模和遗传算法提出了一种装配式混凝土框架结构的混合式低碳优化设计方法。案例分析表明，与单纯提高装配式结构的构件标准化程度相比，采用混合式优化方法考虑合理的构件标准化与定制化原则，可降低 10% 以上的隐含碳排放量。

2）剪力墙结构。Gan 等（2019）[202] 整合参数化建模、双目标遗传算法和最优性准则（Optimality Criteria）方法，提出了基于材料碳排放与成本的混凝土剪力墙结构优化设计方法。具体而言，首先使用参数化建模定义结构构件间的关系；然后使用遗传算法实现结构拓扑优化，并采用最优性准则方法实现每种结构拓扑中构件尺寸的优化；最后以适应度函数评估不同拓扑方案的性能并通过迭代设计实现优化。以 34 层混凝土剪力墙结构为例，采用该方法进行优化设计后，材料隐含碳排放与成本可降低 18%~24%。

3）框架-剪力墙（核心筒）结构。Choi 等（2017）[203] 基于位移参与因子（Displacement Participation Factor）提出了一种通过调整构件截面尺寸来增加结构抗侧刚度的优化设计方法，利用该方法可提高结构的自振频率，从而减小风荷载及结构材料用量，达到低碳设计的目标。通过对一栋 37 层框架-核心筒结构案例的分析发现，与初始结构设计方案相比，优化设计后的结构物化阶段碳排放和成本可分别降低 13.5% 和 29.2%。Eleftheriadis 等（2018）[204] 以碳排放和成本为目标，结合建筑信息模型、有限单元法和遗传算法建立了一种通过结构平面布局、板和柱截面尺寸，以及板和柱配筋优化实现框架-剪力墙结构低碳设计的方法。采用该方法对两栋建筑案例进行了优化设计，结果表明结构布局与板厚度是最关键的优化设计参数。需要注意的是，该研究所指结构采用了无梁楼盖体系，且不考虑剪力墙部分的优化设计。

总体而言，尽管已有研究针对不同混凝土结构体系，提出了与之适应的低碳优化设计方法，但结构层面的低碳设计仍面临着一定的挑战。首先，部分研究以平、立面布局简单的假想结构模型为研究对象，优化设计结果在真实建筑结构中的适应性有待进一步检验。其次，以实际建筑结构低碳设计为目标的混合式优化方法，常需结合参数化建模、结构有限元分析、智能优化算法与结构拓扑分析等多种复杂技术手段，计算成本高，在实际工程项目中的应用受限。因此，在人工智能技术快速发展的背景下，融合计算机视觉与人工智能算法实现结构的优化设计成为了当下的热点研究领域[205,206]。

1.4 研究路线图

混凝土结构是我国应用最为广泛的建筑结构体系之一，其节能降碳的重要性十分突出。因此，聚焦混凝土建筑，本研究以隐含碳排放为重点研究对象，从碳排放计算方法入手，厘清碳排放源与指标统计特征；构建混凝土建筑的隐含碳排放预测模型，实现工程设计前期的碳排放高效估算；基于混凝土材料、构件和结构三个层面建立低碳设计方法并开展实例研究。通过本研究，旨在为混凝土建筑结构的节能降碳设计提供系统性指导，从而立足混凝土建筑视角助力工程建设领域实现碳达峰碳中和目标。本研究的总体技术路线及章节内容安排如图 1-4 所示。

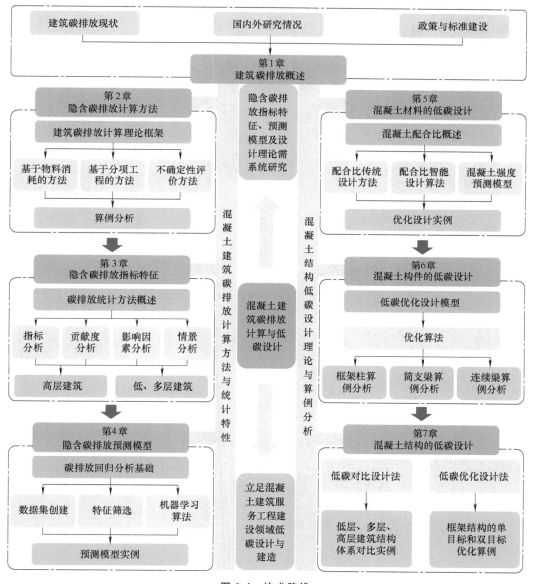

图 1-4　技术路线

本章小结

在积极稳妥推进碳达峰碳中和战略目标的背景下，本章首先对全球碳排放总体趋势、建筑领域碳排放现状，相关政策与标准建设情况进行了概述。在此基础上，从建筑碳排放计算方法（基本理论、实用模型、预测算法和计算软件）、建筑碳排放案例研究情况（单体建筑、统计分析和对比研究）和混凝土建筑低碳设计（低碳材料、低碳构件和低碳结构）三方面，对国内外研究现状与不足进行了系统性的综述分析。通过行业现状、政策、标准与文献分析，确定本研究以混凝土建筑为对象，从碳排放计算方法、指标特征、预测模型，以及混凝土材料、构件与结构的低碳设计方法与案例分析等方面开展具体研究工作，为建筑领域节能降碳提供有力支撑。

第2章

混凝土建筑隐含碳排放计算方法

本章导读

高效、准确地计算碳排放指标是实现混凝土建筑低碳水准量化评价与降碳设计的基础。建筑碳排放计算的常用方法包括实测法、质量平衡法、排放因子法、投入产出分析法及混合法等。然而，建筑全生命周期的不同阶段能够获得的活动数据及其数据质量具有明显差异。聚焦施工图设计阶段，碳排放计算常结合工程造价资料与建筑信息模型等，采用排放因子法实现。GB/T 51366—2019《建筑碳排放计算标准》即采用该方法，对建筑全生命周期碳排放计算做了基本规定。在相关标准要求的基础上，考虑混凝土建筑隐含碳排放源与数据特征，本章首先提出混凝土建筑隐含碳排放计算的基本理论框架，然后分别建立基于物料消耗和分项工程的隐含碳排放计算模型，并从参数、模型与情景三方面构建碳排放计算不确定性的分析方法，最终通过实际算例进行验证分析。本章内容的组织框架如图2-1所示。

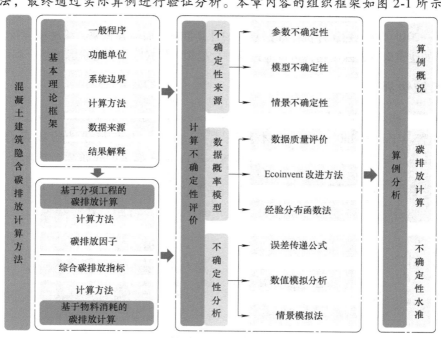

图 2-1　本章内容组织框架

2.1 理论框架

2.1.1 一般程序

碳排放计算（Carbon Emission Calculation）是指采用数学模型或算法来估计或预测碳排放量，通常涉及运用科学原理和方法对碳排放相关的背景数据与活动数据进行分析、处理。因此，建筑碳排放计算一般包含目标确定、清单分析、指标计算和结果评价四个基本步骤。

（1）目标确定　定义碳排放计算的对象与范围，通常包含确定功能单位（Functional Unit）、系统边界（System Boundary）、数据质量（Data Quality）及适用计算方法等。

（2）清单分析　对输入数据和输出结果建立清单，进行数据收集和计算的过程。清单分析是建筑碳排放计算的核心环节，需结合计算目标选择合适的模型或算法。

（3）指标计算　基于清单分析结果进行碳排放指标计算，如碳排放总量、碳排放强度、分过程碳排放比例与构成等。

（4）结果评价　基于指标计算结果对建筑碳排放水平进行评价，并采用统计分析、贡献度分析、敏感性分析、方案对比等方式论证碳排放的影响因素及结果不确定性。

2.1.2 功能单位

建筑碳排放计算常以"建筑整体"或"面积"等作为功能单位[207]。当计算建筑物碳排放总量对环境的影响时，常采用"建筑整体"作为功能单位；而当评估建筑物碳排放强度与降碳潜力或对比不同技术方案时，常采用"面积"作为功能单位。

一般来说，"面积"功能单位可选择建筑面积、用地面积等。其中，建筑面积是碳排放计算的最常用功能单位，单位建筑面积的碳排放强度是 GB/T 51366—2019《建筑碳排放计算标准》、GB/T 50378—2019《绿色建筑评价标准》规定的计算指标；而与容积率、绿地率等指标相似，单位用地面积的建筑碳排放强度指标可以通过碳排放配额的形式限制土地资源的综合利用情况。

2.1.3 系统边界

一般来说，建筑全生命周期包含生产（Production）、建造（Construction）、运行（Operation）和处置（End-of-Life）四个基本阶段[208]。其中，生产与建造阶段常合称为物化（Materialization）阶段。图 2-2 为 BS EN 15978：2011 标准提供的建筑生命周期划分。

生产			建造		运行							处置			
A1	A2	A3	A4	A5	B1	B2	B3	B4	B5	B6	B7	C1	C2	C3	C4
原材料供应	原材料运输	材料生产加工	材料运输	现场施工	非能源直接排放	日常维护	建筑维修	部件更换	建筑翻新	运行能源使用	水资源利用	建筑拆除	废弃物运输	回收利用	垃圾处置

图 2-2　BS EN 15978：2011 标准的建筑生命周期阶段划分

基于上述系统边界，综合国内外研究成果，碳排放计算的碳排放源与常用系统边界如图 2-3 所示。在建筑全生命周期中，建筑隐含碳排放是指除运行能耗碳排放外，建筑物在材料生产、施工建造、维修维护及拆除处置等过程产生的碳排放。其中所指材料是各类建筑材料、部件、构件、配件、饰物和施工辅材，以及暖通空调系统、给水排水系统、电气系统、

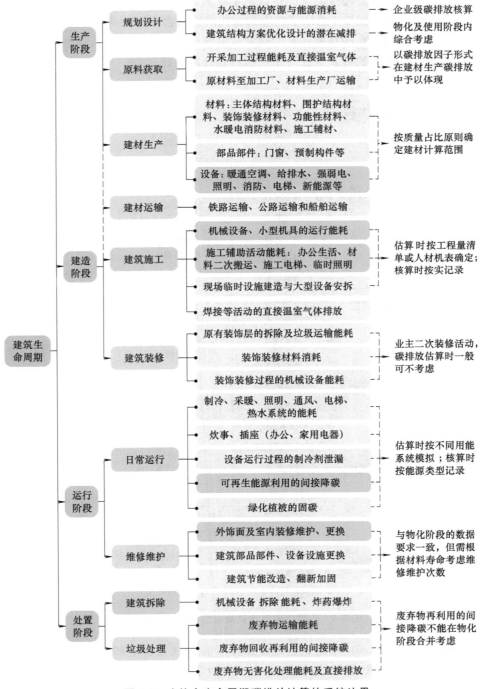

图 2-3　建筑全生命周期碳排放计算的系统边界

燃气系统、消防系统等涉及的所有设备、管道、线缆和配件等产品的统称。此外,国内外标准对材料运输碳排放的阶段划分存在一定差异。GB/T 51366—2019《建筑碳排放计算标准》将运输合并到材料生产阶段,而 BS EN 15978:2011 将运输计入建造阶段(图 2-3 中以虚线表示,可依据实际计算需要进行调整)。

研究表明,物化阶段是建筑隐含碳排放的主要来源,作为本研究的重点分析对象。基于混凝土建筑的工程特点,图 2-4 总结了相应的物化阶段隐含碳排放源。混凝土建筑的物化过程涉及大量的物料投入,在碳排放计算时通常难以精确地量化每一个活动数据,有必要依据碳排放源的重要性与数据的可获取性对系统边界做合理简化。

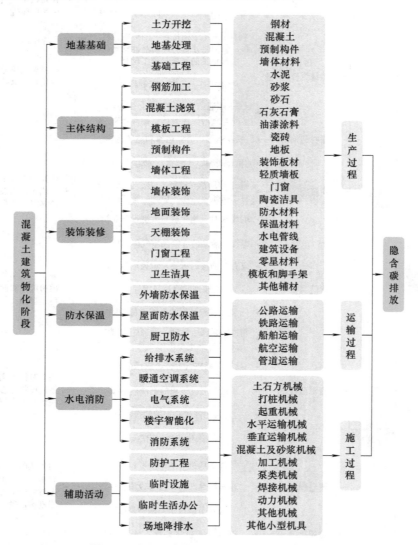

图 2-4 混凝土建筑物化阶段的隐含碳排放源

目前,GB/T 51366—2019《建筑碳排放计算标准》规定,生产阶段碳排放计算时应包括建筑主体结构材料、建筑围护结构材料、建筑构件和部品等,纳入计算范围的主要建筑材料的重量不应低于建材总重量的 95%,且在符合上述要求的基础上,重量占比小于 0.1% 的建材可不计算；建造阶段碳排放计算时应考虑各分部分项工程及措施项目，包括施工场地区域内的机械设备、小型机具、临时设施等使用过程中消耗能源产生的碳排放，可不计入办公用房、生活用房和材料库房等临时设施的影响。

2.1.4　计算方法

如图 2-5 所示，建筑碳排放计算的常用方法包含实测法、质量平衡法、排放因子法（也称为基于过程的方法、排放系数法等）、投入产出分析法、混合法等[209]。

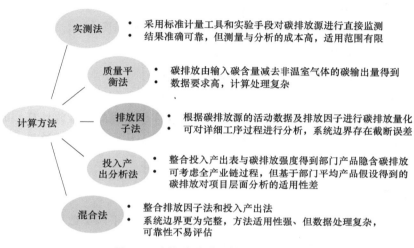

图 2-5　建筑碳排放计算的常用方法

（1）实测法　该方法采用标准计量工具和实验手段对碳排放源进行直接监测，获得各类温室气体的排放数据，并依据全球变暖潜势（GWP）换算为碳排放量。该方法依据碳排放源的直接观测得到碳排放量，结果准确可靠，但测试分析成本高。此外，由于工程项目建设过程工序复杂，且常暴露在自然环境中，气体流动性强、浓度变化监测难度高，故建筑项目碳排放计算时，该方法难以适用。

（2）质量平衡法　该方法依据产品或过程的输入碳含量减去非温室气体的输出碳含量计算得到碳排放量。采用该方法时需详细分析物料、能量及环境输入与输出，并掌握各输入、输出的碳含量，数据质量要求高。因此，该方法与实测法类似，不适用于建筑项目层级的碳排放计算。

（3）排放因子法（Process-based Life Cycle Assessment）　该方法依据碳排放源的活动数据和单位活动碳排放因子进行碳排放计算。该方法概念简单、易实现，是建筑碳排放计算的最常用方法，但受限于数据获取与计算难度，需舍弃对部分碳排放源的分析，系统边界不完备，存在一定的截断误差。采用该方法时，建筑碳排放可按下式计算

$$C = \sum_i C_i = \sum_i q_i f_i \tag{2-1}$$

式中　C——建筑碳排放总量；

　　　C_i——第 i 个过程（或产品）的隐含碳排放量；

　　　q_i——第 i 个过程（或产品）的活动数据；

　　　f_i——第 i 个过程（或产品）的碳排放因子。

（4）投入产出分析法（Input-Output Analysis）　该方法研究经济系统中各部分之间投入与产出相互依存关系的数量分析方法。该方法以价值型投入产出模型为基础，通过引入部门碳排放强度指标，可实现对经济部门的碳足迹分析。由于投入产出法采用了纯部门假定，得到的经济部门隐含碳排放强度为部门产品的平均水平，用于具体项目层面分析时的数据准确性较差。采用该方法时，建筑碳排放可按下式计算[42]

$$C = \sum_i p_i f_{IO,i} = \sum_i \left[p_i \sum_j (\varepsilon_j \bar{b}_{ji}) \right] \tag{2-2}$$

式中　p_i——第 i 个过程（或产品）的经济投入；

$f_{IO,i}$——第 i 个过程（或产品）所属部门的隐含碳排放强度；

ε_j——部门 j 的直接碳排放强度；

$\bar{b}_{ji}$——部门 i 最终产品对部门 j 的完全需求系数。

（5）混合法（Hybrid approach）　该方法整合了排放因子法与投入产出分析的优点，其中分层混合法最为普遍。该方法利用排放因子法实现详细过程的碳排放计算，而利用投入产出法补充分析不具备详细活动数据或碳排放因子的过程，从而扩展系统边界，提高计算结果的完备性。

2.1.5　数据来源

混凝土建筑隐含碳排放的计算涉及碳排放因子和活动水平两类数据。活动数据一般依据建筑项目的实际设计情况及生产、施工条件，结合工程设计资料、建筑信息模型、造价文件及现场调研等途径获得；碳排放因子常通过数据库、报告、文献等资料得到。碳排放因子受方法、技术、时间、管理等多方面因素的影响，具有显著的地域差异性。目前，国外已建立了相对完善的碳排放因子数据库，如荷兰 SimaPro 数据库、瑞士 Ecoinvent 数据库、德国 GaBi 数据库、美国 NREL-USLCI 数据库、日本 IDEA 数据库等（图 2-6）。国内碳排放因子数据库发展相对滞后，尚未形成完整的底层数据基础，已有数据库及标准资源包括 GB/T 51366—2019《建筑碳排放计算标准》、中国碳排放数据库 CEADs、中国产品全生命周期温室气体排放系数库 CPCD、亿科环境数据库 CLCD 等。2023 年 11 月，国家发展改革委等部门发布《关于加快建立产品碳足迹管理体系的意见》（发改环资〔2023〕1529 号），提出了制定产品碳足迹核算规则标准、加强碳足迹背景数据库建设、建立产品碳标识认证制度、丰富产品碳足迹应用场景等重点任务，对我国碳排放因子数据库的建设将起到强有力的支撑作用。

2.1.6　结果解释

建筑物化阶段的隐含碳排放计算结果（以下简称物化碳排放）常采用碳排放总量、碳排放强度及碳排放贡献比例等指标进行表达，通过敏感性分析等方法研究碳排放的关键影响因素，并采用统计分析方法对计算结果的不确定性进行评价。建筑物化碳排放强度及贡献度基本指标可按下列公式计算

$$I_{EMB} = \frac{C_{EMB}}{A} \tag{2-3}$$

$$\rho_i = \frac{C_i}{C_{\text{EMB}}} = \frac{I_i}{I_{\text{EMB}}} \qquad (2\text{-}4)$$

式中 I_{EMB}——建筑物化碳排放强度；

       C_{EMB}——建筑物化碳排放量；

        A——建筑面积；

        ρ_i——第 i 个排放源的碳排放贡献度；

        C_i——第 i 个排放源的碳排放量；

        I_i——第 i 个排放源的碳排放强度。

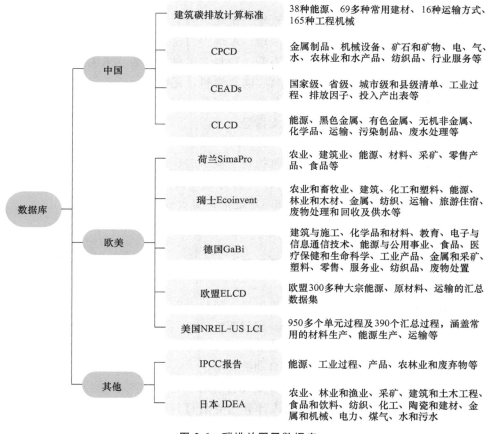

图 2-6 碳排放因子数据库

2.2 基于物料消耗的碳排放计算

2.2.1 计算方法

基于物料消耗的建筑物化碳排放计算方法，将物化阶段拆分为材料生产、场外运输和现场施工三个过程，并依据各过程的物质和能量消耗采用排放因子法进行碳排放计算，即

$$C_{\text{EMB}} = C_{\text{M}} + C_{\text{T}} + C_{\text{C}} \qquad (2\text{-}5)$$

式中　C_M——材料生产过程的碳排放量；

　　　C_T——材料运输过程的碳排放量；

　　　C_C——现场施工过程的碳排放量。

1. 材料生产过程

材料生产过程是建筑物化碳排放的主要来源。建筑项目涉及的材料种类众多，其中用量小、排放低的材料一般可不计算。按建材用途的差异，一般应考虑主体结构材料、围护结构材料、装饰装修材料、功能性材料、辅助性材料、水电材料、建筑部品部件和建筑设备等，具体范围如下：

（1）建筑材料

1）主体结构材料：钢材、混凝土、水泥、砌块、砂浆、木材等。

2）围护结构材料：砖、砌块、轻质隔墙、玻璃、门窗等。

3）装饰装修材料：装饰木材、石灰石膏、涂料、铝材、幕墙、水泥等。

4）功能性材料：保温材料、防水卷材、防水涂料、瓦等。

5）机电消防材料：电线、电缆、塑料管、金属管、五金件等。

6）施工辅助材料：模板、脚手架、支撑等。

（2）建筑部品部件

1）门窗：塑钢窗、铝合金平开窗、推拉窗、实木门、钢质防火门等。

2）预制（叠合）构件：预制承重构件（剪力墙、梁、板、柱）、预制桩和杯口基础、预制墙板、预制楼梯、预制附属部件（如门窗过梁、窗台板）等。

3）其他部品部件：如地沟、管涵、烟道、檐口、装饰物等。

（3）建筑设备

1）制冷采暖设备：空调、散热器、热泵等。

2）照明设备：灯具、应急照明等。

3）通风设备：百叶风口、送风机、排风机、风机盘管等。

4）给排水设备：水泵、水箱、水表、阀门等。

5）强弱电设备：插座、开关、配电箱等。

6）垂直运输设备：垂直升降电梯、自动扶梯等。

7）其他设备：如新能源设备、雨水收集设备、污水处理设备等。

材料生产过程的碳排放量应根据纳入计算边界的材料消耗量与相应碳排放因子按下式计算

$$C_M = \sum_i Q_{M,i} f_{M,i} \tag{2-6}$$

式中　$Q_{M,i}$——第 i 种建筑材料的消耗量；

　　　$f_{M,i}$——第 i 种建筑材料的碳排放因子。

2. 材料运输过程

材料运输过程的碳排放来源于运输载具的能源消耗，常用的运输方式包括铁路运输、公路运输和船舶运输等。建筑项目所用建筑材料应考虑生产地点至施工现场的单向运输，而对于模板、脚手架等可多次周转使用的施工辅材，需考虑材料存放地点到施工现场的双向运输。对于预制构件，原材料到工厂的运输过程碳排放一般在构件产品的碳排放系数中核算，而不列入图 2-2 所示的 A4 运输过程碳排放。

建材运输环节的碳排放量可根据材料重量、运输距离和运输碳排放因子按下式计算

$$C_{\mathrm{T}} = \sum_i Q_{\mathrm{T},i} D_i f_{\mathrm{T},i} \tag{2-7}$$

式中　$Q_{\mathrm{T},i}$——以重量计的第 i 种建筑材料的消耗量；

$\quad\quad D_i$——第 i 种建筑材料的运输距离；

$\quad\quad f_{\mathrm{T},i}$——第 i 种建筑材料所用运输方式的碳排放因子，即单位重量材料运输单位距离的碳排放量。

3. 现场施工过程

现场施工过程的碳排放来自分部分项工程及措施项目等活动的能耗、施工辅助活动能耗、现场临时设施建造、焊接等活动的直接温室气体排放等，具体包括：

1）施工机械能耗，是指施工过程中由机械设备、小型机具运行产生的能耗，包括土建及装饰装修工程，暖通空调、给排水、强弱电、消防等安装工程，以及其他措施项目等；该部分能耗是 GB/T 51366—2019《建筑碳排放计算标准》规定的施工过程计算范围。

2）施工辅助活动能耗，包括现场临时办公区及生活区的能耗、建材及设备在施工场地内二次搬运的能耗，以及施工电梯、临时照明等的能耗。

3）现场临时设施建造，包括塔式起重机、螺旋钻机等大型施工设备进出场安拆的材料、能源消耗，施工现场临时围挡、临时用房建设、地面夯实、临时道路铺设等的材料、能源消耗。

4）直接温室气体排放，包括施工过程中化学反应产生的温室气体，用作焊接等施工活动的操作保护气、设备充注剂等温室气体逸散直接排放。

目前，现场施工过程的碳排放量主要依据施工机械及辅助活动的能耗，按下式计算

$$C_{\mathrm{C}} = C_{\mathrm{X}} + C_{\mathrm{F}} = \sum_j \sum_k W_{\mathrm{X},k} q_{\mathrm{E},kj} f_{\mathrm{E},j} + \sum_j Q_{\mathrm{E},} f_{\mathrm{E},j} T_{\mathrm{C}} \tag{2-8}$$

式中　C_{X}——施工机械设备、小型机具的碳排放量；

$\quad\quad C_{\mathrm{F}}$——施工辅助活动的碳排放量；

$\quad\quad W_{\mathrm{X},k}$——第 k 种施工机械设备、小型机具的台班数；

$\quad\quad q_{\mathrm{E},kj}$——第 k 种施工机械设备、小型机具单位台班的第 j 种能源消耗量；

$\quad\quad f_{\mathrm{E},j}$——第 j 种能源的碳排放因子；

$\quad\quad Q_{\mathrm{E},j}$——施工辅助活动中第 j 种能源的日均用能指标；

$\quad\quad T_{\mathrm{C}}$——建筑物的预计施工工期。

此外，也有研究将机械设备生产与维修计入现场施工过程，相应的摊销碳排放量可按下式估算

$$C_{\mathrm{D}} = \left(\sum_l q_{\mathrm{MP},l} f_{\mathrm{MP},l} T_l + \sum_l q_{\mathrm{MR},l} f_{\mathrm{MR}} T_l \right) \tag{2-9}$$

式中　C_{D}——机械设备生产与维护的摊销碳排放量；

$\quad\quad q_{\mathrm{MP},l}$——第 l 种机械设备的台班折旧费；

$\quad\quad f_{\mathrm{MP},l}$——第 l 种机械设备所属生产部门的隐含碳排放强度；

$\quad\quad T_l$——第 l 种机械设备的台班数；

$q_{MR,l}$——第 l 种机械设备的台班修理费；

f_{MR}——设备修理服务部门的隐含碳排放强度。

2.2.2 碳排放因子

1. 化石能源

化石燃料燃烧的碳排放因子可根据碳含量、氧化率等核算。参考 GB/T 51366—2019《建筑碳排放计算标准》、黑龙江省地方标准 DB23/T 3631—2023《建筑全过程碳排放计算标准》[23]、《建筑工程碳排放计量》[209] 等资料，常用化石能源的碳排放因子见表 2-1。

表 2-1　化石能源的碳排放因子

燃料类型	计量单位	碳含量/(tC/TJ)	氧化率(%)	温室气体排放因子/(t/TJ)			净热值/(kJ/计量单位)	碳排放因子/(kgCO₂ₑ/计量单位)
				CO_2	CH_4	N_2O		
原煤	kg	26.4	94	90.99	0.001	0.0015	20908	1.912
无烟煤	kg	27.4	94	94.44	0.001	0.0015	25090	2.380
一般烟煤	kg	26.1	93	89	0.001	0.0015	20908	1.870
褐煤	kg	28	96	98.56	0.001	0.0015	12545	1.242
洗精煤	kg	25.4	98	91.27	0.001	0.0015	26344	2.416
其他洗煤	kg	25.4	98	91.27	0.001	0.0015	19969	1.831
焦炭	kg	29.5	93	100.6	0.001	0.0015	28435	2.873
煤矸石	kg	25.8	98	92.71	0.001	0.0015	8363	0.779
焦炉煤气	m³	12.1	100	44.37	0.001	0.0001	17354	0.771
高炉煤气	m³	70.8	100	259.6	0.001	0.0001	3763	0.977
转炉煤气	m³	49.6	100	181.87	0.001	0.0001	7945	1.445
汽油	kg	18.9	98	67.91	0.003	0.0006	43070	2.936
煤油	kg	19.6	98	70.43	0.003	0.0006	43070	3.044
柴油	kg	20.2	98	72.59	0.003	0.0006	42652	3.107
燃料油	kg	21.1	98	75.82	0.003	0.0006	41816	3.181
液化石油气	kg	17.2	98	61.81	0.001	0.0001	50179	3.104
液化天然气	kg	17.2	98	61.81	0.003	0.0006	51434	3.192
天然气	m³	15.3	99	55.54	0.001	0.0001	38931	2.164

2. 电力

为落实《关于加快建立统一规范的碳排放统计核算体系实施方案》（发改环资〔2022〕622 号）相关要求，2024 年，生态环境部、国家统计局联合发布了 2022 年全国、区域和省级电力平均二氧化碳排放因子的数据公告[210]。其中，全国电力平均二氧化碳排放因子为 0.5366kgCO₂/kW·h，不包括市场化交易的电力为 0.5856kgCO₂/kW·h，化石能源电力为 0.8325kgCO₂/kW·h。2022 年区域和省级电力平均二氧化碳排放因子具体取值见表 2-2。

随着新能源技术的推广利用，太阳能光伏、风电、水电等清洁电力技术得到快速发展和应用。理论上，从全生命周期视角，考虑建厂、维护、处置等环节，清洁电力生产仍有一定的碳排放。但建筑项目碳排放计算时，一般可不将能源上游环节纳入边界范围，即认为清洁电力的碳排放因子为 0[211]。此外，建筑项目采用分布式光伏等自发电技术时，自用发电量部分可不考虑碳排放，而输出项目边界外的电量可按电网平均二氧化碳排放因子考虑碳抵消。

表 2-2 区域和省级电力平均二氧化碳排放因子

区域	碳排放因子 /(kgCO₂/kW·h)	区域	碳排放因子 /(kgCO₂/kW·h)	区域	碳排放因子 /(kgCO₂/kW·h)	区域	碳排放因子 /(kgCO₂/kW·h)
华北	0.6776	北京	0.5580	浙江	0.5153	海南	0.4184
东北	0.5564	天津	0.7041	安徽	0.6782	重庆	0.5227
华东	0.5617	河北	0.7252	福建	0.4092	四川	0.1404
华中	0.5395	山西	0.7096	江西	0.5752	贵州	0.4989
西北	0.5857	内蒙古	0.6849	山东	0.6410	云南	0.1073
南方	0.3869	辽宁	0.5626	河南	0.6058	陕西	0.6558
西南	0.2268	吉林	0.4932	湖北	0.4364	甘肃	0.4772
		黑龙江	0.5368	湖南	0.4900	青海	0.1567
		上海	0.5849	广东	0.4403	宁夏	0.6423
		江苏	0.5978	广西	0.4044	新疆	0.6231

3. 运输

不同运输方式及载具的能耗水平存在显著差异。GB/T 51366—2019《建筑碳排放计算标准》给出了常用运输方式的碳排放因子，数据见表 2-3。

表 2-3 常用运输方式的碳排放因子　　　　　[单位：kgCO₂ₑ/(t·km)]

运输方式	推荐数据	运输方式	推荐数据
轻型汽油货车运输（载重 2t）	0.334	重型柴油货车运输（载重 46t）	0.057
中型汽油货车运输（载重 8t）	0.115	公路货车运输（平均）	0.170
重型汽油货车运输（载重 10t）	0.104	电力机车运输	0.010
重型汽油货车运输（载重 18t）	0.104	内燃机车运输	0.011
轻型柴油货车运输（载重 2t）	0.286	铁路运输（平均）	0.010
中型汽油货车运输（载重 8t）	0.179	液货船运输（载重 2000t）	0.019
重型柴油货车运输（载重 10t）	0.162	干散货船运输（载重 2500t）	0.015
重型柴油货车运输（载重 18t）	0.129	集装箱船运输（载重 200TEU）	0.012
重型柴油货车运输（载重 30t）	0.078	航空运输（平均）	0.870

4. 建筑材料

建筑材料种类繁多，国家与地方相关标准及图 2-6 所示的碳排放因子数据库提供了较为丰富的材料碳排放因子，可为建筑碳排放的计算提供背景数据。聚焦混凝土结构的隐含碳排放计算，表 2-4 总结了混凝土建筑中部分常用原材料、钢铁、水泥、混凝土、砂浆、砖与砌块的碳排放因子参考值[209]。

表 2-4　建筑材料的碳排放因子　　　（单位：kgCO$_{2e}$/计量单位）

类别	材料名称	计量单位	碳排放因子	类别	材料名称	计量单位	碳排放因子
原材料	新水	t	0.17	混凝土	混凝土 C10	m³	172
	砂子	t	2.51		混凝土 C15	m³	178
	碎石	t	2.18		混凝土 C20	m³	265
	粉煤灰	t	8		混凝土 C25	m³	293
	炉渣	t	109		混凝土 C30	m³	316
	生石灰	t	1190		混凝土 C35	m³	363
	木材	m³	178		混凝土 C40	m³	410
	刨花板	m³	336		混凝土 C45	m³	441
	胶合板	m³	487		混凝土 C50	m³	464
钢铁	铁制品	t	1920		超流态混凝土 C25	m³	320
	镀锌铁	t	2350		超流态混凝土 C30	m³	333
	热轧大型型钢	t	2380	砂浆	砌筑混合砂浆 M2.5	m³	224
	热轧中型型钢	t	2365		砌筑混合砂浆 M5	m³	236
	热轧小型型钢	t	2310		砌筑混合砂浆 M7.5	m³	239
	热轧 H 型钢	t	2350		砌筑混合砂浆 M10	m³	234
	热轧钢板	t	2400		砌筑水泥砂浆 M2.5	m³	155
	热轧钢筋、钢棒	t	2340		砌筑水泥砂浆 M5	m³	165
	热轧钢线材	t	2375		砌筑水泥砂浆 M7.5	m³	181
	焊接直缝钢管	t	2530		砌筑水泥砂浆 M10	m³	200
	热轧无缝钢管	t	3150		砌筑水泥砂浆 M15	m³	232
	冷轧冷拔无缝钢管	t	3680		抹灰水泥砂浆 1:2	m³	405
水泥	水泥（行业平均）	t	735		抹灰水泥砂浆 1:3	m³	277
	硅酸盐水泥 P·I 42.5	t	939		抹灰混合砂浆 1:1:6	m³	285
	硅酸盐水泥 P·I 52.5	t	941		抹灰石灰砂浆 1:2.5	m³	342
	硅酸盐水泥 P·I 62.5	t	958		抹灰石灰砂浆 1:3	m³	293
	硅酸盐水泥 P·II 42.5	t	874		抹灰石膏砂浆 1:3	m³	510
	硅酸盐水泥 P·II 52.5	t	889	砖与砌块	黏土实心砖	m³	295
	硅酸盐水泥 P·II 62.5	t	918		烧结粉煤灰实心砖（50%掺入量）	m³	134
	普通硅酸盐水泥 P·O 42.5	t	795		烧结多孔（空心）砖	m³	250
	普通硅酸盐水泥 P·O 52.5	t	863		页岩实心砖	m³	292
	矿渣硅酸盐水泥 P·S·A 32.5	t	621		页岩空心砖	m³	204
	矿渣硅酸盐水泥 P·S·A 42.5	t	742		煤矸石实心砖（90%掺入量）	m³	22.8
	矿渣硅酸盐水泥 P·S·B 32.5	t	503		煤矸石空心砖（90%掺入量）	m³	16
	火山灰质硅酸盐水泥 P·P 32.5	t	631		混凝土砖	m³	336
	火山灰质硅酸盐水泥 P·P 42.5	t	722		混凝土小型空心砌块	m³	180
	粉煤灰硅酸盐水泥 P·F 32.5	t	631		粉煤灰小型空心砌块	m³	350
	粉煤灰硅酸盐水泥 P·F 42.5	t	722		加气混凝土砌块	m³	270
	复合硅酸盐水泥 P·C 32.5	t	604		蒸压粉煤灰砖	m³	341
	复合硅酸盐水泥 P·C 42.5	t	742		蒸压灰砂砖	m³	375

需要注意的是，由于 GB/T 51366—2019《建筑碳排放计算标准》仅给出了 C30 和 C50 混凝土碳排放因子，考虑到不同强度等级混凝土碳排放因子数据的一致性，表中所列混凝土的碳排放因子未参考该标准的取值。

2.3 基于分项工程的碳排放计算

2.3.1 计算方法

采用排放因子法进行建筑隐含碳排放计算时，需要获取建筑材料消耗、施工机械能耗等数据。这些数据可由工程设计图、BIM 模型、造价文件等获得。目前，工程造价分析常以工程量清单或定额为基础，相应工程量数据可为建筑隐含碳排放计算提供依据。因此，借鉴工程定额与清单计价体系，可建立基于分项工程的碳排放计算方法，实现分部分项工程及措施项目的综合碳排放指标编制，从而建立标准化的数据基础，减少重复性数据处理工作，便于推进工程碳排放计算与报告。

以混凝土结构为对象，其隐含碳排放计算主要涉及钢筋、混凝土和模板三个分项工程。以上述分部分项工程为计算单元，相应隐含碳排放量可采用下式计算

$$C = \sum_i C_i = \sum_i C_{s,i} + \sum_i C_{c,i} + \sum_i C_{f,i} = \sum_j \sum_i M_{s,ij} E_{s,ij} + \sum_i V_{c,i} E_{c,i} + \sum_i A_{f,i} E_{f,i}$$

$$(2\text{-}10)$$

式中　C——混凝土结构的隐含碳排放量；

C_i——第 i 个构件的碳排放量；

$C_{s,i}$——第 i 个构件钢筋分项工程的碳排放量；

$C_{c,i}$——第 i 个构件混凝土分项工程的碳排放量；

$C_{f,i}$——第 i 个构件模板分项工程的碳排放量；

$M_{s,ij}$——第 i 个构件第 j 种钢筋以重量计的钢筋分项工程的工程量；

$V_{c,i}$——第 i 个构件以体积计的混凝土分项工程的工程量；

$A_{f,i}$——第 i 个构件以面积计的模板分项工程的工程量；

$E_{s,ij}$——第 i 个构件第 j 种钢筋分项工程的综合碳排放指标；

$E_{c,i}$——第 i 个构件混凝土分项工程的综合碳排放指标；

$E_{f,i}$——第 i 个构件模板分项工程的综合碳排放指标。

上述综合碳排放指标是为完成规定计量单位的清单项目，由项目所需材料、工程设备、施工机具及运输等服务产生的隐含碳排放数量标准。对于混凝土结构的碳排放计算而言，应包含钢材、混凝土、模板和其他辅助材料的生产和运输，以及施工过程能耗，相应综合碳排放指标可按下式计算

$$E = \sum_i q_i e_i + \sum_i q_i d_i e_{ik} + \sum_j q_j e_j \qquad (2\text{-}11)$$

式中　E——分项工程的综合碳排放指标；

q_i——单位分项工程的第 i 种材料的消耗量；

q_j——单位分项工程的第 j 种机械（能源）的消耗量；

e_i——第 i 种材料的碳排放因子；

d_i——第 i 种材料的运输距离；

e_{ik}——第 i 种材料所用第 k 种运输方式的碳排放因子；

e_j——第 j 种机械（能源）的碳排放因子。

在计算分项工程的综合碳排放指标时，考虑钢筋、混凝土及模板分项工程的特点，图 2-7 给出了各分项工程中材料生产、运输及施工环节的主要碳排放源。

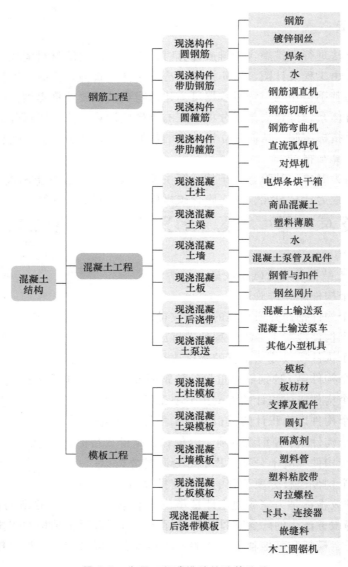

图 2-7   分项工程碳排放的计算边界

综上所述，基于分项工程的碳排放计算，主要步骤可总结如下：

1）确定分项工程的功能单位。对于钢筋、混凝土和模板分项工程，通常分别采用 1t、10m^3 和 100m^2 作为功能单位。

2）根据相关建筑工程定额及清单项目单价组成，估计单位分项工程的材料和能源消耗量。

3）基于单位工程的材料、能源消耗及碳排放因子，计算单位分项工程的综合碳排放指标。

4）依据综合碳排放指标及工程量计算分项工程碳排放量，并累加得到项目总体碳排放量。

2.3.2 综合碳排放指标

如表2-5~表2-19所示，依据TY01-31—2021《房屋建筑与装饰工程消耗量》[212]，采用上述方法对现浇混凝土结构相关的常用分部分项工程综合碳排放指标进行计算分析。表中数据使用时需注意以下几点：

1）现浇混凝土的综合碳排放指标中，按C30混凝土计入（碳排放因子按GB/T 51366—2019《建筑碳排放计算标准》取295kgCO$_{2e}$/m^3）。当实际采用的混凝土强度等级与表中不同时，可通过数据替换对综合碳排放指标进行修正后使用。

2）对于运输过程，参考GB/T 51366—2019《建筑碳排放计算标准》，商品混凝土的运输距离取40km，其余所有材料的运输距离取500km，运输碳排放因子按中型汽油货车运输（载重8t）取0.179kgCO$_{2e}$/(t·km)。工程项目碳排放计算时可根据实际运输距离对表中指标进行修正。

3）小型机具及其他来源的施工能耗未列入具体型号或来源，在表中以用电量计入。

表2-5 现浇混凝土柱

工作内容：浇筑、振捣、养护等。 计量单位：10m^3

分项			矩形柱	构造柱	异形柱	圆形柱
综合碳排放指标/kgCO$_{2e}$			3160.8	3160.5	3161.0	3160.4
其中	材料生产		2985.1	2984.7	2985.3	2984.7
	材料运输		173.7	173.7	173.7	173.7
	建筑施工		2.1	2.1	2.1	2.1
	名称	计量单位	碳排放因子	消耗量		
材料	预拌混凝土C30	m^3	295	10.100	10.100	10.100	10.100
	塑料薄膜	m^2	0.2	27.040	24.336	27.040	24.336
	水	m^3	0.21	0.774	1.789	1.789	1.658
机械	电	kW·h	0.5568	3.710	3.720	3.720	3.700

表2-6 现浇混凝土梁

工作内容：浇筑、振捣、养护等。 计量单位：10m^3

分项		矩形梁	异形梁	悬臂梁
综合碳排放指标/kgCO$_{2e}$		3162.4	3163.9	3166.1
其中	材料生产	2986.6	2988.1	2990.3
	材料运输	173.7	173.7	173.8
	建筑施工	2.1	2.1	2.1

（续）

分项			矩形梁	异形梁	悬臂梁
名称	计量单位	碳排放因子		工程量	
材料	预拌混凝土 C30	m^3	295	10.100	10.100	10.100
	塑料薄膜	m^2	0.2	32.475	39.760	49.899
	水	m^3	0.21	3.090	3.200	3.795
机械	电	$kW·h$	0.5568	3.740	3.760	3.750

表 2-7 现浇混凝土墙

工作内容：浇筑、振捣、养护等。 计量单位：$10m^3$

分项			直形墙	弧形墙	短肢剪力墙
综合碳排放指标/$kgCO_{2e}$			3160.2	3161.2	3160.5
其中	材料生产			2984.5	2985.5	2984.7
	材料运输			173.7	173.7	173.7
	建筑施工			2.0	2.0	2.1
名称	计量单位	碳排放因子		工程量	
材料	预拌混凝土 C30	m^3	295	10.100	10.100	10.100
	塑料薄膜	m^2	0.2	24.310	29.172	25.526
	水	m^3	0.21	0.587	0.672	0.587
机械	电	$kW·h$	0.5568	3.660	3.660	3.730

表 2-8 现浇混凝土板

工作内容：浇筑、振捣、养护等。 计量单位：$10m^3$

分项			有梁板	无梁板	平板	拱板
综合碳排放指标/$kgCO_{2e}$			3168.3	3169.0	3173.8	3162.5
其中	材料生产			2991.0	2991.7	2996.0	2984.8
	材料运输			173.8	173.8	173.9	173.7
	建筑施工			3.5	3.5	3.9	4.0
名称	计量单位	碳排放因子		消耗量		
材料	预拌混凝土 C30	m^3	295	10.100	10.100	10.100	10.100
	塑料薄膜	m^2	0.2	54.724	57.811	78.209	24.544
	水	m^3	0.210	2.595	3.023	4.104	1.652
机械	电	$kW·h$	0.5568	3.790	3.780	3.780	3.800
	混凝土抹平机	台班	12.884	0.110	0.110	0.140	0.150

表 2-9 混凝土后浇带

工作内容：浇筑、振捣、养护等。 计量单位：$10m^3$

分项			梁	板	墙	筏板基础
综合碳排放指标/$kgCO_{2e}$			3172.6	3182.2	3161.4	3167.3
其中	材料生产			2986.6	2991.9	2980.6	2984.2
	材料运输			184.0	188.3	178.7	181.8
	建筑施工			2.1	2.0	2.0	1.3

（续）

分项			梁	板	墙	筏板基础
名称	计量单位	碳排放因子	消耗量			
材料　预拌混凝土 C30	m³	295	10.100	10.100	10.100	10.100
塑料薄膜	m²	0.2	31.688	55.472	3.080	19.840
水	m³	0.210	3.591	6.078	2.521	3.261
机械　电	kW·h	0.5568	3.690	3.580	3.630	2.350

注：表 2-5～表 2-9 按预拌商品混凝土考虑，不适用于现拌混凝土的综合碳排放指标计算。

表 2-10　现浇混凝土泵送

工作内容：泵管安拆、清洗、整理、堆放、输送泵（车）就位、混凝土输送、清理等。

计量单位：10m³

分项			≤50m	≤100m	≤200m
综合碳排放指标/kgCO₂ₑ			16.8	62.9	88.9
其中　材料生产			0.7	13.8	21.0
材料运输			0.0	0.2	0.2
建筑施工			16.1	48.9	67.7
名称	计量单位	碳排放因子	消耗量		
材料　泵管	m	2.015	0.000	0.256	0.395
卡箍(泵管用)	个	0.682	0.060	0.120	0.180
密封圈	个	2.164	0.270	0.540	0.810
橡胶压力管	m	0.653	0.090	0.180	0.180
钢管	kg	2.310	0.000	0.916	1.374
扣件	个	3.465	0.000	0.152	0.228
水	m³	0.210	0.016	0.054	0.081
机械　混凝土输送泵超高压泵 26MPa	台班	742.573	0.000	0.065	0.090
混凝土输送泵车 90m³/h	台班	292.307	0.055	0.000	0.000
布料机	台班	9.633	0.000	0.065	0.090

表 2-11　现浇构件箍筋

工作内容：制作、运输、绑扎、安装等。

计量单位：t

分项			HPB300			HRB400 以内		HRB400 以外	
			d≤5mm	d≤10mm	d>10mm	d≤10mm	d>10mm	d≤10mm	d>10mm
综合碳排放指标/kgCO₂ₑ			2529.4	2516.9	2508.6	2518.0	2508.9	2518.6	2509.2
其中　材料生产			2423.6	2410.4	2409.4	2410.4	2409.4	2410.4	2409.4
材料运输			92.7	92.2	92.2	92.2	92.2	92.2	92.2
建筑施工			13.1	14.3	7.1	15.4	7.4	16.0	7.7
名称	计量单位	碳排放因子	消耗量						
材料　钢筋 HPB300	kg	2.34	1020.000	1020.000	1025.000	0.000	0.000	0.000	0.000
钢筋 HRB400 以内	kg	2.34	0.000	0.000	0.000	1020.000	1025.000	0.000	0.000
钢筋 HRB400 以外	kg	2.34	0.000	0.000	0.000	0.000	0.000	1020.000	1025.000

（续）

分项			HPB300			HRB400 以内		HRB400 以外	
			$d \leq 5mm$	$d \leq 10mm$	$d > 10mm$	$d \leq 10mm$	$d > 10mm$	$d \leq 10mm$	$d > 10mm$
名称		计量单位	碳排放因子	消耗量					
材料	镀锌钢丝 $\phi 0.7$	kg	2.35	15.670	10.037	4.620	10.037	4.620	10.037	4.620
机械	钢筋调直机 40mm	台班	7.127	0.730	0.300	0.120	0.310	0.130	0.320	0.130
	钢筋切断机 40mm	台班	17.873	0.440	0.160	0.090	0.190	0.090	0.200	0.100
	钢筋弯曲机 40mm	台班	7.127	0.000	1.310	0.650	1.380	0.680	1.420	0.700

表 2-12　现浇构件圆钢筋（HPB300）

工作内容：钢筋制作、运输、绑扎、安装等。　　　　　　　　　　　　　　计量单位：t

分项				$d \leq 10mm$	$d \leq 18mm$	$d \leq 25mm$	$d \leq 32mm$
综合碳排放指标/$kgCO_{2e}$				2506.0	2622.5	2601.9	2500.1
其中	材料生产			2407.7	2500.1	2485.4	2400.5
	材料运输			92.1	92.5	92.2	91.8
	建筑施工			6.2	29.9	24.3	7.7
名称		计量单位	碳排放因子	消耗量			
材料	钢筋 HPB300	kg	2.340	1020.000	1025.000	1025.000	1025.000
	镀锌钢丝 $\phi 0.7$	kg	2.350	8.910	3.456	1.370	0.870
	低合金钢焊条 E43 系列	kg	20.500	0.000	4.560	4.080	0.000
	水	m^3	0.210	0.000	0.144	0.093	0.000
机械	钢筋调直机 40mm	台班	7.127	0.240	0.080	0.100	0.130
	钢筋切断机 40mm	台班	17.873	0.110	0.090	0.100	0.130
	钢筋弯曲机 40mm	台班	7.127	0.350	0.230	0.180	0.180
	直流弧焊机 32kV·A	台班	52.116	0.000	0.380	0.340	0.000
	对焊机 75kV·A	台班	68.431	0.000	0.090	0.050	0.060
	电焊条烘干箱 45cm×35cm×45cm	台班	3.731	0.000	0.038	0.034	0.000

表 2-13　现浇构件带肋钢筋（HRB400 以内）

工作内容：钢筋制作、运输、绑扎、安装等。　　　　　　　　　　　　　　计量单位：t

分项				$d \leq 10mm$	$d \leq 18mm$	$d \leq 25mm$	$d \leq 40mm$
综合碳排放指标/$kgCO_{2e}$				2497.9	2644.9	2621.0	2494.9
其中	材料生产			2400.1	2517.8	2500.7	2400.5
	材料运输			91.8	92.5	92.3	91.8
	建筑施工			6.1	34.6	28.0	2.5
名称		计量单位	碳排放因子	消耗量			
材料	钢筋 HRB400 以内	kg	2.340	1020.000	1025.000	1025.000	1025.000
	镀锌钢丝 $\phi 0.7$	kg	2.350	5.640	3.650	1.600	0.870
	低合金钢焊条 E43 系列	kg	20.500	0.000	5.400	4.800	0.000
	水	m^3	0.210	0.000	0.144	0.093	0.000

（续）

分项			$d \leqslant 10mm$	$d \leqslant 18mm$	$d \leqslant 25mm$	$d \leqslant 40mm$
名称	计量单位	碳排放因子	消耗量			
机械	钢筋调直机 40mm	台班	7.127	0.270	0.000	0.000	0.000
	钢筋切断机 40mm	台班	17.873	0.110	0.100	0.090	0.090
	钢筋弯曲机 40mm	台班	7.127	0.310	0.230	0.180	0.130
	直流弧焊机 32kV·A	台班	52.116	0.000	0.450	0.400	0.000
	对焊机 75kV·A	台班	68.431	0.000	0.110	0.060	0.000
	电焊条烘干箱 45cm×35cm×45cm	台班	3.731	0.000	0.045	0.040	0.000

表 2-14 现浇构件带肋钢筋（HRB400 以外）

工作内容：钢筋制作、运输、绑扎、安装等。　　　　　　　　　　　　　　　　计量单位：t

分项			$d \leqslant 10mm$	$d \leqslant 18mm$	$d \leqslant 25mm$	$d \leqslant 40mm$
综合碳排放指标/$kgCO_{2e}$			2506.9	2669.7	2645.6	2495.0
其中	材料生产			2400.1	2541.4	2523.8	2400.5
	材料运输			91.8	92.7	92.4	91.8
	建筑施工			15.1	35.6	29.4	2.7
名称		计量单位	碳排放因子	消耗量			
材料	钢筋 HRB400 以外	kg	2.340	1020.000	1025.000	1025.000	1025.000
	镀锌钢丝 $\phi0.7$	kg	2.350	5.640	3.650	1.597	0.870
	低合金钢焊条 E43 系列	kg	20.500	0.000	6.552	5.928	0.000
	水	m^3	0.210	0.000	0.144	0.093	0.000
机械	钢筋调直机 40mm	台班	7.127	0.614	0.095	0.000	0.000
	钢筋切断机 40mm	台班	17.873	0.426	0.105	0.095	0.095
	钢筋弯曲机 40mm	台班	7.127	0.436	0.242	0.189	0.137
	直流弧焊机 32kV·A	台班	52.116	0.000	0.473	0.420	0.000
	对焊机 75kV·A	台班	68.431	0.000	0.095	0.063	0.000
	电焊条烘干箱 45cm×35cm×45cm	台班	3.731	0.000	0.047	0.042	0.000

注：目前，现行国家标准及国内碳排放因子数据库等并未按钢筋强度等级与直径给出不同的碳排放因子。因此，
表 2-11～表 2-14 在编制过程中，统一以 2.34$kgCO_{2e}$/kg 作为钢筋碳排放因子取值。当有可靠的分型号数据时，可通过替换表中钢筋的碳排放因子，对相应分项工程的碳排放指标进行修正。

表 2-15 现浇混凝土柱模板

工作内容：模板及支撑制作、安装、拆除、堆放、运输及清理模内杂物、刷隔离剂等。

计量单位：100m^2

分项		矩形柱		异形柱		圆形柱
		组合钢模板	复合模板	组合钢模板	复合模板	定型复合模板
综合碳排放指标/$kgCO_{2e}$		519.2	492.5	445.1	484.8	434.7
其中	材料生产	489.2	453.5	423.8	442.6	406.5
	材料运输	29.2	38.3	20.6	41.4	27.4
	建筑施工	0.7	0.7	0.7	0.7	0.7

（续）

分项			矩形柱		异形柱		圆形柱
			组合钢模板	复合模板	组合钢模板	复合模板	定型复合模板
名称		计量单位	碳排放因子	消耗量			
材料	组合钢模板	kg	2.137	78.090	0.000	77.140	0.000	0.000
	复合模板	m²	4.87	0.000	24.675	0.000	30.629	0.000
	钢支撑及配件	kg	2.31	45.485	12.327	59.530	25.690	8.834
	板枋材	m³	178	0.066	0.342	0.083	0.377	0.000
	镀锌槽钢 10#	kg	3.02	0.000	29.035	0.000	0.000	0.000
	木支撑	m³	178	0.182	0.000	0.000	0.000	0.000
	隔离剂	kg	1.553	10.000	10.000	10.000	10.000	10.000
	圆钉	kg	1.92	1.800	0.982	13.860	1.220	1.220
	零星卡具	kg	2.31	66.740	0.000	27.940	0.000	0.000
	拉箍连接器	个	2.671	0.000	0.000	0.000	0.000	29.699
	定型柱复合模板 15mm	m²	5.04	0.000	0.000	0.000	0.000	29.753
	扁钢综合	kg	2.31	0.000	0.000	0.000	0.000	60.166
	硬塑料管 φ20	m	0.665	0.000	132.500	0.000	117.766	0.000
	塑料粘胶带 20mm×10m	卷	0.36	0.000	12.500	0.000	12.500	0.000
	对拉螺栓	kg	2.137	0.000	21.638	0.000	31.040	0.000
机械	木工圆锯机 500mm	台班	13.363	0.055	0.055	0.055	0.055	0.055

表 2-16　现浇混凝土梁模板

工作内容：模板及支撑制作、安装、拆除、堆放、运输及清理模内杂物、刷隔离剂等。

计量单位：100m²

分项			矩形梁		异形梁
			组合钢模板	复合模板	
综合碳排放指标/kgCO₂e			528.9	528.5	691.9
其中	材料生产		506.3	487.4	637.9
	材料运输		22.2	40.7	43.1
	建筑施工		0.5	0.5	10.9
名称		计量单位	碳排放因子	消耗量	
材料	组合钢模板	kg	2.137	77.340	0.000	0.000
	复合模板	m²	4.87	0.000	24.675	24.675
	木支撑	m³	178	0.029	0.000	0.000
	钢支撑及配件	kg	2.31	69.480	103.441	103.280
	板枋材	m³	178	0.017	0.390	0.373
	零星卡具	kg	2.31	41.100	0.000	0.000
	梁卡具模板用	kg	2.31	26.190	0.000	0.000

（续）

分项				矩形梁		异形梁
				组合钢模板	复合模板	
名称		计量单位	碳排放因子	消耗量		
材料	圆钉	kg	1.92	0.470	1.224	29.570
	塑料粘胶带 20mm×10m	卷	0.36	0.000	22.500	22.500
	镀锌铁丝 φ4.0	kg	2.35	0.000	0.000	0.000
	隔离剂	kg	1.553	10.000	10.000	10.000
	镀锌铁丝 φ0.7	kg	2.35	0.180	0.180	0.180
	硬塑料管 φ20	m	0.665	0.000	14.193	149.253
	对拉螺栓	kg	2.137	0.000	10.750	15.276
机械	木工圆锯机 500mm	台班	13.363	0.037	0.037	0.819

表 2-17 现浇混凝土墙模板

工作内容：模板及支撑制作、安装、拆除、堆放、运输及清理模内杂物、刷隔离剂等。

计量单位：100m²

分项				直形墙		弧形墙	
				组合钢模板	复合模板	组合钢模板	复合模板
综合碳排放指标/kgCO₂ₑ				359.3	493.2	352.3	634.8
其中	材料生产			343.4	438.4	336.6	565.6
	材料运输			15.8	54.7	15.6	59.4
	建筑施工			0.1	0.1	0.1	9.8
名称		计量单位	碳排放因子	消耗量			
材料	组合钢模板	kg	2.137	71.830	0.000	71.830	0.000
	复合模板	m²	4.87	0.000	24.675	0.000	24.901
	板枋材	m³	178	0.029	0.790	0.029	0.790
	钢支撑及配件	kg	2.31	24.580	18.743	24.580	60.064
	木支撑	m³	178	0.016	0.000	0.016	0.000
	零星卡具	kg	2.31	44.030	0.000	41.110	0.000
	圆钉	kg	1.92	0.550	18.557	0.550	18.557
	铁件综合	kg	1.92	3.540	2.529	3.540	2.529
	隔离剂	kg	1.553	10.000	10.000	10.000	10.000
	模板嵌缝料	kg	3.064	0.000	0.000	0.000	10.000
	硬塑料管 φ20	m	0.665	0.000	63.443	0.000	63.443
	塑料粘胶带 20mm×10m	卷	0.36	0.000	20.000	0.000	20.000
	对拉螺栓	kg	2.137	0.000	13.546	0.000	13.546
机械	木工圆锯机 500mm	台班	13.363	0.009	0.009	0.009	0.736

表 2-18　现浇混凝土板模板

工作内容：模板及支撑制作、安装、拆除、堆放、运输及清理模内杂物、刷隔离剂等。

计量单位：100m²

分项			有梁板		无梁板	
			组合钢模板	复合模板	组合钢模板	复合模板
综合碳排放指标/kgCO₂e			529.8	436.9	418.5	352.2
其中	材料生产		499.4	403.7	381.5	315.4
	材料运输		29.9	32.8	34.0	33.7
	建筑施工		0.5	0.5	3.1	3.1
	名称	计量单位	碳排放因子	消耗量		
材料	组合钢模板	kg	2.137	72.050	0.000	56.710	0.000
	复合模板	m²	4.87	0.000	24.675	0.000	24.675
	板枋材	m³	178	0.066	0.275	0.182	0.397
	对拉螺栓	kg	2.137	0.000	2.059	0.000	0.000
	硬塑料管 φ20	m	0.665	0.000	16.126	0.000	0.000
	钢支撑及配件	kg	2.31	58.040	71.481	34.750	42.950
	梁卡具模板用	kg	2.31	5.460	0.000	0.000	0.000
	木支撑	m³	178	0.193	0.000	0.303	0.000
	零星卡具	kg	2.31	35.250	12.535	26.090	0.000
	圆钉	kg	1.92	1.700	1.149	9.100	1.149
	镀锌钢丝 φ4.0	kg	2.35	22.140	0.000	0.000	0.000
	隔离剂	kg	1.553	10.000	10.000	10.000	10.000
	塑料粘胶带 20mm×10m	卷	0.36	0.000	20.000	0.000	20.000
	镀锌钢丝 φ0.7	kg	2.35	0.180	0.180	0.180	0.180
机械	木工圆锯机 500mm	台班	13.363	0.037	0.037	0.230	0.230

表 2-19　现浇混凝土后浇带模板

工作内容：模板及支撑制作、安装、拆除、堆放、运输及清理模内杂物、刷隔离剂等。

计量单位：100m²

分项			梁	板	墙	每增加1月
综合碳排放指标/kgCO₂e			766.7	725.5	566.6	146.2
其中	材料生产		693.1	651.1	501.3	140.7
	材料运输		73.1	73.9	65.1	5.5
	建筑施工		0.5	0.5	0.1	0.0
	名称	计量单位	碳排放因子	消耗量		
材料	复合模板	m²	4.87	38.063	38.063	38.063	0.000
	钢支撑及配件	kg	2.31	137.584	114.931	48.673	60.914
	板枋材	m³	178	0.895	0.632	0.903	0.000
	木支撑	m³	178	0.058	0.386	0.032	0.000

（续）

分项			梁	板	墙	每增加1月
名称	计量单位	碳排放因子	消耗量			
材料	圆钉	kg	1.92	2.277	1.609	4.215	0.000
	隔离剂	kg	1.553	10.000	10.000	10.000	0.000
	铁件综合	kg	1.92	0.000	0.000	7.010	0.000
	镀锌钢丝 $\phi0.7$	kg	2.35	0.180	0.180	0.000	0.000
机械	木工圆锯机500mm	台班	13.363	0.037	0.037	0.009	0.000

2.4　计算不确定性评价

2.4.1　不确定性来源

不确定性（Uncertainty）是指由于缺乏对客观真实数据的了解，导致在核算数据与真实数据之间出现的差异性，这一差异可以采用概率密度函数来描述。不确定性的主要来源包括：

1）完整性不足，由于系统边界或计量方法所限，导致无法进行相应的数据核算。

2）模型简化，对真实产品系统或理论计算方法所做简化引起的数据偏差。

3）数据缺失，部分流程或产品（服务）的活动水平数据无法获取或估计。

4）代表性不足，所收集数据不能准确地反映实际生产或使用过程与碳排放水平的相关性（如地域相关性、技术相关性、时间相关性等）。

5）随机抽样误差，数据样本收集时的随机误差，可通过增加样本数据予以控制。

6）测量误差，数据与信息测量、记录和处理过程产生的误差。

7）人为错误，在数据收集、分析与核算过程产生的人为错误。

8）丢失数据，受测量手段与工具精度、量程所限，无法测量的数据或信息。

2.4.2　评价方法概述

建筑碳排放计算分析时，常将不确定性划分为参数不确定性、模型不确定性和情景不确定性三类[213,214]，其中参数不确定性的重要性最为突出，研究也相对充分。参数不确定性指由计算模型输入数据不确定性而引起的结果离散性；模型不确定性是由分析模型的形式与参数选择不同而造成的不确定性；而情景不确定性指计算分析中由系统边界范围、功能单位选择、数据取值等差异而引起的不确定性。其中，模型和情景不确定性可采用情景模拟法或敏感性分析进行评估；而参数不确定性一般需结合输入变量的概率模型或统计指标，采用经验公式或随机模拟方法进行分析，常用分析方法如图2-8所示。

2.4.3　数据概率模型

1. 数据质量评价方法

数据质量评价（Data Quality Indicator，DQI）[215]是指依据专家经验判断与量化数据信

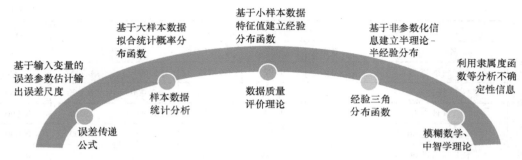

图 2-8　数据不确定性分析方法

息，利用描述性指标评价数据可靠性或不确定性的半经验、半参数化方法。数据质量评价可采用描述数据特征的多元化指标。建筑隐含碳排放计算数据涉及各类能源、材料、服务等，且由建设单位、设计单位、生产单位、施工单位、物业、业主等多方参与，因而数据来源复杂，获取方法差异明显，且碳排放因子等受地域、时间和技术条件的影响显著。为此，以数据来源、获取方法、技术相关性、地域相关性及时间相关性五个因素为基本评价指标，建立表 2-20 所示的数据质量评价矩阵，表中评分 1~5 分别代表数据质量由低至高[216]。

表 2-20　数据质量评价矩阵

评分	数据质量指标				
	数据来源	获取方法	技术相关性	地域相关性	时间相关性
1	未知	未知	相关过程、不同技术与生产者	国际数据或未知	>15 年
2	非相关企业未经验证的数据	完全根据假设估算的数据	相关过程、相同技术、不同生产者	国家数据	≤15 年
3	相关研究者未经验证的数据	部分根据假设估算的数据	相同过程与生产者、不同技术	地区数据	≤10 年
4	相关生产者经过验证的数据	根据实测资料核算的数据	相同过程与技术、不同生产者	相似生产条件的其他区域数据	≤6 年
5	独立来源经过验证的数据	现场直接计量的数据	相同过程、技术与生产者	现场调研数据	≤3 年

2. 基于 Ecoinvent 的改进方法

Ecoinvent[217] 将参数不确定性分为基础和附加不确定性，并采用数据方差表示不确定性程度。基础不确定性主要包括不可避免的数据变异性和随机统计误差等，可通过专家判断或统计方法确定；而附加不确定性主要由不准确的数据测量与估计结果，以及时间、空间和技术条件引起，可通过数据质量评价等方法确定。对于建筑活动中的材料与能源消耗，参考已有研究结果[42]，可取基础不确定性为 0.0026；而以方差表示的附加不确定性，可根据数据质量评价结果按表 2-21 取值。假设各不确定性指标相互独立，数据的总体不确定性可表示为

$$\sigma_t^2 = \sigma_b^2 + \sum_{i=1}^{5} \sigma_{a,i}^2 \tag{2-12}$$

式中　　σ_t——以方差表示的总体不确定性；

　　　　σ_b——以方差表示的基础不确定性；

　　　　$\sigma_{a,i}$——以方差表示的第 i 个指标的附加不确定性。

表 2-21　附加不确定性与数据质量的转换关系

数据质量评分	数据来源	获取方法	技术相关性	地域相关性	时间相关性
1	0.008	0.04	0.12	0.002	0.04
2	0.002	0.008	0.04	0.0006	0.008
3	0.0006	0.002	0.008	0.0001	0.002
4	0.0001	0.0006	0.0006	2.5×10^{-5}	0.0002
5	0	0	0	0	0

需注意，上述方法仅适用于将数据质量指标转化为对数正态分布。在此基础上，以变异系数表示不确定性程度，通过等效换算可将上述转换关系扩展应用于正态分布、均匀分布、三角分布和 Beta-PERT 分布等。对于对数正态分布，变异系数可根据方差按下式计算

$$C_v = \sqrt{\exp(\sigma^2) - 1} \qquad (2\text{-}13)$$

依据上式计算可得，以变异系数表示的基础不确定性 C_{vb} 为 0.051，而附加不确定性 C_{va} 可根据表 2-21 按下式计算

$$C_{va} = \sqrt{\prod_{i=1}^{5}(C_{va,i}^2 + 1) - 1} \qquad (2\text{-}14)$$

式中　　$C_{va,i}$——以变异系数表示的第 i 个指标的附加不确定性。

综合基础不确定性和附加不确定性，参数的总体不确定性 C_{vt} 可按下式估计

$$C_{vt} = \sqrt{C_{vb}^2 + C_{va}^2} \qquad (2\text{-}15)$$

依据上述变异系数与待评估参数的代表值，即可估计采用其他分布函数时的相关分布参数，具体方法见表 2-22[209]。

表 2-22　分布参数计算方法

分布形式	代表值	概率密度函数	参数计算方法
对数正态分布	μ_g	$f(x;\mu_g,\sigma_g) = \dfrac{1}{x\sqrt{2\pi}\,\sigma}\exp\left[-\dfrac{(\ln x-\mu)^2}{2\sigma^2}\right]$ $\mu = \ln\mu_g;\ \sigma = \ln\sigma_g$	$\mu_{gt} = \mu_g$ $\sigma_g = \exp\left[\sqrt{\ln(C_{vt}^2+1)}\right]$
正态分布	μ	$f(x;\mu,\sigma) = \dfrac{1}{\sqrt{2\pi\sigma^2}}\exp\left[-\dfrac{(x-\mu)^2}{2\sigma^2}\right]$	$\mu_t = \mu$ $\sigma_t = \mu C_{vt}$
均匀分布	$\mu = 0.5(a+b)$	$f(x;a,b) = \dfrac{1}{b-a}$	$a_t = 2\mu - b_t$ $b_t = \mu(1+\sqrt{3}\,C_{vt})$
三角分布	c	$f(x;a,b) = \begin{cases} \dfrac{2(x-a)}{(b-a)(c-a)};\ a<x<c \\ \dfrac{2(b-x)}{(b-a)(c-a)};\ c<x<b \end{cases}$	$a_t = c(1+\gamma) - \gamma b_t$ $b_t = c + 3\mu C_{vt}\sqrt{\dfrac{2}{1+\gamma+\gamma^2}}$ $\gamma = \dfrac{c-a}{b-c} = \dfrac{c-a_t}{b_t-c}$

（续）

分布形式	代表值	概率密度函数	参数计算方法
Beta-PERT 分布	c	$f(x;a,b) = \dfrac{\Gamma(\alpha+\beta)}{\Gamma(\alpha)\Gamma(\beta)}\dfrac{(x-a)^{\alpha-1}(b-x)^{\beta-1}}{(b-a)^{\alpha+\beta-1}}$ $\alpha = 1+4\dfrac{c-a}{b-a}; \beta = 6-\alpha$	$a_t = c(1+\gamma)-\gamma b_t, b_t = c+\dfrac{C_{vt}}{1+\gamma}(a+4c+b)$ $\gamma = \dfrac{c-a}{b-c} = \dfrac{c-a_t}{b_t-c}$

3. 经验分布函数法

根据经验直接假定概率分布函数形式，并依据所收集的数据确定概率分布参数。常用的经验概率分布函数包括：

1）对称型分布函数，如正态分布、均匀分布。

2）非对称型分布函数，如对数正态分布。

3）灵活型分布函数，如三角分布、Beta-PERT 分布等，相应分布函数的形状由分布参数取值决定。

2.4.4 不确定性分析

1. 误差传递公式

不确定性可采用统计学中估算置信区间的方式，将数据误差区间以"平均值±百分比"的形式表示（如 $100\mathrm{tCO_{2e}}\pm5\%$）。采用误差传递公式估计不确定性的主要步骤如下：

1）选择置信度，常取 95%。

2）根据选择的置信度确定 t 值，t 值与样本数量的关系可参考表 2-23[218]。

表 2-23 样本数与 t 值的对应关系

测量样本数	3	5	8	10	50	100	∞
95%置信度下 t 值	4.30	2.78	2.37	2.26	2.01	1.98	1.96

3）计算样本平均值 $\overline{X}$ 与标准偏差 S

$$\overline{X} = \frac{1}{n}\sum_{k=1}^{n} X_k \tag{2-16}$$

$$S = \sqrt{\frac{1}{n-1}\sum_{k=1}^{n}(X_k-\overline{X})^2} \tag{2-17}$$

式中　n——样本总数；

　　　X_k——第 k 个样本的取值。

4）依据所选置信度，计算置信区间

$$\left[\overline{X}-\frac{St}{\sqrt{n}}; \overline{X}+\frac{St}{\sqrt{n}}\right] \tag{2-18}$$

5）将以上置信区间以百分比形式表示为

$$\overline{X} \pm \frac{St}{\overline{X}\sqrt{n}} \times 100\% \tag{2-19}$$

6）对多个因素或来源的不确定性进行合并时，可采用下列加减运算或乘除运算的误差传递公式

$$U_c = \frac{\sqrt{(U_{s1}\mu_{s1})^2 + (U_{s2}\mu_{s2})^2 + \cdots + (U_{sn}\mu_{sn})^2}}{|\mu_{s1} + \mu_{s2} + \cdots + \mu_{sn}|} = \frac{\sqrt{\sum\limits_{n=1}^{N}(U_{sn}\mu_{sn})^2}}{\left|\sum\limits_{n=1}^{N}\mu_{sn}\right|} \qquad (2\text{-}20)$$

$$U_m = \sqrt{U_{s1}^2 + U_{s2}^2 + \cdots + U_{sn}^2} = \sqrt{\sum\limits_{n=1}^{N}U_{sn}^2} \qquad (2\text{-}21)$$

式中　U_c——N 个估计值之和或差的不确定性（%）；

　　　　U_m——N 个估计值之积的不确定性（%）；

　　　　μ_{sn}——第 n 个参数的估计值；

　　　　U_{sn}——第 n 个参数估计值的百分比不确定性（%）。

2. 数值模拟分析

数值模拟分析指利用输入参数的概率分布模型，采用蒙特卡洛模拟等方法生成随机样本，并根据样本统计结果进行碳排放不确定性分析的方法。建筑碳排放不确定性的数值模拟分析可按以下步骤进行：

1）整理输入数据（活动数据和碳排放因子）并确定数据代表值。

2）对输入参数进行数据质量评价，得出各评价指标的数据质量评分。

3）利用数据质量评分与概率分布参数的转换关系得出各输入量的经验概率分布。

4）根据输入量的分布函数生成数据样本，并利用模特卡洛模拟或拉丁超立方抽样等方法进行随机抽样。

5）根据随机抽样结果进行碳排放模拟计算分析，确定碳排放计算结果的不确定性水准。

6）若需进一步降低不确定性，可对关键过程的相关输入量（如碳排放因子等）进行详细的样本数据调研，建立统计概率分布以替代基于数据质量评价的经验概率分布，然后重新按步骤 4）~5）进行随机分析与结果评价。

关键过程的确定可根据该过程碳排放对碳排放总量的贡献度（CE_p）、该过程碳排放的离散性（RD_p）和对结果不确定性的影响（IU_p）为控制项。CE_p 可按随机分析结果的平均值计算，RD_p 可取所研究过程碳排放随机分析结果的变异系数（C_{vp}）或四分位数间距（QR_p），而 IU_p 可以标准化的 Spearman 等级相关系数衡量。各指标可采用下列公式计算

$$CE_p = E_{M,p}/E_M \qquad (2\text{-}22)$$

$$C_{vp} = E_{D,p}/E_{M,p} \times 100\% \qquad (2\text{-}23)$$

$$QR_p = \|P_{p,0.75} - P_{p,0.25}\| \times 100\% \qquad (2\text{-}24)$$

$$IU_p = \rho_p^2 / \sum_{p=1} \rho_p^2 \qquad (2\text{-}25)$$

$$\rho_p = 1 - \frac{6}{N(N^2-1)} \cdot \sum_{r=1}^{N}\left[R(E_{pr}) - R(E_r)\right]^2 \qquad (2\text{-}26)$$

式中　$E_{M,p}$——过程 p 碳排放量随机模拟结果的样本平均值；

　　　　E_M——碳排放总量随机模拟结果的样本平均值；

$E_{\mathrm{D},p}$——过程 p 碳排放量随机模拟结果的样本标准差；

$P_{p,0.25}$——过程 p 碳排放量随机模拟结果的 25% 分位数；

$P_{p,0.75}$——过程 p 碳排放量随机模拟结果的 75% 分位数；

ρ_p——过程 p 碳排放量与碳排放总量之间的斯皮尔曼等级相关系数；

E_{pr}——第 r 次模拟时过程 p 的碳排放量；

E_r——第 r 次模拟时的碳排放总量；

$R(\cdot)$——排序函数，将样本数据由高到低排序并返回排序号；

N——碳排放计算考虑的过程总数。

3. 情景模拟法

情景模拟法是一种通过构建和模拟不同的情景来分析可能发生事件及其影响的方法。建筑碳排放计算的模型和情景不确定性可采用情景模拟法按下述步骤进行分析：

1）确定关键变量：识别影响碳排放的关键因素。

2）构建情景：根据关键变量的不同可能状态，构建一系列情景。

3）模拟分析：模拟计算每个情景下的碳排放量。

4）结果分析：比较不同情景下的模拟结果，分析碳排放计算的不确定性。

2.5 算例分析

2.5.1 算例概况

以一幢 17 层居住建筑为例[216]，总建筑面积为 12970.67m²，总高度为 51.1m。建筑主体采用混凝土剪力墙结构，设计工作年限为 50 年。建筑隐含碳排放计算所需的材料、机械消耗量等活动数据由工程造价资料获取，材料运输距离按供应商实际位置进行估算。本项目隐含碳排放计算共考虑了 43 种材料和 40 种施工能耗源，并假定所有参数均服从三角分布。基于数据质量评价结果，参考 Ecoinvent 提供的方法[217]估计各活动数据与碳排放因子的分布参数取值，结果见表 2-24~表 2-25。

表 2-24 材料消耗分布参数

材料	计量单位	分布参数 (a, b, c)		
		消耗量	碳排放因子/$(\mathrm{kgCO_{2c}}/$计量单位$)$	运输距离/km
钢筋	t	(589.65, 787.81, 688.73)	(1605.72, 3188.28, 2397.00)	公路:(4.14, 95.86, 50) 铁路:(53.81, 1246.19, 650)
型钢	t	(3.9, 5.2, 4.55)	(1175.65, 2334.35, 1755.00)	(4.14, 95.86, 50)
镀锌铁线	t	(7.59, 10.13, 8.86)	(954.58, 1795.42, 1375.00)	(2.48, 57.52, 30)
铁钉	t	(3.11, 4.15, 3.63)	(954.58, 1795.42, 1375.00)	(2.48, 57.52, 30)
铁件	t	(12.24, 16.36, 14.3)	(954.58, 1795.42, 1375.00)	(2.48, 57.52, 30)
砂	m³	(23.09, 30.85, 26.97)	(4.86, 9.14, 7.00)	(6.62, 153.38, 80)
珍珠岩	t	(5.64, 7.54, 6.59)	(404.02, 1585.98, 995.00)	(4.14, 95.86, 50)

（续）

材料	计量单位	分布参数(a, b, c)		
		消耗量	碳排放因子/（kgCO$_2$e/计量单位）	运输距离/km
水泥珍珠岩	m^3	(30.6, 40.88, 35.74)	(112.88, 443.12, 278.00)	(4.14, 95.86, 50)
32.5水泥	t	(48.41, 64.69, 56.55)	(442.13, 877.87, 660.00)	(4.14, 95.86, 50)
混合砂浆 M5	m^3	(93.43, 124.83, 109.13)	(135.32, 268.68, 202.00)	(2.48, 57.52, 30)
水泥砂浆 M7.5	m^3	(22.32, 29.82, 26.07)	(121.92, 242.08, 182.00)	(2.48, 57.52, 30)
水泥砂浆 M10	m^3	(1077.94, 1440.2, 1259.07)	(134.65, 267.35, 201.00)	(2.48, 57.52, 30)
黏土砖	千块	(44.38, 59.3, 51.84)	(385.86, 766.14, 576.00)	(6.62, 153.38, 80)
混凝土砌块	m^3	(1052.51, 1406.21, 1229.36)	(80.73, 159.27, 120.00)	(6.62, 153.38, 80)
混凝土 C10	m^3	(51.23, 68.45, 59.84)	(111.87, 222.13, 167.00)	(2.48, 57.52, 30)
混凝土 C20	m^3	(378.6, 505.82, 442.21)	(176.18, 349.82, 263.00)	(2.48, 57.52, 30)
混凝土 C30	m^3	(3835.67, 5124.67, 4480.17)	(212.35, 421.65, 317.00)	(2.48, 57.52, 30)
超流态混凝土 C30	m^3	(1629.25, 2176.77, 1903.01)	(223.74, 444.26, 334.00)	(2.48, 57.52, 30)
素水泥浆	t	(40.99, 54.77, 47.88)	(318.20, 631.80, 475.00)	(4.14, 95.86, 50)
聚苯乙烯保温板	m^3	(960.14, 1282.8, 1121.47)	(62.56, 123.44, 93.00)	(2.48, 57.52, 30)
SBS 防水卷材	10^{3}m^2	(5.92, 7.9, 6.91)	(515.81, 1024.19, 770.00)	(2.48, 57.52, 30)
木材	m^3	(7.47, 9.99, 8.73)	(242.50, 481.50, 362.00)	(2.48, 57.52, 30)
石膏粉	t	(24.29, 32.45, 28.37)	(149.46, 310.54, 230.00)	(4.14, 95.86, 50)
滑石粉	t	(61.53, 82.21, 71.87)	(507.56, 1992.44, 1250.00)	(4.14, 95.86, 50)
油漆、涂料	t	(4.53, 6.05, 5.29)	(2421.79, 4778.21, 3600.00)	(2.48, 57.52, 30)
钢制防火门	m^2	(356.84, 476.76, 416.8)	(41.04, 80.96, 61.00)	(4.14, 95.86, 50)
塑钢门窗	m^2	(2960.82, 3955.82, 3458.32)	(21.53, 42.47, 32.00)	(4.14, 95.86, 50)
焊条	t	(2.17, 2.91, 2.54)	(8324.00, 32676.00, 20500.00)	(4.14, 95.86, 50)
安全网	t	(2.87, 3.83, 3.35)	(3764.07, 14775.93, 9270.00)	(2.48, 57.52, 30)
水	m^3	(4204.23, 5617.09, 4910.66)	(0.18, 0.42, 0.30)	(0, 0, 0)
瓷砖	t	(16.46, 21.98, 19.22)	(316.72, 1243.28, 780.00)	(2.48, 57.52, 30)
钢模板	t	(16.19, 21.63, 18.91)	(23.55, 46.45, 35.00)	(4.97, 115.03, 60)
支撑钢管	t	(40.55, 54.17, 47.36)	(12.11, 23.89, 18.00)	(4.97, 115.03, 60)
扣件	t	(5.29, 7.07, 6.18)	(59.20, 116.80, 88.00)	(4.97, 115.03, 60)
木模板	m^3	(162.46, 217.06, 189.76)	(24.22, 47.78, 36.00)	(4.97, 115.03, 60)
其他水泥制品	万元	(2.49, 3.33, 2.91)	(3408.40, 8363.60, 5886.00)	(4.14, 95.86, 50)
其他金属制品	万元	(10.38, 13.86, 12.12)	(1932.93, 4743.07, 3338.00)	(4.14, 95.86, 50)
其他塑料制品	万元	(5.76, 7.7, 6.73)	(1458.09, 3577.91, 2518.00)	(4.14, 95.86, 50)
其他化学纤维制品	万元	(0.92, 1.24, 1.08)	(1735.47, 4258.53, 2997.00)	(4.14, 95.86, 50)
胶粘剂	万元	(16.08, 21.48, 18.78)	(1777.74, 4362.26, 3070.00)	(4.14, 95.86, 50)
化学溶剂	万元	(0.89, 1.19, 1.04)	(1283.22, 3148.78, 2216.00)	(4.14, 95.86, 50)
布	万元	(1.93, 2.57, 2.25)	(1111.23, 2726.77, 1919.00)	(4.14, 95.86, 50)
其他化学品	万元	(3.11, 4.15, 3.63)	(1777.74, 4362.26, 3070.00)	(4.14, 95.86, 50)

表 2-25　施工能耗分布参数

机械	能源	分布参数(a, b, c)		
		计量单位	消耗量	碳排放因子/(kgCO$_{2e}$/计量单位)
履带式长螺旋钻机 ϕ600	电	MW·h	(101.3, 150.22, 125.76)	(0.91, 1.34, 1.13)
履带式柴油打桩机	电	MW·h	(0.04, 0.06, 0.05)	(0.91, 1.34, 1.13)
门式起重机 10t	电	MW·h	(0.02, 0.02, 0.02)	(0.91, 1.34, 1.13)
塔式起重机 1500kN·m	电	MW·h	(63.29, 93.87, 78.58)	(0.91, 1.34, 1.13)
塔式起重机 QTZ30	电	MW·h	(0.83, 1.23, 1.03)	(0.91, 1.34, 1.13)
施工电梯（100m 以内）	电	MW·h	(13.86, 20.56, 17.21)	(0.91, 1.34, 1.13)
电动卷扬机 5t	电	MW·h	(4.79, 7.11, 5.95)	(0.91, 1.34, 1.13)
电动卷扬机 2t	电	MW·h	(69.42, 102.94, 86.18)	(0.91, 1.34, 1.13)
木工圆锯机 1000mm	电	MW·h	(6.98, 10.34, 8.66)	(0.91, 1.34, 1.13)
混凝土振捣器（平板式）	电	MW·h	(0.11, 0.17, 0.14)	(0.91, 1.34, 1.13)
混凝土振捣器（插入式）	电	MW·h	(3.92, 5.82, 4.87)	(0.91, 1.34, 1.13)
多级离心清水泵 ϕ100	电	MW·h	(28.88, 42.82, 35.85)	(0.91, 1.34, 1.13)
混凝土输送泵 60m³/h	电	MW·h	(66.32, 98.36, 82.34)	(0.91, 1.34, 1.13)
钢筋切断机	电	MW·h	(2.22, 3.28, 2.75)	(0.91, 1.34, 1.13)
钢筋弯曲机	电	MW·h	(2.77, 4.11, 3.44)	(0.91, 1.34, 1.13)
钢筋调直机	电	MW·h	(0.1, 0.14, 0.12)	(0.91, 1.34, 1.13)
石料切割机	电	MW·h	(0.21, 0.31, 0.26)	(0.91, 1.34, 1.13)
管子切断机	电	MW·h	(0.06, 0.1, 0.08)	(0.91, 1.34, 1.13)
直流电焊机 32kW	电	MW·h	(11.3, 16.76, 14.03)	(0.91, 1.34, 1.13)
电渣焊机	电	MW·h	(4.28, 6.34, 5.31)	(0.91, 1.34, 1.13)
直流电焊机 40kW	电	MW·h	(0.29, 0.43, 0.36)	(0.91, 1.34, 1.13)
焊条烘干箱	电	MW·h	(0.21, 0.31, 0.26)	(0.91, 1.34, 1.13)
电动空气压缩机	电	MW·h	(2.11, 3.13, 2.62)	(0.91, 1.34, 1.13)
电锤 0.52kW	电	MW·h	(1.36, 2.02, 1.69)	(0.91, 1.34, 1.13)
电动打夯机	电	MW·h	(0.22, 0.32, 0.27)	(0.91, 1.34, 1.13)
单斗液压挖掘机 0.6m³	柴油	t	(0.34, 0.5, 0.42)	(2.16, 4.06, 3.11)
履带式推土机 75kW	柴油	t	(0.43, 0.63, 0.53)	(2.16, 4.06, 3.11)
平板拖车组 40t	柴油	t	(0.09, 0.13, 0.11)	(2.16, 4.06, 3.11)
载重汽车 6t	柴油	t	(4.04, 6, 5.02)	(2.16, 4.06, 3.11)
载重汽车 8t	柴油	t	(0.4, 0.6, 0.5)	(2.16, 4.06, 3.11)
载重汽车 15t	柴油	t	(0.41, 0.61, 0.51)	(2.16, 4.06, 3.11)
自卸汽车 12t	柴油	t	(1.95, 2.89, 2.42)	(2.16, 4.06, 3.11)
机动翻斗车 1t	柴油	t	(0.72, 1.08, 0.9)	(2.16, 4.06, 3.11)
汽车式起重机 8t	柴油	t	(0.16, 0.24, 0.2)	(2.16, 4.06, 3.11)
汽车式起重机 16t	柴油	t	(0.18, 0.26, 0.22)	(2.16, 4.06, 3.11)

（续）

机械	能源	分布参数(a, b, c)		
		计量单位	消耗量	碳排放因子/(kgCO$_2$$_e$/计量单位)
汽车式起重机 20t	柴油	t	(0.49, 0.73, 0.61)	(2.16, 4.06, 3.11)
汽车式起重机 40t	柴油	t	(0.19, 0.29, 0.24)	(2.16, 4.06, 3.11)
汽车式起重机 5t	汽油	t	(1.2, 1.78, 1.49)	(2.04, 3.83, 2.94)
临时生活和办公	电	MW·h	(3.62, 6.38, 5)	(0.91, 1.34, 1.13)
临时照明	电	MW·h	(27.15, 47.85, 37.5)	(0.91, 1.34, 1.13)

注：本建筑案例的建设年代为 2012 年，电力碳排放因子采用 2015 中国区域电网基准线排放因子[219]，该因子为 2011～2013 年东北区域电网的电量边际排放因子加权平均值。

2.5.2 碳排放计算

基于表 2-24～表 2-25 的数据，采用基于物料消耗的方法对该混凝土建筑的隐含碳排放进行计算，结果如图 2-9～图 2-11 所示。该混凝土建筑的隐含碳排放总量计算结果为 5889.9tCO$_2$$_e$，生产、运输及施工过程的贡献比例分别为 91.9%、5.3% 和 2.8%。

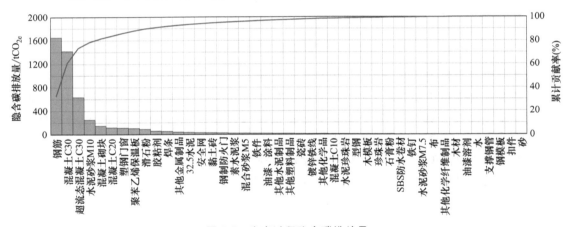

图 2-9 生产过程隐含碳排放量

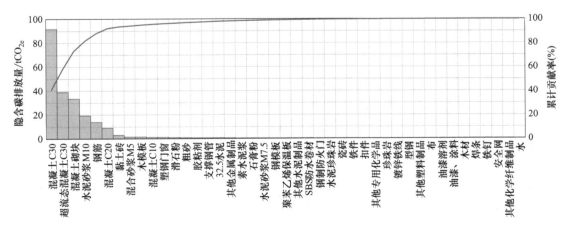

图 2-10 运输过程隐含碳排放量

材料生产过程的碳排放量为 5037.8tCO₂ₑ，其中钢筋的贡献最高，达 32.8%；其次是 C30 混凝土，贡献率为 28.2%。钢筋、C30 混凝土、C30 超流态混凝土、M10 水泥砂浆、混凝土砌块、C20 混凝土、塑钢门窗、聚苯乙烯保温板、滑石粉、胶粘剂、焊条、其他金属制品、32.5 水泥、安全网、黏土砖和钢质防火门这 16 种材料对生产过程的累计碳排放贡献比例超过 95%。

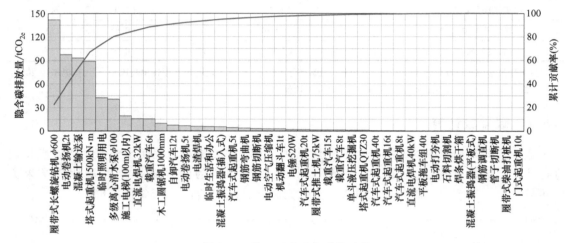

图 2-11 施工过程隐含碳排放量

材料运输过程的碳排放量为 224.0tCO₂ₑ，其中 C30 混凝土的贡献最高，达 40.9%；其次是 C30 超流态混凝土和混凝土砌块，贡献率分别为 17.4% 和 15.0%。C30 混凝土、C30 超流态混凝土、混凝土砌块、M10 水泥砂浆、钢筋、C20 混凝土、黏土砖、M5 混合砂浆和木模板这 9 种材料对运输过程的累计碳排放贡献比例超过 95%。值得注意的是，运输过程碳排放与材料运输距离高度相关。本例计算时除钢材外，材料的运输距离均按 30~100km 考虑。当使用非本地化材料时，上述运输碳排放计算值可能显著增加。

现场施工过程的碳排放量为 628.2tCO₂ₑ，其中履带式长螺旋钻机的贡献最高，达 22.6%；其次是电动卷扬机（2t）、混凝土输送泵和塔式起重机（1500kN·m），贡献率分别为 15.5%、14.8% 和 14.1%。

2.5.3 不确定性水准

1. 参数不确定性

基于各输入参数的经验概率模型，采用蒙特卡洛法随机生成 10000 组样本，完成建筑隐含碳排放的随机模拟，相应模拟结果的分布情况如图 2-12 所示。基于随机样本统计分析，隐含碳排放的均值和标准差分别为 5892.0tCO₂ₑ 和 248.9tCO₂ₑ，其中生产、运输及施工过程的碳排放均值分别为 5039.1tCO₂ₑ、224.1tCO₂ₑ 和 628.8tCO₂ₑ，变异系数分别为 4.8%、9.5% 和 6.9%。

上述随机模拟结果与确定性分析结果的对比见表 2-26。本例建立的输入参数近似概率模型为对称三角分布，不存在偏置性，故随机模拟结果的均值与确定性分析结果一致。生产、运输及施工过程的隐含碳排放量随机模拟结果的最小值分别为 4243.0tCO₂ₑ、154.4tCO₂ₑ 和

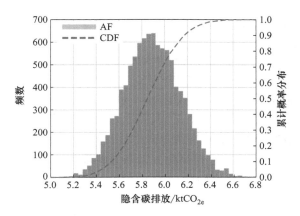

图 2-12 建筑隐含碳排放随机模拟结果

504.8tCO$_{2e}$，与确定性分析结果的相对误差分别为 −15.8%、−31.1% 和 −19.6%；最大值分别为 5981.3tCO$_{2e}$、300.9tCO$_{2e}$ 和 766.6 tCO$_{2e}$，相对误差分别为 18.7%、34.4% 和 22.0%。上述各过程随机模拟结果的平均绝对百分比误差分别为 3.8%、7.6% 和 5.7%，运输过程碳排放的不确定性更高，但其碳排放总量小，对隐含碳排放总量计算结果的影响并不突出。物化阶段碳排放总量随机模拟的最小值和最大值分别为 5074.6tCO$_{2e}$ 和 6828.5tCO$_{2e}$，相对误差分别为 −13.8% 和 15.9%。总体而言，建筑隐含碳排放量计算结果的平均绝对百分比误差为 3.4%，即考虑参数不确定性后本例计算结果可近似量化为（5890±200）tCO$_{2e}$。

表 2-26 碳排放计算结果对比

统计指标	生产过程		运输过程		施工过程		物化阶段	
	碳排放量/tCO$_{2e}$	相对误差	碳排放量/tCO$_{2e}$	相对误差	碳排放量/tCO$_{2e}$	相对误差	碳排放量/tCO$_{2e}$	相对误差
确定性分析	5037.8	—	224.0	—	628.2	—	5889.9	—
随机模拟最小值	4243.0	−15.78%	154.4	−31.07%	504.8	−19.64%	5074.6	−13.84%
随机模拟平均值	5039.1	0.03%	224.1	0.07%	628.8	0.10%	5892.0	0.04%
随机模拟最大值	5981.3	18.73%	300.9	34.35%	766.6	22.04%	6828.5	15.94%

2. 情景与模型不确定性

以上述案例分析结果为基准情景，考虑表 2-27 所示的系统边界简化、材料消耗变化、碳排放因子变化、清洁能源利用、数据质量换算关系和时间相关性情景，对本例建筑隐含碳排放计算结果的情景与模型不确定性进行讨论。

表 2-27 情景设计

分类	子类	编号	描述
基准情景	—	B01	基于 2.5.1 节案例数据的随机模拟结果
情景不确定性	系统边界简化	S01	仅考虑 14 种基本建材对生产和运输过程碳排放的计算边界进行简化
	材料消耗变化	S02	每种材料的消耗量独立降低 10%，包含 43 个子情景
	材料碳排放因子变化	S03	每种材料的碳排放因子独立降低 10%，包含 43 个子情景
	清洁能源利用	S04	施工过程外购电力采用高效或清洁生产技术，包含 2 个子情景，相应电力碳排放因子分别取 0.431kgCO$_{2e}$/kW·h 和 0.02kgCO$_{2e}$/kW·h[42]

（续）

分类	子类	编号	描述
模型不确定性	数据质量指标换算关系	M01	不区分数据质量指标的重要性，采用表 2-21 中评分 1~5 的附加不确定性平均值进行不同数据质量评分与概率分布参数的换算
	时间相关性	M02	数据的时间相关性质量评价结果分别假定为 1~5，包含 5 个子情景

（1）系统边界简化的影响　在建筑隐含碳排放计算时，受限于所收集数据资料的完整性，常需要对建筑材料消耗量清单进行简化，以降低碳排放计算的时间与人力成本。在情景 S01 中仅考虑钢材、混凝土、水泥、砂浆、砖与砌块、木材制品、保温材料、防水材料、石膏、滑石粉、油漆（涂料）、瓷砖、铁件、膨胀珍珠岩 14 种常用基本建材对系统边界做简化，并重新采用随机模拟方法进行碳排放分析，结果如图 2-13 所示。采用简化系统边界后，10000 个样本中仅有约 1800 个样本的碳排放模拟值位于基准情景分析结果的上、下四分位数范围内，结果的变异性显著。生产及运输过程的碳排放分别被平均低估了 383.0tCO$_{2e}$ 和 7.0tCO$_{2e}$，隐含碳排放模拟的样本均值为 5502.6tCO$_{2e}$，低于基准情景 6.6%，但样本的标准差相近。

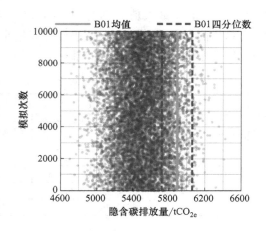

图 2-13　系统边界简化的不确定性影响（S01 模拟结果）

（2）材料消耗与碳排放因子的影响　建筑材料的消耗量受建筑设计、生产技术、施工方式及管理措施等多方面的影响，通过建筑优化设计、使用低碳材料、降低材料废弃率等方式可有效实现隐含碳排放的控制。为此，假定每种材料消耗量和碳排放因子单独降低 10% 后，做情景 S02~S03 的随机模拟分析，并在此基础上对隐含碳排放量的影响做单参数敏感性分析。图 2-14 给出了敏感性最高的 6 种材料对隐含碳排放强度变化的影响，图中阴影部分表示模拟结果的四分位距。由图可知，钢筋和 C30 混凝土用量变化对隐含碳排放的影响最高，平均分别为 2.8% 和 2.6%。此外，由于材料消耗量变化可同时影响生产及运输过程的碳排放量，其敏感性略高于材料碳排放因子的变化。

（3）施工过程清洁电力利用的影响　电力是建筑施工过程最常用的能源之一。随着清洁发电技术的不断进步，电力碳排放因子日益降低。采用高效和清洁电力技术的情景下，对

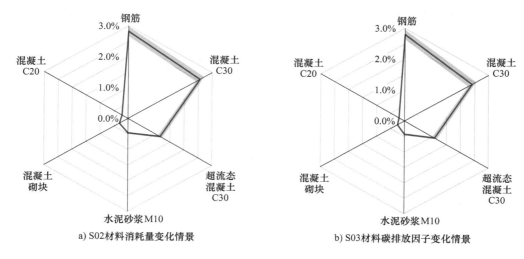

a) S02材料消耗量变化情景 　　　　　　　　b) S03材料碳排放因子变化情景

图 2-14　材料消耗与碳排放因子的不确定性影响

本例建筑隐含碳排放量重新进行模拟分析。结果表明，施工过程的碳排放量可平均分别降低至 $265.3tCO_{2e}$ 和 $51.1tCO_{2e}$，相比于基准情景具有 $58\%\sim92\%$ 的降幅。

（4）数据质量指标换算关系　依据方差或变异系数对数据质量评分与附加不确定性水平进行换算时，同一评分下，不同数据质量评价指标的不确定性取值是不同的，相当于认为不同指标对不确定性的影响程度是有差异的。然而，在实际数据分析时，若无法判断各评价指标的重要性程度，则可取同一评分下不同评价指标不确定性水准的归一化值进行数据换算，即

$$C_{va,g}^2 = \prod_{i=1}^{5} \left(C_{va,ig}^2 + 1 \right) \tag{2-27}$$

式中　$C_{va,g}$——以变异系数表示的评分为 g 时的归一化附加不确定性；

　　　$C_{va,ig}$——以变异系数表示的评分为 g 时第 i 个指标的附加不确定性。

按上述方式重新估计输入参数的近似概率分布，并进行隐含碳排放量的模拟分析。该情景碳排放模拟值分布情况与基准情景的对比如图 2-15 所示。显然，改变指标换算关系后，隐含碳排放模拟的样本均值基本未发生变化，但样本的标准差增加至 $349.6tCO_{2e}$，相比基准情景提高了 40%。产生这一差异的主要原因是，按 Ecoinvent 提供的建议[217] 考虑不同指标的重要性差异时，本例输入数据在重要性较高的指标项上获得了较高的数据质量评分，故评价所得的输入变量变异性相对较小。

（5）时间相关性　碳排放因子是建筑隐含碳排放计算的关键背景数据，对计算结果的准确性与可靠性具有重要影响。然而受限于数据测试条件、成本等因素，碳排放因子数据一般具有一定的滞后性。为考虑碳排放因子数据时间相关性对计算结果不确定性的影响，在情景 M02-1~M02-5 中分别假定碳排放因子的时间相关性数据质量评分分别取 $1\sim5$，并在此基础上重新进行碳排放模拟分析，结果如图 2-16 所示。与基准情景相比，当数据的时间相关性发生变化时，碳排放量的样本均值保持一致，但随着数据质量下降，样本数据的变异性显著增加。如图所示，数据质量评分为 1~5 时，数据标准差由 $893.3tCO_{2e}$ 下降至 $244.9tCO_{2e}$。

考虑时间相关性对结果不确定性的影响，项目碳排放计算时，应尽量控制时间相关性指标的质量评分不小于 3。

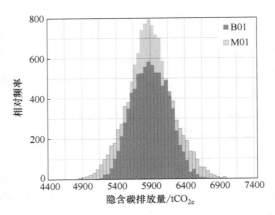

图 2-15　数据质量指标换算关系的不确定性影响

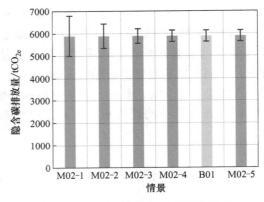

图 2-16　时间相关性的不确定性影响

本章小结

　　本章以混凝土建筑隐含碳排放的计算方法为核心，从一般程序、功能单位、系统边界、数据来源、计算方法和结果解释六方面建立了碳排放计算的基本理论框架。以上述框架为依据，采用排放因子法分别建立了基于物料消耗和分项工程的建筑隐含碳排放计算方法，给出了相应的碳排放因子，分析了混凝土结构常见分项工程的综合碳排放指标。进一步地，从参数、模型和情景三方面提出了建筑隐含碳排放计算不确定性的分析方法，包括随机模拟分析、误差传递公式及情景模拟分析等，并建立了基于数据质量评价等的参数近似概率模型构建方法。最终，通过案例分析对建筑隐含碳排放量与不确定性水准进行了论证。

第3章

混凝土建筑隐含碳排放指标特征

建筑项目隐含碳排放的量化计算与统计分析，可为厘清碳排放的特征与影响因素、建立建筑碳排放评价方法与实现低碳设计提供基准指标。国内外针对不同功能类型与高度的建筑项目开展了大量的案例分析工作，为碳排放指标的统计特性研究提供了良好的数据基础。然而，由于系统边界、背景数据、计算方法等方面的差异性，现有案例分析结果的离散性较大，无法形成有效的碳排放量化评价指标。本章以混凝土建筑隐含碳排放的最主要来源——建材生产与运输过程为研究目标，建立隐含碳排放指标的统计分析与驱动因素研究方法，然后分别以低层、多层和高层住宅建筑为对象，通过收集建筑样本数据信息构建案例库，并在此基础上对隐含碳排放强度的统计特性、贡献度、影响因素、计算边界等问题进行系统分析，给出混凝土建筑隐含碳排放的参考指标与降碳建议。本章内容的组织框架如图3-1所示。

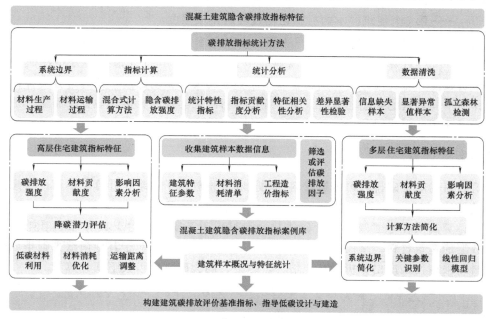

图3-1　本章内容组织框架

3.1 统计方法概述

3.1.1 系统边界

一般来说，建筑隐含碳排放涵盖了材料生产、场外运输、现场施工、建筑维护和拆除处置等过程，其中前三个阶段通常定义为物化阶段，即"摇篮到现场"的计算边界。已有研究表明，物化阶段是建筑隐含碳排放的主要来源[220]。进一步讲，建筑材料生产过程对物化碳排放的贡献率达80%~95%[57,115]，是最重要的影响因素。材料运输的隐含碳排放与运输工具、距离及建筑材料重量有关，现场施工阶段的隐含碳排放主要来源于建筑机械和临时设施的能耗，二者对物化阶段碳排放的贡献远小于材料生产过程[221-223]。考虑数据的可获取性和可靠性，本研究隐含碳排放计算仅涵盖了建筑材料的生产和运输过程。

建筑碳排放计算常采用"整个建筑""1m² 建筑面积"和"1 个标准间"等作为住宅建筑的功能单位[224]。考虑不同建筑样本的布局和体量差异，本研究以"1m² 建筑面积"作为功能单位，以保证不同建筑样本的碳排放具有可比性。因此，将隐含碳排放强度定义为

$$\mathrm{CI}_{\mathrm{E},i} = \frac{C_i}{A_i} = \frac{C_{\mathrm{M},i} + C_{\mathrm{T},i}}{A_i} = \mathrm{CI}_{\mathrm{M},i} + \mathrm{CI}_{\mathrm{T},i} \tag{3-1}$$

式中　$\mathrm{CI}_{\mathrm{E},i}$——第 i 个建筑样本的隐含碳排放强度；

C_i——第 i 个建筑样本的隐含碳排放量；

A_i——第 i 个建筑样本的建筑面积；

$C_{\mathrm{M},i}$——第 i 个建筑样本的材料生产过程碳排放量；

$C_{\mathrm{T},i}$——第 i 个建筑样本的材料运输过程碳排放量；

$\mathrm{CI}_{\mathrm{M},i}$——第 i 个建筑样本的材料生产过程碳排放强度；

$\mathrm{CI}_{\mathrm{T},i}$——第 i 个建筑样本的材料运输过程碳排放强度。

如图 3-2 所示[140]，依据上述系统边界，本研究首先收集建筑样本的特征信息与工程数据，基于统一框架计算建筑样本的隐含碳排放强度，分析其统计指标和分布特征。进一步讲，基于贡献度和相关性分析识别隐含碳排放强度的关键驱动因素，并通过分类分析和显著性检验评估不同因素的影响。最后，基于统计分析结果实现计算边界与方法简化，给出设计与建造阶段降碳路径建议。

3.1.2 指标计算

建筑材料的隐含碳排放可依据材料消耗量和碳排放因子的乘积计算。然而，考虑国内数据库建设情况，部分建筑材料仍缺少碳排放因子数据。因此，本研究采用了一种混合方法[57]来计算高层住宅建筑的隐含碳排放。在材料生产阶段，对于具有详细消耗量和碳排放因子数据的建筑材料，采用排放因子法计算隐含碳排放，而对于其他尚缺少碳排放因子数据的材料，采用投入产出分析做补充估计。综上，隐含碳排放可按下式计算

$$C_{\mathrm{M},i} = \sum_p Q_{\mathrm{M},ip} F_{\mathrm{M},ip} + \sum_q Q_{\mathrm{M},iq} F_{\mathrm{M},iq} = \sum_p Q_{\mathrm{M},ip} F_{\mathrm{M},ip} + \sum_q Q_{\mathrm{M},iq} P_{\mathrm{M},iq} S_{\mathrm{M},q} \tag{3-2}$$

式中　$Q_{\mathrm{M},ip}$——第 i 个建筑样本中第 p 种材料的重量；

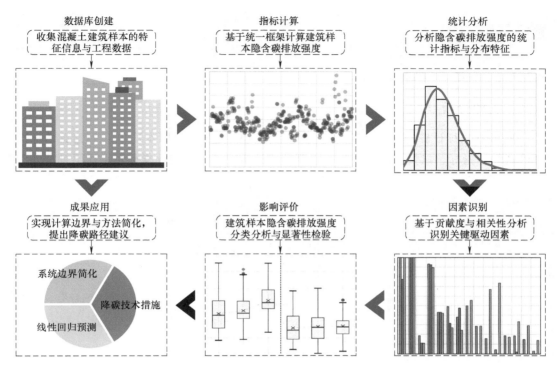

图 3-2　碳排放指标统计研究方法

$Q_{\mathrm{M},iq}$——第 i 个建筑样本中第 q 种材料的重量；

$F_{\mathrm{M},ip}$——第 i 个建筑样本中第 p 种材料的碳排放因子；

$F_{\mathrm{M},iq}$——采用投入产出法估算的第 i 个建筑样本中第 q 种材料的碳排放因子；

$P_{\mathrm{M},iq}$——第 i 个建筑样本中第 q 种材料的单价；

$S_{\mathrm{M},q}$——第 q 种材料所属经济部门的碳排放强度。

为方便起见，式（3-2）可进一步简化为

$$C_{\mathrm{M},i} = \sum_j Q_{\mathrm{M},ij} F_{\mathrm{M},ij} \tag{3-3}$$

式中　$Q_{\mathrm{M},ij}$——第 i 个建筑样本中第 j 种材料的重量；

$\quad\quad F_{\mathrm{M},ij}$——第 i 个建筑样本中第 j 种材料的碳排放因子，对于基于投入产出分析估算的碳排放因子，$F_{\mathrm{M},ij}$ 等于 $P_{\mathrm{M},ij}$ 和 $S_{\mathrm{M},j}$ 的乘积。

在材料运输阶段，可通过排放因子法计算相应碳排放量。具体来说，可采用以下两种方式：①依据运输载具的燃料消耗计算；②依据材料的重量和运输距离估算。采用后一种方法时，隐含碳排放量可采用下式计算

$$C_{\mathrm{T},i} = \sum_j Q_{\mathrm{M},ij} D_{\mathrm{M},ij} F_{\mathrm{T},ij} \tag{3-4}$$

式中　$D_{\mathrm{M},ij}$——第 i 个建筑样本中第 j 种材料的运输距离；

$\quad\quad F_{\mathrm{T},ij}$——运输碳排放因子，即第 i 个建筑样本中单位重量第 j 种材料运输单位距离的碳排放量。

综合以上计算公式，材料生产和运输过程的隐含碳排放强度可采用下列公式计算

$$CI_{M,i} = \sum_j I_{M,ij} F_{M,ij} \tag{3-5}$$

$$CI_{T,i} = \sum_j I_{M,ij} D_{M,ij} F_{T,ij} \tag{3-6}$$

式中 $I_{M,ij}$——第 i 个建筑样本中第 j 种材料的单位建筑面积消耗强度。

3.1.3 统计分析

（1）统计指标计算 基于建筑样本分析隐含碳排放强度的样本均值、中位数、标准差和置信区间等指标，以揭示隐含碳排放强度的统计特征。这些统计指标可采用下列公式计算

$$CI_{sm} = \frac{1}{n} \sum_i CI_i \tag{3-7}$$

$$CI_{md} = \begin{cases} CI_{\frac{n+1}{2}} & , \quad n \text{ 为奇数} \\ 0.5(CI_{\frac{n}{2}} + CI_{\frac{n}{2}+1}) & , \quad n \text{ 为偶数} \end{cases} \tag{3-8}$$

$$CI_{sd} = \sqrt{\frac{1}{n-1} \sum_i (CI_i - CI_{sm})^2} \tag{3-9}$$

$$CI_{cf} = \left[CI_{sm} - \frac{CI_{sd}t}{\sqrt{n}}, CI_{sm} + \frac{CI_{sd}t}{\sqrt{n}} \right] \tag{3-10}$$

式中 n——建筑样本总数；

CI_{sm}——样本隐含碳排放强度的平均值；

CI_{md}——样本隐含碳排放强度的中位数；

CI_{sd}——样本隐含碳排放强度的标准差；

CI_{cf}——样本隐含碳排放强度均值的置信区间；

CI_i——第 i 个建筑样本的隐含碳排放强度；

t——95% 置信水平下的计算参数，可根据建筑样本总数按表 2-23 取值，对于较大的样本（样本数>100），t 等于 1.96。

此外，可采用概率密度函数检验建筑隐含碳排放强度的分布特征和变异性。使用卡方检验和 K-S 检验来确定适宜的分布类型，如正态分布、对数正态分布、学生式 t 分布和伽马分布等。当不同统计检验方法获得的最佳分布拟合结果不一致时，采用更适用小样本分析的 K-S 检验结果[225]。

（2）贡献度分析 通过贡献度分析筛选主要建筑材料，可用于简化隐含碳排放计算的系统边界，从而降低计算成本。为识别主要碳排放源，采用贡献度指标分析不同建筑材料对隐含碳排放强度的影响，计算公式为

$$\gamma_{ij} = \frac{CI_{M,ij} + CI_{T,ij}}{CI_{E,i}} \tag{3-11}$$

式中 γ_{ij}——第 i 个建筑样本中第 j 种材料对隐含碳排放强度的贡献度；

$CI_{M,ij}$——第 i 个建筑样本中第 j 种材料的生产过程隐含碳排放强度；

$CI_{T,ij}$——第 i 个建筑样本中第 j 种材料的运输过程隐含碳排放强度。

依据上述贡献度计算公式，可进一步衍生表 3-1 所示的隐含碳排放强度贡献度指标体

系，用以分析不同类型材料及不同过程的碳排放构成与贡献。

表 3-1 隐含碳排放强度贡献度指标计算

贡献因子	符号	表达式	说明
结构材料对生产过程的贡献	$\gamma_{S\text{-}M,i}$	$CI_{S\text{-}M,i}/CI_{M,i}$	$CI_{S\text{-}M,i}$ 为第 i 个建筑样本中结构材料的生产过程碳排放强度
装饰材料对生产过程的贡献	$\gamma_{D\text{-}M,i}$	$CI_{D\text{-}M,i}/CI_{M,i}$	$CI_{D\text{-}M,i}$ 为第 i 个建筑样本中装饰材料的生产过程碳排放强度
结构材料对运输过程的贡献	$\gamma_{S\text{-}T,i}$	$CI_{S\text{-}T,i}/CI_{T,i}$	$CI_{S\text{-}T,i}$ 为第 i 个建筑样本中结构材料的运输过程碳排放强度
装饰材料对运输过程的贡献	$\gamma_{D\text{-}T,i}$	$CI_{D\text{-}T,i}/CI_{T,i}$	$CI_{D\text{-}T,i}$ 为第 i 个建筑样本中装饰材料的运输过程碳排放强度
结构材料对物化阶段的贡献	$\gamma_{S,i}$	$CI_{S,i}/CI_{E,i}$	$CI_{S,i}$ 为第 i 个建筑样本中结构材料的生产及运输过程碳排放强度
装饰材料对物化阶段的贡献	$\gamma_{D,i}$	$CI_{D,i}/CI_{E,i}$	$CI_{D,i}$ 为第 i 个建筑样本中装饰材料的生产及运输过程碳排放强度
某材料对物化阶段的贡献	$\gamma_{M,ij}$	$CI_{M,ij}/CI_{E,i}$	$CI_{M,ij}$ 为第 i 个建筑样本中第 j 种材料的生产及运输过程碳排放强度

此外，基于对环境影响和经济投资的综合考虑，材料的成本和重量也通常用于识别主要材料。这两个指标的贡献度可采用类似方法进行计算。通过分析不同建筑样本中的材料贡献度，采用帕累托（Pareto）图进行贡献度排序。一般来说，累计贡献度达到一定比例的材料即被确定为需要包含在清单分析中的主要材料。特别地，GB/T 51366—2019《建筑碳排放计算标准》规定，累计重量贡献度超过 95% 的材料应纳入隐含碳排放的计算范围。

（3）相关性分析 材料消耗量的差异是建筑隐含碳排放强度变化的直接原因。然而，为实现低碳建筑设计与建造，厘清材料消耗的驱动因素也十分重要。因此，考虑建筑面积、建筑高度、总楼层数、地下室层数、结构体系、抗震等级、抗震设防烈度、交付形式、地理位置和建设成本等建筑特征，分析其与隐含碳排放强度的相关性。研究中使用 Spearman 秩相关系数[226]进行相关性分析，以评估上述因素与隐含碳排放强度之间的关系。Spearman 秩相关系数适用于不服从正态分布的数据，应用范围广泛。

（4）显著性分析 对基于相关性分析得到的主要驱动因素，进一步进行建筑样本隐含碳排放强度的分类统计，以定量化其影响程度。具体而言，首先依据驱动因素将建筑样本进行分类，然后对每簇建筑样本的统计指标进行单独估计，最后根据显著性检验评估不同簇间碳排放指标差异的统计特性。考虑建筑样本的隐含碳排放强度可能不服从正态分布，采用 Wilcoxon 秩和检验替代传统的 t 检验或方差分析实现统计显著性检验。

3.1.4 数据清洗

为实现隐含碳排放强度计算与驱动因素分析，需收集建筑样本的大量数据信息。受客观的样本数据变异性，以及主观的异常数据、记录错误等因素影响，容易出现数据分析误差。因此，为提高建筑样本的代表性，依据以下准则对收集的原始建筑样本进行筛选和清理：

1）清除具有明显异常隐含碳排放强度的样本。
2）清除缺少关键建筑特征信息或参数的样本。
3）清除主要材料消耗量存在明显偏差的样本。
4）清除采用孤立森林（Isolated Forest）算法[227]识别为异常值的样本，异常样本的比例设定为 5%。

3.2 高层建筑指标特征

3.2.1 建筑样本概况

（1）样本分布情况 高层建筑一般以建筑高度和楼层数为分类依据。GB 50352—2019《民用建筑设计统一标准》规定，高度超过27m或10层以上的住宅建筑为高层住宅建筑。以高层住宅建筑为对象，从现场调查、项目文件、研究报告、网络资源及相关数据库等多个数据源收集高层建筑样本的数据和信息，建立了包含403栋混凝土结构住宅建筑样本的案例库[140]。研究中，首先对建筑案例的层数、建筑高度、建筑面积、结构体系、抗震设防烈度、抗震等级、建设地点、交付形式和材料消耗量等基本信息进行了统计。图3-3所示为高层住宅建筑样本的具体分布情况。

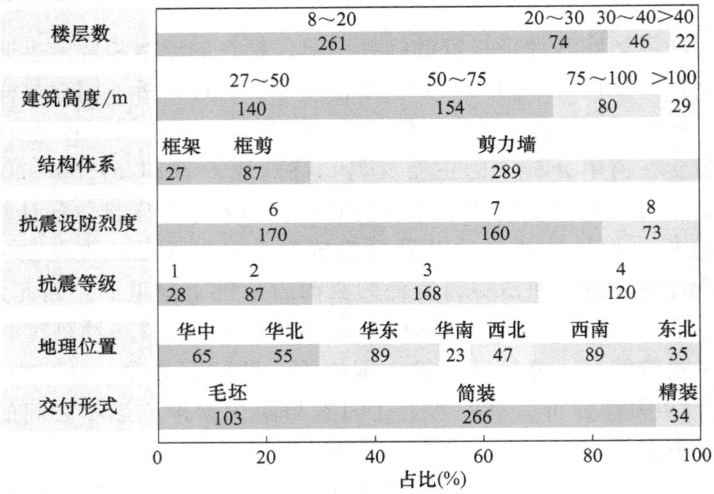

图 3-3 住宅建筑案例的总体情况

（2）材料消耗强度 研究收集了403栋住宅建筑案例的建筑材料消耗强度数据。值得注意的是，受技术条件、地理特性、数据来源和信息完整性等因素的影响，不同建筑案例的材料消耗强度可能存在显著差异。在综合考虑数据可用性、重要性和一致性的基础上，本研究考虑了17种常用建筑材料，并将其分为两大类。第一类为结构材料，包括钢材、混凝土和预制构件；第二类为装饰材料，包括砖（砌块）、水泥、砂浆、砂石、门窗、木材、防水材料、保温材料、装饰板材、瓷砖、地板、涂料、装饰石材和其他材料。这17种材料的消耗量通过建筑设计文件和工程量清单获得，每种材料的消耗强度按材料消耗量与建筑面积的比值计算。表3-2总结了材料消耗强度的统计指标。

表 3-2 高层住宅建筑样本的材料消耗强度统计指标　（计量单位：kg/m²）

序号	材料类别	范围	平均值	中位数	标准差	置信区间(95%)
1	钢材	32~104.9	52.9	51.2	10.9	[51.8, 54]
2	混凝土	427~2734.9	1038.6	1000.8	282.8	[1011.0, 1066.2]
3	水泥	0~199.9	31.8	9.2	49.9	[26.9, 36.7]

（续）

序号	材料类别	范围	平均值	中位数	标准差	置信区间(95%)
4	砖与砌块	0~218.6	68.9	66.9	36.0	[65.4, 72.4]
5	预制构件	0~430.4	28.8	0.0	75.5	[21.4, 36.2]
6	砂浆	0~408.5	76.8	60.9	79.8	[69.0, 84.6]
7	砂石	0~1020.9	133.4	20.1	255.2	[108.5, 158.3]
8	门窗	0~14.6	3.5	1.9	3.8	[3.1, 3.8]
9	木材	0~26.9	10.8	8.8	7.0	[10.2, 11.5]
10	防水材料	0~9	1.8	1.6	1.5	[1.7, 2.0]
11	保温材料	0~10.7	1.7	0.9	2.0	[1.5, 1.9]
12	装饰板材	0~6.5	0.5	0.1	0.9	[0.4, 0.6]
13	陶瓷砖	0~55.7	6.9	3.0	9.5	[6.0, 7.9]
14	地板	0~4.8	0.1	0.0	0.4	[0, 0.1]
15	油漆涂料	0~13.5	0.9	0.4	1.7	[0.8, 1.1]
16	装饰石材	0~5.9	0.4	0.0	0.4	[0.3, 0.4]
17	其他材料	0~65.5	1.2	0.0	5.4	[0.7, 1.8]
0	合计	578.4~3368.1[①]	1459.1	1390.4	420.5	[1418.1, 1500.2]

① 案例中不是所有材料都能同时取到最小值（最大值），所以合计的最小值（最大值）不是单一材料最小值（最大值）的简单相加。

（3）碳排放因子　以表2-4和相关资料为依据，收集了上述17种材料的碳排放因子，以实现基于建筑材料消耗强度的隐含碳排放强度分析。考虑数据的代表性和适用性，按以下优先级确定碳排放因子的取值：首先，采用 GB/T 51366—2019《建筑碳排放计算标准》提供的数据；其次，标准不能覆盖计算所需时，采用已有研究和相关报告给出的数据；最后，对没有详细过程数据的材料，依据投入产出法估算碳排放因子[209]。表3-3总结了主要建筑材料的碳排放因子范围与默认值等信息。值得注意的是，对于同类材料，考虑规格型号的差异（如材料强度等），碳排放因子也可能不同。此外，部分建筑样本未提供材料的具体规格型号时，采用碳排放因子的默认值，表3-3详细描述了默认值的取值依据或数据来源。此外，运输排放因子假定按中型汽油货车运输（载重8t）的数据取 0.179kgCO$_2$e/（t·km）[16]。

表 3-3　建筑材料的碳排放因子取值

编号	材料	计量单位	碳排放因子/（kgCO$_2$e/计量单位）		默认值来源
			范围	默认值	
1.1	钢筋	t	1827~4808	2340	GB/T 51366—2019《建筑碳排放计算标准》
1.2	型钢	t	1827~4808	2310	GB/T 51366—2019《建筑碳排放计算标准》
2.1	C25 混凝土	m³	100~667	293	《建筑工程碳排放计量》[209]
2.2	C30 混凝土	m³	100~667	316	《建筑工程碳排放计量》[209]
2.3	C35 混凝土	m³	100~667	363	《建筑工程碳排放计量》[209]
2.4	C40 混凝土	m³	100~667	410	《建筑工程碳排放计量》[209]
2.5	C45 混凝土	m³	100~667	441	《建筑工程碳排放计量》[209]

（续）

编号	材料	计量单位	碳排放因子/(kgCO₂ₑ/计量单位) 范围	默认值	默认值来源
2.6	C50 混凝土	m³	100~667	464	《建筑工程碳排放计量》[209]
3	水泥	t	271~1461	735	GB/T 51366—2019《建筑碳排放计算标准》，行业平均
4.1	砌块	m³	107~480	270	GB/T 51366—2019《建筑碳排放计算标准》，加气混凝土砌块
4.2	砖	m³	16~375	204	GB/T 51366—2019《建筑碳排放计算标准》，烧结空心砖
5	预制构件	m³	231.8~1330.2	676	投入产出分析
6	砂浆	m³	155~510	234	《建筑工程碳排放计量》，M10 混合砂浆
7.1	砂子	t	1.8~50	2.51	GB/T 51366—2019《建筑碳排放计算标准》
7.2	碎石	t	1.4~50	2.18	GB/T 51366—2019《建筑碳排放计算标准》
8	门窗	m²	121~254	194	GB/T 51366—2019《建筑碳排放计算标准》，铝合金窗
9	木材	m³	30~644	178	《建筑工程碳排放计量》[209]
10.1	防水卷材	m²	0.16~1.16	0.54	《建筑工程碳排放计量》[209]，SBS 卷材
10.2	防水涂料	kg	1.19~12.52	3.78	投入产出分析
11	保温材料	kg	0.7~21.2	5.02	GB/T 51366—2019《建筑碳排放计算标准》，EPS 保温板
12	装饰板材	m²	3.1~82.4	17.9	投入产出分析
13	陶瓷砖	m²	12.8~19.2	13.3	《建筑工程碳排放计量》[209]
14	地板	m²	2.4~3.4	2.9	《建筑工程碳排放计量》[209]
15	油漆涂料	kg	0.89~3.56	3.5	《建筑工程碳排放计量》[209]
16	装饰石材	m²	10.9~139.8	52.4	《建筑工程碳排放计量》[209]
17.1	隔板	m²	25.0~205.1	92.6	投入产出分析
17.2	龙骨	kg	1.0~9.0	1.78	投入产出分析
17.3	扶手	m	2.8~66.6	10.8	投入产出分析
17.4	栏杆	kg	0.86~2.67	1.69	投入产出分析

3.2.2 碳排放强度分析

图 3-4 所示为 403 栋高层住宅建筑的隐含碳排放强度，相应统计指标见表 3-4。建筑样本隐含碳排放强度的取值范围为 225.1~845.7kgCO₂ₑ/m²，样本的平均值和中位数分别为 424.1kgCO₂ₑ/m² 和 410.0kgCO₂ₑ/m²。隐含碳排放强度的变异系数为 0.24，超过了已有研究确定的 0.2 阈值[229]。材料生产和运输阶段的隐含碳排放强度平均值分别为 379.0kgCO₂ₑ/m²（89.9%）和 45.1kgCO₂ₑ/m²（10.1%）。其中，运输阶段隐含碳排放强度的变异性更大（0.65），而生产阶段隐含碳排放强度的变异系数仅为 0.05。值得注意的是，两阶段隐含碳排放强度占比的变异性相对较低，特别是生产阶段（0.05）。上述结果表明，尽管材料生产阶段是隐含碳排放强度的主要因素，但运输阶段对变异性的贡献更为显著。

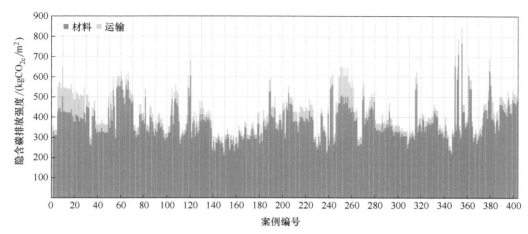

图 3-4　403 栋高层居住建筑案例的隐含碳排放强度

表 3-4　403 栋高层建筑案例隐含碳排放强度的统计指标

指标	统计参数	材料生产	材料运输	合计
隐含碳排放强度 /（kgCO$_{2e}$/m^2）	范围	210.4~769.4	12.5~145.9	225.1~845.7
	平均值	379.0	45.1	424.1
	中位数	370.8	37.8	410.0
	标准差	85.7	29.3	103.9
	置信区间（95%）	[370.7, 387.4]	[42.2, 47.9]	[413.9, 434.2]
隐含碳排放强度 贡献率（%）	范围	77.0~94.9	5.1~23.0	—
	平均值	89.9	10.1	—
	中位数	91.1	8.9	—
	标准差	4.5	4.5	—
	置信区间（95%）	[89.5, 90.4]	[9.6, 10.5]	—

图 3-5 所示为隐含碳排放强度的分布拟合情况，相应拟合优度检验结果见表 3-5。对于生产和运输阶段，四种类型的分布函数均未通过卡方检验，但对数正态分布通过了 5% 的显著性水平下 K-S 检验。对于单独的生产阶段，正态分布未通过卡方和 K-S 检验，但对数正态分布和伽马分布通过了上述检验，且对数正态分布的 p 值更高。因此，基于收集的案例样本，隐含碳排放强度大致服从对数正态分布函数，分布特性总结如下：

1）对于 403 栋混凝土结构住宅建筑，未发现存在隐含碳排放强度小于 0 的情况，符合对数正态分布的基本特性。

2）隐含碳排放强度的分布存在右偏置现象，生产和运输阶段的偏度为 0.685，而单独生产阶段的偏度为 0.858。

3）隐含碳排放强度概率分布的峰度为 3.218，接近正态分布的峰度值；但单独生产过程隐含碳排放强度的峰度增加至 4.171，分布更为集中；300~500kgCO$_{2e}$/m^2 的区间可覆盖 90% 建筑样本的隐含碳排放强度，而仅有 1.5% 样本的隐含碳排放强度超过 650kgCO$_{2e}$/m^2。

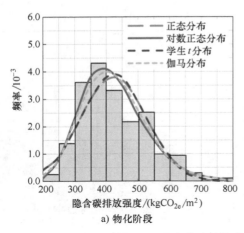
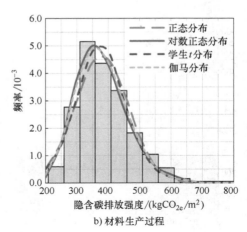

a) 物化阶段　　　　　　　　　　　　b) 材料生产过程

图 3-5　隐含碳排放强度的概率密度函数拟合结果

表 3-5　隐含碳排放强度分布的拟合优度检验（计量单位：$kgCO_{2e}/m^2$）

阶段	分布	分布参数		估计值	标准误差	K-S 检验（0.05）		卡方检验（0.05）	
						结果	p 值	结果	p 值
生产和运输	对数正态分布	μ		6.021	0.012	接受	0.069	拒绝	0.018
		σ		0.240	0.008				
	正态分布	μ		424.089	5.177	拒绝	7.6×10^{-11}	拒绝	1.4×10^{-7}
		σ		103.918	3.667				
	学生式 t 分布	μ		422.768	5.558	拒绝	0.003	拒绝	1.2×10^{-6}
		σ		101.672	4.924				
		ν		49.995	83.218				
	伽马分布	a		17.468	1.219	拒绝	0.038	拒绝	0.005
		b		24.278	1.719				
生产	对数正态分布	μ		5.913	0.011	接受	0.260	接受	0.895
		σ		0.219	0.008				
	正态分布	μ		379.018	4.269	拒绝	0.002	拒绝	1.4×10^{-5}
		σ		85.692	3.024				
	学生式 t 分布	μ		374.099	4.419	接受	0.054	拒绝	0.0004
		σ		76.499	4.198				
		ν		10.090	4.282				
	伽马分布	a		20.801	1.454	接受	0.202	接受	0.247
		b		18.221	1.289				

3.2.3　材料贡献度分析

依据 3.1.3 节的方法逐一分析 17 种建筑材料对 403 栋高层住宅建筑隐含碳排放强度的贡献，各种材料的平均贡献率和置信区间如图 3-6a 所示。混凝土和钢材对隐含碳排放强度的贡献最高，平均占比分别为 34.9% 和 31.2%。承重结构材料（包括预制构件）约贡献了隐含碳排放强度的 2/3。混凝土、钢材、砖和砌块、门窗、水泥、砂浆、骨料、预制构件、木材和陶瓷砖的累积贡献度超过了 95%。此外，图 3-6b、c 分析了各种材料对单位建筑面积

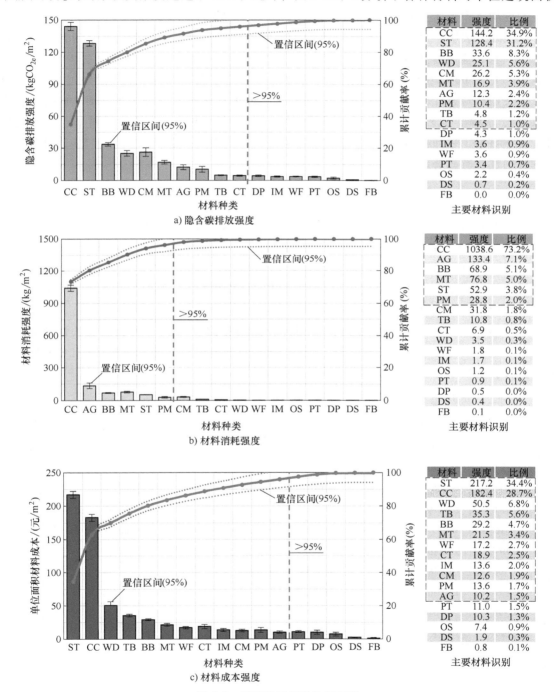

材料	强度	比例
CC	144.2	34.9%
ST	128.4	31.2%
BB	33.6	8.3%
WD	25.1	5.6%
CM	26.2	5.3%
MT	16.9	3.9%
AG	12.3	2.4%
PM	10.4	2.2%
TB	5	1.2%
CT	4.5	1.0%
DP	4.3	1.0%
IM	3.6	0.9%
WF	3.6	0.9%
PT	3.4	0.7%
OS	2.2	0.4%
DS	0.7	0.2%
FB		0.2%

主要材料识别

a) 隐含碳排放强度

材料	强度	比例
CC	1038.6	73.2%
AG	133.4	7.1%
BB	68.9	5.1%
MT	76.8	5.0%
ST	52.9	3.8%
PM	28.8	2.0%
CM	31.8	1.8%
TB	10.8	0.8%
CT	6.9	0.5%
WD	3.5	0.3%
WF	1.8	0.1%
IM	1.7	0.1%
OS	1.2	0.1%
PT	0.9	0.1%
DP	0.5	0.0%
DS	0.4	0.0%
FB	0.1	0.0%

主要材料识别

b) 材料消耗强度

材料	强度	比例
ST	217.2	34.4%
CC	182.4	28.7%
WD	50.5	6.8%
TB	35.3	5.6%
BB	29.2	4.7%
MT	21.5	3.4%
WF	17.2	2.7%
CT	18.9	2.5%
IM	13.6	2.0%
CM	12.6	1.9%
PM	13.6	1.7%
AG	10.2	1.5%
PT	11.0	1.5%
DP	10.3	1.3%
OS	7.4	0.9%
DS	1.9	0.3%
FB	0.8	0.1%

主要材料识别

c) 材料成本强度

图 3-6　不同类型材料的贡献度

CC—混凝土　ST—钢材　BB—砖和砌块　WD—门窗　CM—水泥　MT—砂浆　AG—砂石　PM—预制构件　TB—木材
CT—陶瓷砖　DP—装饰板材　IM—保温材料　WF—防水材料　PT—油漆涂料　DS—装饰石材　FB—地板　OS—其他材料

材料总重量和建设成本的贡献度。成本方面，上述材料及保温、防水材料的累积贡献超过了95%；重量方面，包含混凝土、骨料、砖和砌块、砂浆、钢材及预制构件在内的6种材料即超过了材料总重量的95%阈值。综合上述分析，这6种材料从材料重量、成本和隐含碳排放三个角度均被识别为主要建筑材料，其累积贡献度分别为96.2%、74.3%和82.8%。

以上结果表明，使用材料累计重量的95%阈值筛选主要材料会平均低估隐含碳排放强度约17.2%，应结合其他限制条件确定主要材料以保证碳排放计算结果的完整性。例如，依据GB/T 51366—2019《建筑碳排放计算标准》额外考虑对材料重量贡献超过0.1%的材料，或使用材料累计成本的95%阈值。采用这两种主材筛选方法时，相应碳排放的计算误差仅为约2.3%。此外，本研究中采用投入产出分析估算碳排放因子的材料（包括预制构件、防水材料、装饰板和其他材料），其对隐含碳排放强度的总贡献仅为4.5%，对分析结果的准确性没有显著影响。

3.2.4 影响因素分析

使用Spearman秩相关系数初步分析了建筑设计参数与隐含碳排放强度的相关性，包括建筑高度（BH）、结构形式（SF）、抗震设防烈度（FI）、抗震等级（DG）、交付类型（DT）、地理位置（BL）和建设成本（BI）。表3-6给出了总体隐含碳排放强度（CI_{total}）和结构材料隐含碳排放强度（CI_{struct}）与设计参数的相关性系数。根据95%置信水平下的显著性检验，CI_{total}与抗震设防烈度、抗震等级、交付形式和建设成本相关，而CI_{struct}与建筑高度、结构形式、抗震设防烈度、抗震等级和建设成本相关。CI_{total}和CI_{struct}相关性分析结果的差异主要是由装饰装修材料引起的。此外，抗震设防烈度和抗震等级两个设计参数间存在强相关性，在后续分析中仅保留了抗震等级参数。

表 3-6 隐含碳排放强度的 Spearman 相关性分析

指标	CI_{total}	CI_{struct}	BI	BL	DT	DG	FI	SF	BH
BH	−0.030	**0.205** *	0.076	−0.018	**0.181** *	**−0.395** *	**0.192** *	**0.221** *	1.000
	$(5.1×10^{-1})$	$(3.4×10^{-5})$	$(1.3×10^{-1})$	$(7.3×10^{-1})$	$(2.6×10^{-4})$	$(1.4×10^{-16})$	$(1.0×10^{-4})$	$(7.1×10^{-6})$	(0)
SF	−0.009	**0.110** *	−0.048	−0.036	−0.054	0.001	**0.249** *	1.000	
	$(8.6×10^{-1})$	$(2.6×10^{-2})$	$(3.3×10^{-1})$	$(4.7×10^{-1})$	$(2.8×10^{-1})$	$(9.8×10^{-1})$	$(4.0×10^{-7})$	(0)	
FI	**−0.153** *	**0.203** *	**0.233** *	**0.191** *	0.071	**−0.835** *	1.000		
	$(2.0×10^{-3})$	$(3.9×10^{-5})$	$(2.2×10^{-6})$	$(1.1×10^{-4})$	$(1.5×10^{-1})$	$(2.4×10^{-106})$	(0)		
DG	**0.148** *	**−0.226** *	**−0.224** *	**−0.133** *	**−0.170** *	1.000			
	$(2.8×10^{-3})$	$(4.4×10^{-6})$	$(5.7×10^{-6})$	$(7.5×10^{-3})$	$(6.1×10^{-4})$	(0)			
DT	**0.196** *	−0.046	**0.215** *	−0.020	1.000				
	$(7.1×10^{-5})$	$(3.6×10^{-1})$	$(1.3×10^{-5})$	$(6.9×10^{-1})$	(0)				
BL	−0.084	0.038	**0.393** *	1.000					
	$(9.0×10^{-2})$	$(4.4×10^{-1})$	$(2.2×10^{-16})$	(0)					
BI	**0.417** *	**0.381** *	1.000						
	$(2.0×10^{-18})$	$(2.2×10^{-15})$	(0)						

（续）

指标	CI_{total}	CI_{struct}	BI	BL	DT	DG	FI	SF	BH
CI_{struct}	**0.634**	1.000							
	(9.7×10^{-47})	(0)							
CI_{total}	1.000								
	(0)								

注：* 表示在95%置信水平下显著，括号内的数据为 p 值。

经显著性检验，考虑建筑高度、结构体系、抗震等级、交付形式和建设成本5个关键参数，进一步采用分类分析和Wilcoxon秩和检验论证了各参数的影响，结果如图3-7所示。值得注意的是，若某设计参数与 CI_{total} 和 CI_{struct} 均相关，分类分析和检验将以相关性更高的碳排放强度指标为对象。具体而言，图3-7a~c分析了结构材料的隐含碳排放强度；图3-7d、f分析了所有材料的隐含碳排放强度；图3-7e分析装饰装修材料的隐含碳排放强度。此外，显著性检验的零假设是两样本簇隐含碳排放强度的中位数相同，故 $p < 0.05$ 时表明在95%置信水平下二者不相同，即存在显著性差异。

如图3-7a所示，依据建筑高度将建筑样本分为"小于50m""50~100m"和"大于100m"三组。随着建筑高度的增加，隐含碳排放强度呈增长趋势。三类高度的建筑中，结构材料隐含碳排放强度的中位数分别为 $258.8kgCO_{2e}/m^2$、$275.9kgCO_{2e}/m^2$ 和 $282.3kgCO_{2e}/m^2$，平均值分别为 $271.9kgCO_{2e}/m^2$、$284.9kgCO_{2e}/m^2$ 和 $320.7kgCO_{2e}/m^2$。秩和检验的结果表明，前两组建筑样本的隐含碳排放强度存在显著性差异，而第2组和第3组之间的差异在95%置信水平下不显著。其原因可能是第3组建筑样本数量较少（仅29个），导致数据存在较高的离散性和偏差。

如图3-7b所示，依据结构体系将建筑样本分为混凝土框架结构、框架-剪力墙结构和剪力墙结构三组。框架结构样本中，结构材料隐含碳排放强度的中位数和平均值分别为 $247.8kgCO_{2e}/m^2$ 和 $262.7kgCO_{2e}/m^2$，比剪力墙结构低8%~10%，且二者在5%置信水平具有显著差异。框架-剪力墙结构隐含碳排放强度的中位数和平均值分别为 $271.8kgCO_{2e}/m^2$ 和 $285.2kgCO_{2e}/m^2$，尽管其介于其他两种结构体系之间，但由于数据具有较高的变异性，其与框架结构和剪力墙结构的差异不能通过显著性检验。

建筑结构的抗震等级根据JGJ 3—2010《高层建筑混凝土结构技术规程》[230] 确定。当抗震等级从一级变为四级时，建筑结构的抗震设计要求和相应的隐含碳排放强度降低。如图3-7c所示，结构材料隐含碳排放强度的中位数分别为 $309.4kgCO_{2e}/m^2$、$282.4kgCO_{2e}/m^2$、$275.0kgCO_{2e}/m^2$ 和 $245.5kgCO_{2e}/m^2$，平均值分别为 $318.0kgCO_{2e}/m^2$、$295.3kgCO_{2e}/m^2$、$283.0kgCO_{2e}/m^2$ 和 $265.8\ kgCO_{2e}/m^2$。除抗震等级为二级和三级的建筑样本簇，其隐含碳排放强度的差异不能通过显著性检验外，所有其他情况下的差异对比均有统计显著性，说明抗震等级是结构材料隐含碳排放强度的关键影响因素之一。

交付形式分为毛坯、简单装修和精装修。不同交付形式可影响装饰材料的消耗量，从而导致隐含碳排强度的差异。如图3-7d、e所示，随着建筑装修要求的提高，隐含碳排放强度的中位数和平均值呈上升趋势。与毛坯和简单装修相比，精装修平均增加了80%和32%的装饰材料隐含碳排放。然而，毛坯和简单装修的碳排放强度差异并不显著，其主要原因是：

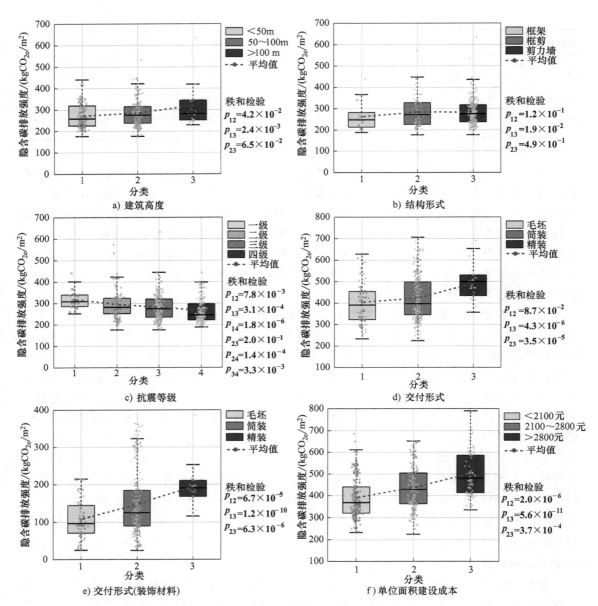

图 3-7　高层建筑隐含碳排放强度的分类统计分析

①交付形式的划分是定性的而非定量的，存在一定的不确定性；②碳排放强度的差异是基于交付形式做单变量分析得到的，然而考虑不同特征参数的耦合，其他设计参数也可能影响装饰材料的消耗量。

此外，如图 3-7f 所示，随着建设成本提高，隐含碳排放强度也呈上升趋势。对于成本为"小于 2100 元""2100~2800 元"和"大于 2800 元"的三组建筑样本，隐含碳排放强度的中位数分别为 $368.4 kgCO_{2e}/m^2$、$428.7 kgCO_{2e}/m^2$ 和 $480.3 kgCO_{2e}/m^2$，平均值分别为 $390.6 kgCO_{2e}/m^2$、$438.1 kgCO_{2e}/m^2$ 和 $502.0 kgCO_{2e}/m^2$。不同建筑样本组的隐含碳排放强度差异在相对较高的置信水平下是显著的。

3.2.5　降碳潜力分析

本研究从使用低碳材料、优化材料消耗和调整运输距离三方面，定量评估了高层住宅建筑隐含碳排放强度的降碳潜力。使用低碳材料方面，对于各建筑样本的主要材料，使用潜在的低碳材料进行替代。低碳材料的选择包括再生材料（如再生钢）及使用清洁能源（如光伏、风电）或绿色技术制造的材料（如水泥替代物、碳捕集技术）。

优化材料消耗方面，通过建筑结构的优化设计和高性能材料的应用，可降低材料的消耗。已有研究表明[231,232]，建筑结构的轻量化设计可在不明显损失结构性能的情况下，降低35%以上的混凝土和钢材消耗。本研究保守地假设通过优化设计可降低10%~20%的材料消耗。

调整运输距离方面，运输距离应为材料生产厂到建筑工地的实际距离。然而，建筑设计阶段通常难以获得材料运输距离的相关信息。在这种情况下，已有研究常根据项目所在地实际情况进行假设。本研究中，首先根据GB/T 51366—2019《建筑碳排放计算标准》，将运输距离假定为预拌混凝土40km，其他材料500km；然后，假定其他材料的运输距离分别为100km、200km和1000km时，进行隐含碳排放强度的差异性对比。

总体而言，综合前两种路径可有效控制材料生产的隐含碳排放强度，而综合后两种路径可影响运输阶段的隐含碳排放强度。最后，本研究进一步探讨了三种降碳路径的组合效果。

基于建筑样本的降碳潜力估计见表3-7，基于403栋高层建筑样本，三种路径中使用低碳材料的降碳潜力最高。通过使用再生钢替代总用钢量的20%和改进其他材料生产技术，可平均降低隐含碳排放强度$45.2kgCO_{2e}/m^2$（10.8%）。优化结构材料消耗也具有重要的降碳作用。情景分析表明，每减少1%的混凝土和钢材消耗，隐含碳排放强度可平均降低$2.73kgCO_{2e}/m^2$；若材料消耗量减少20%，可实现高达$54.5kgCO_{2e}/m^2$（12.9%）的降碳效益。对于运输距离的变化，显然推广使用本地材料、缩短运输距离有利于建筑降碳。若所有材料都在施工地点周围100km范围内供应，与基准情景相比可平均降碳$30.1kgCO_{2e}/m^2$（7.1%）。最后，综合上述三种降碳路径，可降低隐含碳排放强度$122.4kgCO_{2e}/m^2$（28.8%）。

表 3-7　基于建筑样本的降碳潜力估计

减排方案	情景描述	减排量/（$kgCO_{2e}/m^2$）				
		范围	平均值	中位数	标准差	置信区间（95%）
使用低碳材料	使用10%的再生钢	[6，19.4]	9.8	9.5	2.1	[9.6，10]
	使用2%的再生钢	[11.9，38.9]	19.7	19.0	4.1	[19.3，20.1]
	更新生产技术,降低10%的材料生产碳排放因子	[21，76.9]	37.9	37.1	8.8	[37.0，38.8]
	综合使用20%再生钢并提升其他材料的生产技术	[26.3，91.3]	45.2	44.3	9.9	[44.2，46.2]
降低材料用量	通过优化设计与管理降低10%的混凝土与钢材用量	[17.6，63.4]	27.3	26.6	5.9	[26.7，27.9]
	通过优化设计与管理降低15%的混凝土与钢材用量	[26.5，95.1]	40.9	40	8.9	[40.0，41.8]
	通过优化设计与管理降低20%的混凝土与钢材用量	[35.3，126.8]	54.5	53.3	11.9	[53.3，55.7]
改变运输距离	除混凝土外，所有材料运输距离按100km考虑	[5.1,111.1]	30.1	24.1	23.5	[27.8,32.4]
	除混凝土外，所有材料运输距离按200km考虑	[3.9,83.3]	22.6	18.1	17.6	[20.9,24.3]
	除混凝土外，所有材料运输距离按1000km考虑	[-138.9，-6.4]	-37.6	-30.2	29.4	[-40.5，-34.7]

3.2.6 主要结论

通过建立包含 403 栋高层住宅建筑的案例库，本研究考虑 17 种常用建筑材料，对生产和运输阶段的隐含碳排放强度进行了分析，评估了碳排放指标的统计特性，并论证了相应的驱动因素和降碳路径，主要结论如下：

1）403 栋高层混凝土建筑样本的隐含碳排放强度平均值为 $424.1 kgCO_{2e}/m^2$，其中材料生产和运输过程的贡献度分别为 89.9% 和 10.1%。基于 K-S 检验，隐含碳排放强度近似服从具有非对称性特征的对数正态分布。

2）以材料重量、成本和隐含碳排放强度三个维度的指标为依据，通过贡献度分析确定了主要材料。分析表明，钢材、混凝土和预制构件等结构材料贡献了隐含碳排放总量的近 2/3。仅使用材料累计重量的 95% 阈值来筛选主要材料可能造成隐含碳排放强度被平均低估 17.2%。

3）通过分类分析与 95% 置信水平下的显著性检验，确定了 5 个设计参数作为隐含碳排放强度的驱动因素。其中，建筑高度、结构体系和抗震等级主要影响结构材料的隐含碳排放，而交付形式与装饰材料的相关性更高。此外，随着建设成本的增加，隐含碳排放强度具有明显的上升趋势。

4）使用低碳材料、优化材料消耗和广泛使用本地材料等路径可积极促进建筑降碳。三种减碳路径的组合具有将隐含碳排放强度平均降低 28.8% 的潜力。

3.3 低层与多层建筑指标特征

3.3.1 建筑样本概况

1. 样本分布情况

低层与多层建筑一般依据建筑高度和层数定义，GB 50352—2019《民用建筑设计统一标准》[228] 规定，建筑高度低于 27m 且楼层数少于 9 层的住宅建筑为低层或多层建筑，其中 1~3 层的称为低层建筑。然而，超过 8 层的多层建筑一般需要安装电梯，建筑布局和结构要求与普通多层建筑存在明显差异。因此，本研究以 7 层及以下的住宅建筑为研究对象，相应建筑样本从建筑企业、文献和报告等来源进行收集。鉴于数据来源的多样性，采用 3.1.4 节建立的准则对建筑样本进行了清洗，以减少异常建筑样本的影响并提高数据代表性。建筑样本筛选与清洗后，建立了包含 438 栋低层与多层住宅建筑的案例库[102]。表 3-8 对层高、层数、建筑面积、地下室层数、基础类型、主体结构体系、交付形式和抗震设防烈度等建筑基本特征的分布情况进行了总结。

2. 活动数据与碳排放因子

本研究以我国低层和多层住宅建筑为对象，材料消耗量数据来自建筑企业、文献和报告等多个来源。对于由企业提供的建筑样本，其材料消耗数据大都是从工程量清单等工程文件中获得的；而其他来源的建筑样本，材料消耗量则直接采用文献或报告提供的原始数据。此外，考虑建筑样本遍布各地，碳排放计算时采用了碳排放因子的国内研究数据，以符合我国的实际材料生产技术水平。具体而言，优先采用 GB/T 51366—2019《建筑碳排放计算标准》

提供的数据；对于该标准未涵盖的材料，采用相关研究报告和文献提供的数据[57,126]。

表 3-8　438 个混凝土住宅建筑样本的概况

特征	范围	样本数	特征	范围	样本数
层高	<3m	108	地下室	有地下室	120
	3~4m	319		无地下室	318
	>4m	11	主体结构体系	砌体结构（MW）	24
层数	2~3	150		混凝土框架结构（CF）	177
	4~5	103		混凝土框架-剪力墙结构（FW）	74
	6~7	185		混凝土剪力墙结构（CW）	163
建筑面积	<1000m²	129	交付形式	毛坯（RC）	159
	1000~4000m²	198		简装（SD）	273
	>4000m²	111		精装（RD）	6
基础	独立基础	171	抗震设防烈度	6 度	144
	条形基础	25		7 度	119
	筏形基础	141		8 度	175
	桩基础	101			

建筑建造过程中使用的建筑材料种类繁多，本研究根据材料重要性和相应数据可获取性，考虑了 15 种常用材料用于隐含碳排放计算，并将其大致分为结构材料和装饰材料。与3.2 节相比，本节对低层与多层建筑的研究中，由于部分建筑采用了砌体结构，因此将砖与砌块计入结构材料（对于混凝土结构而言，砖与砌块按非承重墙体材料考虑）。此外，本节将对碳排放强度贡献较小的地板与装饰石材合并到其他材料。具体而言，结构材料包括钢材、混凝土、预制构件及砖与砌块；装饰材料包括水泥、砂浆、砂石、门窗、保温材料、防水材料、木材、装饰板材、瓷砖、油漆和其他。由于建筑样本的体量差异较大，本研究对单位建筑面积的材料消耗量进行了分析。表 3-9 总结了单位建筑面积材料消耗强度的统计数据，图 3-8 所示为材料消耗强度的统计分布情况。观察易知，不同建筑样本的材料消耗强度具有较大的离散性。材料碳排放因子参考表 3-3 取值，并换算为以重量为计量单位，以便后续进行碳排放强度计算。

表 3-9　材料消耗强度与碳排放因子取值

材料	材料消耗强度统计指标/(kg/m²)					碳排放因子/(kgCO₂ₑ/kg)	
	平均值	中位数	范围	标准差	置信区间（95%）	范围	默认值
钢材	55.5	51.6	[20.6, 96.9]	16.4	[54.0, 57.1]	[2.31, 2.34]	2.34
混凝土	1158.4	1093.3	[133.1, 2381.3]	355.6	[1125.1, 1191.7]	[0.07, 0.19]	0.13
预制构件	22.0	0	[0, 516.9]	67.0	[15.7, 28.3]	[0.09, 0.53]	0.27
砖与砌块	178.2	164.0	[10.7, 461.8]	93.7	[169.4, 187.0]	[0.15, 0.45]	0.45
砂浆	70.7	11.0	[0, 306.0]	83.2	[62.9, 78.5]	[0.08, 0.20]	0.13
水泥	26.0	20.2	[0, 154.6]	29.5	[23.2, 28.7]	[0.50, 0.96]	0.74
砂石	119.2	25.1	[0, 1524.3]	177.7	[102.6, 135.9]	[0.002, 0.003]	0.002

（续）

材料	材料消耗强度统计指标/（kg/m²）					碳排放因子/（kgCO₂ₑ/kg）	
	平均值	中位数	范围	标准差	置信区间（95%）	范围	默认值
门窗	3.6	1.4	[0，14.4]	4.0	[3.2，4.0]	[4.48，9.41]	7.19
保温材料	2.8	2.1	[0，11.0]	2.7	[2.6，3.1]	[1.20，6.12]	5.02
防水材料	3.3	3.2	[0，10.6]	2.4	[3.1，3.5]	[0.13，3.78]	3.78
木材	8.2	6.5	[0，75.2]	6.0	[7.7，8.8]	[0.36，0.97]	0.36
装饰板材	0.6	0.3	[0，7.3]	1.0	[0.5，0.7]	[10.47，12.75]	12.75
陶瓷砖	6.5	0	[0，47.4]	11.2	[5.4，7.5]	[0.53，1.24]	0.53
油漆涂料	1.2	0.3	[0，11.6]	2.2	[1.0，1.5]	[3.50，4.12]	3.50
其他材料	1.1	0.3	[0，25.0]	2.0	[1.0，1.3]	[0.48，1.94]	—

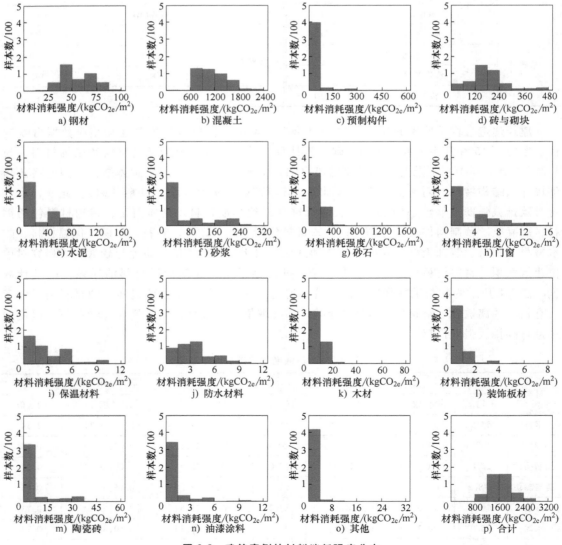

图 3-8　建筑案例的材料消耗强度分布

3.3.2 碳排放强度分析

基于 438 栋多层住宅建筑样本，表 3-10 总结了隐含碳排放强度的统计指标。建筑样本隐含碳排放强度的范围为 $286.2 \sim 751.7 \mathrm{kgCO}_{2e}/\mathrm{m}^2$，样本均值和中位数分别为 $467.6 \mathrm{kgCO}_{2e}/\mathrm{m}^2$ 和 $456.9 \mathrm{kgCO}_{2e}/\mathrm{m}^2$，变异系数（标准差与样本均值的比值）为 0.204。在 438 个样本中，有 394 个样本的隐含碳排放强度落在 $316.2 \sim 636.1 \mathrm{kgCO}_{2e}/\mathrm{m}^2$ 区间内，即 $5\% \sim 95\%$ 阈值范围。隐含碳排放强度均值的 95% 置信区间为 $458.6 \sim 476.5 \mathrm{kgCO}_{2e}/\mathrm{m}^2$。

对于材料生产阶段，隐含碳排放强度为 $255.9 \sim 673.5 \mathrm{kgCO}_{2e}/\mathrm{m}^2$，相应的样本均值和中位数分别为 $414.6 \mathrm{kgCO}_{2e}/\mathrm{m}^2$ 和 $409.2 \mathrm{kgCO}_{2e}/\mathrm{m}^2$，平均约占总隐含碳排放总量的 90%。相比之下，运输阶段的隐含碳排放强度为 $21.2 \sim 201.5 \mathrm{kgCO}_{2e}/\mathrm{m}^2$，样本均值为 $53.0 \mathrm{kgCO}_{2e}/\mathrm{m}^2$。生产和运输阶段隐含碳强度的变异系数分别为 0.215 和 0.381，超过了已有研究确定的 0.2 阈值[229]。结果表明，尽管生产阶段是隐含碳排放的主要来源，但运输阶段对碳排放强度的变异性贡献显著。

表 3-10　低层与多层建筑隐含碳排放强度的统计指标

（计量单位：$\mathrm{kgCO}_{2e}/\mathrm{m}^2$）

统计指标	材料生产阶段			材料运输阶段			合计		
	结构材料	装饰材料	所有材料	结构材料	装饰材料	所有材料	结构材料	装饰材料	所有材料
最小值	197	1.1	255.9	11.0	0.3	21.2	208	1.4	286.2
最大值	557.1	214.3	673.5	62.1	151.4	201.5	599.5	309.2	751.7
5% 阈值	228.7	15.3	275.2	18.6	3.1	32.0	252.1	21.0	316.2
95% 阈值	457.8	162.7	565.4	49.9	46.7	88.4	503.3	209.3	636.1
中位数	326.9	75.2	409.2	30.0	22.8	49.1	359.4	98.8	456.9
平均值	334.3	80.3	414.6	31.2	21.8	53.0	365.5	102.1	467.6
标准差	75.6	44.6	89.0	9.1	18.0	20.2	80.5	55.7	95.5
标准误	3.6	2.1	4.3	0.4	0.9	1.0	3.8	2.7	4.6
95% 置信区间	[327.3, 341.4]	[76.1, 84.5]	[406.3, 423.0]	[30.3, 32.0]	[20.1, 23.5]	[51.1, 54.9]	[358.0, 373.1]	[96.8, 107.3]	[458.6, 476.5]

此外，表 3-10 总结了结构材料和装饰材料对隐含碳排放强度贡献的统计数据，图 3-9 所示为所有建筑样本在生产和运输阶段两类材料对隐含碳排放贡献的分布情况。平均而言，结构材料和装饰材料分别贡献了生产阶段隐含碳排放强度的 81.0% 和 19.0%，相应变异系数分别为 0.115 和 0.489。对于运输阶段，装饰材料的平均贡献率增加至 37.1%，但变异系数也扩大至 0.528。这种高变异性是由建筑交付形式的差异引起的，不同交付形式的建筑样本，装饰材料的类型和消耗量存在显著变化。对于多层建筑样本的总体隐含碳排放强度，结构材料和装饰材料平均贡献率的置信区间分别为 [77.7%，79.5%] 和 [20.5%，22.3%]。

表 3-11 给出了已有研究中多层建筑隐含碳排放强度的计算结果。这些研究多以材料生产阶段的碳排放为分析对象，少数研究也考虑了材料运输阶段。材料生产的隐含碳排放强度平均值约为 $415.5 \mathrm{kgCO}_{2e}/\mathrm{m}^2$，与本研究的结果一致。然而，这些研究中材料运输的碳排放

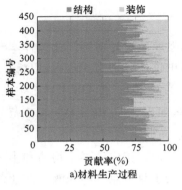
a) 材料生产过程

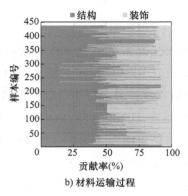
b) 材料运输过程

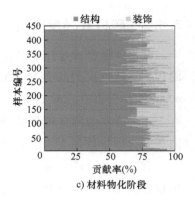
c) 材料物化阶段

图 3-9　结构与装饰材料的碳排放贡献度

强度仅为 $20kgCO_{2e}/m^2$ 左右，远低于本研究中的案例平均值。这种差异可能是由假设的运输距离不同引起的。

表 3-11　隐含碳排放强度分析结果与已有研究的比较

层数	建筑面积/m^2	结构形式	隐含碳排放强度/（$kgCO_{2e}/m^2$）		数据来源
			生产阶段	运输阶段	
2	230	混凝土结构	427	—	Kumar 等（2024）[51]
—	4020		442	—	Biswas（2014）[52]
6	—	砌体结构	390（20 个样本的平均值）	—	Cang 等（2020）[100]
6	—	混凝土结构	471（20 个样本的平均值）	—	Cang（2020）[100]
6	5524	钢结构	385	—	Su 等（2016）[115]
7	3647	砌体结构	406（3 个样本的平均值）	20	Zhang 等（2020）[152]
7	3647	混凝土结构	448（2 个样本的平均值）	19	Zhang 等（2020）[152]
4	1459	砌体结构	355	18	Li 等（2013）[233]

3.3.3　影响因素分析

为检验建筑特征对隐含碳排放强度的影响，本研究使用 Spearman 相关系数评估了表 3-8 所列建筑特征与隐含碳排放强度的相关性。结果表明，除层高和基础类型外，大多数建筑特征与隐含碳排放强度在 5% 的显著性水平下相关。为此，根据其他 6 个特性对建筑样本进行了分类分析，以检验不同样本分类对隐含碳排放强度的影响。考虑结构材料是隐含碳排放的主要来源，图 3-10 所示为建筑整体和结构部分隐含碳排放强度的统计结果，图中数值代表样本平均值。

如图 3-10a 所示，按楼层数将建筑样本分为"2~3 层""4~5 层"和"6~7 层"三类。对于建筑整体，三组样本的隐含碳排放强度均值分别为 $500kgCO_{2e}/m^2$、$436kgCO_{2e}/m^2$ 和 $460kgCO_{2e}/m^2$，其中 4~5 层的建筑样本在 5% 的显著性水平下具有最低的碳排放强度。对于结构部分，相应的样本均值分别为 $409kgCO_{2e}/m^2$、$345kgCO_{2e}/m^2$ 和 $342kgCO_{2e}/m^2$。尽管 2~3 层的建筑样本仍具有最高的隐含碳排放强度，但其他两组样本的碳排放强度差异不再具备统计显著性。建筑整体与结构部分的隐含碳排放强度差异可能是由建筑装饰情况的变化引起的。

图 3-10b 比较了有无地下室的建筑样本。两个建筑样本组的隐含碳排放强度均值分别为 521kgCO$_{2e}$/m^2 和 447kgCO$_{2e}$/m^2；相应结构部分的隐含碳排放强度分别为 421kgCO$_{2e}$/m^2 和 344kgCO$_{2e}$/m^2。二者的隐含碳排放强度在 5% 的水平下具有显著差异，平均值为 74kgCO$_{2e}$/m^2。这一碳排放差异几乎完全是由结构部分产生的。

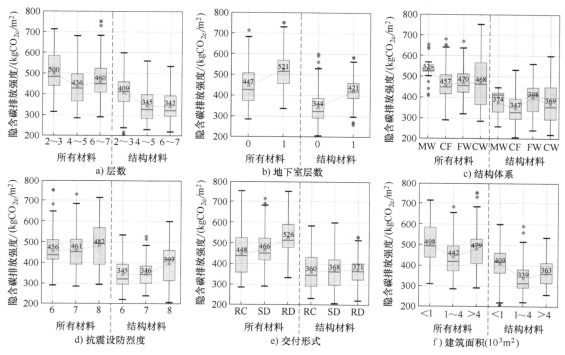

图 3-10　隐含碳排放强度的分类统计分析

图 3-10c 比较了砌体结构（MW）、混凝土框架结构（CF）、框架-剪力墙结构（FW）和剪力墙结构（CW）四种结构体系。采用砌体结构的建筑样本，其隐含碳排放强度在统计意义上比采用混凝土结构的建筑样本高 14%。然而，三种混凝土结构体系的隐含碳排放强度没有显著差异。平均而言，砌体结构和混凝土结构的结构部分隐含碳排放强度相近，分别约为 374kgCO$_{2e}$/m^2 和 347kgCO$_{2e}$/m^2。因此，多层建筑的总隐含碳排放强度差异主要归因于建筑装饰装修情况的不同，而非结构因素引起的。

图 3-10d 比较了不同抗震设防地区的建筑样本。建筑抗震设防烈度依据 GB/T 50011—2010《建筑抗震设计标准》[234] 确定。分析表明，高烈度地区的建筑由于需要满足更严格的设计要求，可能导致相应隐含碳排放强度的增加。此外，进一步的显著性检验发现，8 度抗震设防的建筑样本比 6~7 度抗震设防的建筑样本碳排放强度更高，且这一结果在 5% 的水平下显著。

图 3-10e 比较了毛坯（RC）、简单装修（SD）和精装修（RD）三种交付形式，相应的隐含碳排放强度样本均值分别为 448kgCO$_{2e}$/m^2、466kgCO$_{2e}$/m^2 和 526kgCO$_{2e}$/m^2。随着交付标准的提高，结构材料的平均隐含碳排放强度也从 360kgCO$_{2e}$/m^2 增至 371kgCO$_{2e}$/m^2，但不

同交付形式的差异不具有统计显著性。进一步分析表明，交付标准的提高会增加装饰材料消耗量，但其对结构部分隐含碳排放的影响有限。

建筑样本具有不同的规模，本研究根据建筑面积将样本分为"小于 $1000m^2$""$1000\sim 4000m^2$"和"大于 $4000m^2$"三类，相应分析结果如图 3-10f 所示。三组建筑样本的隐含碳排放强度均值分别为 $498kgCO_{2e}/m^2$、$442kgCO_{2e}/m^2$ 和 $479kgCO_{2e}/m^2$。建筑面积 $1000\sim 4000m^2$ 的建筑样本在5%的显著性水平下具有最低的隐含碳排放强度。此外，对于结构部分，建筑面积超过 $4000m^2$ 的建筑样本也比建筑面积低于 $1000m^2$ 的样本具有更低的隐含碳排放强度。因此，根据图 3-10a、f 的分析，适当增加建筑规模有利于多层住宅建筑的降碳。

基于上述影响因素分析，本研究给出了以下控制多层住宅建筑隐含碳排放的可行路径：

1）低层建筑与其他建筑样本相比具有更高的碳排放强度。我国人口众多，控制城镇低层住宅建筑数量可集约利用土地资源，促进建筑降碳。

2）有地下室的建筑碳排放强度会显著增加，故建筑地下空间的利用应综合考虑社会、经济和环境因素的影响。

3）虽然建筑结构体系对多层建筑的隐含碳排放强度影响有限，但可通过优化设计等途径降低材料消耗量，减少碳排放，特别是在抗震设防要求较高的地区。

4）交付标准可显著影响多层建筑的隐含碳排放。建筑开发商和施工方有必要合理优化装修方案，尽可能降低业主二次装修的影响，减少材料浪费。

5）建筑规模对隐含碳排放强度也有重要影响，不建议采用面积过大或过小的多层建筑。从低碳设计的角度来说，采用面积为 $1000\sim 4000m^2$ 的住宅建筑是相对合理的选择。

3.3.4　材料贡献度分析

图 3-11 给出了不同建筑材料对 438 栋多层住宅建筑样本隐含碳排放强度的平均贡献及95%置信区间。混凝土、钢材和砖（砌块）是隐含碳排放的主要来源，平均贡献分别为34.4%、29.0%和13.6%。而预制构件的平均贡献率仅为1.6%，其原因是本研究收集的大多数建筑样本未采用装配式技术。对于装饰材料，门窗的平均贡献率最高，达到5.2%。四种结构材料的累计贡献率平均值为78.6%，其中钢材、混凝土和预制构件的累计贡献平均值为65%。这一结果与高层住宅建筑的研究一致。

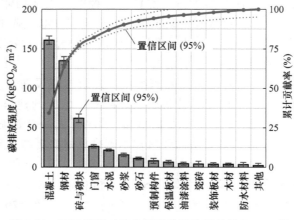

图 3-11　不同材料对隐含碳排放强度贡献的 Pareto 图

此外，为检验不同材料贡献率的变化，本研究基于各建筑样本的材料重量、成本和隐含碳排放强度，分析了95%累计阈值范围内包含的材料种类，并统计了不同类型材料的出现频率。如图3-12所示，在438个建筑样本中，考虑上述三个指标，混凝土、钢材和砖（砌块）的频率超过75%。然而，其他类型材料的出现频率有显著变异性。材料重量方面，骨料、砂浆、水泥和预制构件的频率高于10%；成本方面，所有材料的频率均超过10%，特别是木材、防水材料和门窗的频率超过50%；而碳排放强度方面，仅木材和其他材料的频率低于10%。不同类型材料在95%累计阈值范围内出现频率的变化表明，隐含碳排放计算边界的简化应根据材料重量和成本进行谨慎处理。

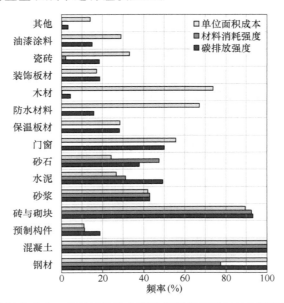

图 3-12　不同材料在成本、消耗量及隐含碳排放强度95%累计阈值范围内的出现频率

3.3.5　系统边界情景分析

建筑材料种类繁多，且由于信息的不准确性和施工过程的不确定性，通常难以获取每种材料的准确消耗量。因此，建筑材料生产和运输隐含碳排放计算时通常需要采用简化的系统边界。GB/T 51366—2019《建筑碳排放计算标准》提出了系统边界简化的基本原则，包括材料累计重量贡献的95%阈值和单一材料重量贡献的0.1%阈值。具体简化方法与流程如下：

1）估算每种建筑材料的重量及对材料总重量的贡献率。

2）依据重量贡献率降序对上述建筑材料进行排序。

3）按上述材料顺序计算累计重量贡献率，至其超过95%时终止。

4）将累计重量贡献率超过95%时包含的材料种类或重量贡献率超过0.1%的材料纳入计算边界。

为验证使用简化和不完整系统边界对隐含碳排放的影响，本研究基于上述重量阈值，或以类似方式定义的材料成本阈值，考虑了5种系统边界的简化情景。具体来说，不同情景中包含的材料类型按以下方式确定：

1）情景 S1：考虑材料累计重量贡献的 95% 阈值。

2）情景 S2：考虑材料累计成本贡献的 95% 阈值。

3）情景 S3：综合考虑情景 S1 和单一材料重量贡献的 0.1% 阈值。

4）情景 S4：综合考虑情景 S2 和单一材料成本贡献的 0.1% 阈值。

5）情景 S5：综合考虑情景 S1 和情景 S2。

基于上述 5 种系统边界简化情景，对隐含碳排放的计算结果进行了对比。如图 3-13 所示，采用 95% 阈值（简化系统边界允许 5% 的计算误差）评估隐含碳排放强度计算结果的准确性。在情景 S1~S5 下，438 个建筑样本中分别有 17、258、343、438 和 366 个样本可获得满意的计算准确性。此外，5 种简化情景的隐含碳排放强度与简化前的计算结果相比，平均比值分别为 82.3%、95.1%、96.1%、99.5% 和 97.1%，相应标准差分别为 8.7%、3.2%、2.8%、0.7% 和 2.0%。考虑计算成本和准确性的权衡，推荐采用情景 S5 做系统边界的简化。该情景使用重量和成本累计贡献的 95% 阈值来确定材料消耗清单。情景 5 定义的系统边界下，隐含碳排放强度计算误差为 3%~7% 的保证率可达 95%。这一误差尺度也可以作为修正系数用于修正基于简化边界计算的隐含碳排放。

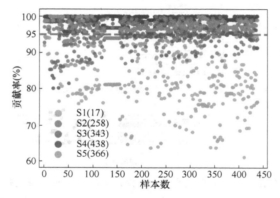

图 3-13　不同系统边界情景下对隐含碳排放强度的贡献

3.3.6　线性回归模型

1. 回归模型

在早期设计阶段预测隐含碳排放可为低碳建筑设计提供有价值的参考。数据回归分析的方法多样，其中线性回归被广泛用于碳排放的预测[95-102]。尽管线性回归方法的性能可能无法与更智能的机器学习算法相当[235-237]，但其概念简单且具有解析表达式，适用于人工估算。

考虑到材料消耗是隐含碳排放的最主要来源，本研究预先确定了 5 种主要材料作为预测模型的解释变量，这 5 种材料包括钢材、混凝土、预制构件、砖（砌块）和门窗。选择这些材料作为解释变量的主要原因包括：

1）这 5 种材料具有较好代表性。其中，钢材和混凝土为主体结构材料，研究表明二者贡献了隐含碳排放近 2/3；预制构件可代表装配式技术的应用情况；其他 2 种材料与建筑布局及装饰情况密切相关。

2）在建筑方案设计阶段，能够相对容易得到这些材料用量的估计值。其中，钢材、混凝土和预制构件消耗量可依据初步设计文件给出的技术经济指标得到；其他 2 种材料的消耗量可根据建筑平面布置通过简单的图形统计得到。

3）优化这些材料的消耗量有助于直接降低碳排放，故将其作为解释变量纳入预测模型中，便于实现降碳水平的量化评估。

为检验初选的 5 个变量与碳排放强度预测目标的相关性，本研究采用 Spearman 秩相关系数进行分析。若解释变量与目标变量的相关性在统计上不显著，则将其从解释变量中剔除。此外，为避免多重共线性问题，有必要检验剩余解释变量的自相关性特征。为此，进一步分析了任意两个解释变量间的相关系数，建立了相关系数矩阵，并利用该系数矩阵计算方差膨胀因子[238]。一般来说，若变量的方差膨胀因子小于设定的阈值（本研究中取 5），则可认为使用该变量作为解释变量不存在严重的多重共线性问题。

基于选定输入变量，本研究采用线性回归方法实现隐含碳排放强度的预测，并考虑了三种不同的线性模型（M1~M3），具体如下：

（1）模型 M1　将 5 种基本建材的隐含碳排放强度之和定义为隐含碳排放强度基础值（PCI）。首先依据基本建材的消耗强度和相应碳排放因子估计 PCI 取值，然后采用单一的放大系数描述建筑隐含碳排放强度与 PCI 之间的线性关系。这一模型可表示为

$$CI = k \cdot PCI = k(f_{ST}I_{ST} + f_{CC}I_{CC} + f_{PM}I_{PM} + f_{BB}I_{BB} + f_{WD}I_{WD}) \quad (3-12)$$

式中　CI——建筑隐含碳排放强度；

　　　k——待定的放大系数；

　　f_{ST}——钢材的平均碳排放因子；

　　f_{CC}——混凝土的平均碳排放因子；

　　f_{PM}——预制构件的平均碳排放因子；

　　f_{BB}——砖与砌块的平均碳排放因子；

　　f_{WD}——门窗的平均碳排放因子；

　　I_{ST}——钢材的单位建筑面积消耗强度；

　　I_{CC}——混凝土的单位建筑面积消耗强度；

　　I_{PM}——预制构件的单位建筑面积消耗强度；

　　I_{BB}——砖与砌块的单位建筑面积消耗强度；

　　I_{WD}——门窗的单位建筑面积消耗强度。

（2）模型 M2　模型 M2 是模型 M1 的变体，其在 PCI 的基础上引入了放大系数和截距项。其中，截距项用于考虑数据中潜在的变异性或偏差。这一模型可表示为

$$CI = k \cdot PCI + b = k(f_{ST}I_{ST} + f_{CC}I_{CC} + f_{PM}I_{PM} + f_{BB}I_{BB} + f_{WD}I_{WD}) + b \quad (3-13)$$

式中　b——考虑模型潜在偏差而引入的截距项。

（3）模型 M3　模型 M3 未使用 PCI 作为解释变量，而是通过为每一解释变量单独分配回归系数并考虑截距项的影响，建立多元线性回归模型。这一模型可表示为

$$CI = k_{ST}I_{ST} + k_{CC}I_{CC} + k_{PM}I_{PM} + k_{BB}I_{BB} + k_{WD}I_{WD} + b \quad (3-14)$$

式中　k_{ST}——钢材消耗强度的回归系数；

　　k_{CC}——混凝土消耗强度的回归系数；

　　k_{PM}——预制构件消耗强度的回归系数；

　　k_{BB}——砖与砌块消耗强度的回归系数；

k_{WD}——门窗消耗强度的回归系数。

回归模型需要采用包含解释变量与目标变量的数据集进行训练。一般来说，模型需要在相互独立的样本集上进行训练与测试，以防止欠拟合或过拟合，提高模型性能。为此，最简单的方法是采用分层抽样[239] 将原始数据集随机划分为训练子集和测试子集。然而，这种方法只有部分样本用于训练模型，模型性能与所选训练样本高度相关，特别是小样本回归时这一问题更加突出。因此，已有研究进一步提出了留一法和 K 折交叉验证技术[240-241]，并得到了广泛应用。具体来说，留一法使用单个样本来测试基于其他样本建立的模型，从而可获得与样本总数一样多的模型集合，并基于所有模型的平均性能确定最终的回归模型。相比之下，尽管留一法需要较高的计算成本，但它使用了所有样本进行模型测试，可保证相对较小的预测偏差。本研究即采用留一法建立回归模型。

此外，线性回归模型在训练过程中常使用最小二乘法进行数据拟合，相应的回归系数取值可通过最小化均方根误差（RMSE）指标来确定。本研究也采用了决定系数（R^2）和平均绝对百分比误差（MAPE），实现测试子集上模型性能的评估[242]。

2. 结果分析

为预测隐含碳排放强度，本研究预先确定了 5 种材料作为解释变量，包括钢材、混凝土、预制构件、砖（砌块）和门窗。这些材料依据其对隐含碳排放的贡献和初步设计阶段数据的可获性确定。本研究分析了 5 种材料消耗强度之间的相关系数，并估计了相应的方差膨胀因子。表 3-12 显示，尽管钢材与混凝土的相关系数较高（0.604），但所选变量的方差膨胀因子均小于阈值 5，故不存在明显的多重共线性问题。进一步分析这些变量与隐含碳排放强度的相关性表明，所有材料与隐含碳排放强度均在 5% 的显著性水平下具有相关性。综上，选用这五个参数作为解释变量是合适的。

表 3-12　材料消耗强度与隐含碳排放强度的相关性系数

材料消耗强度	相关性系数						方差膨胀因子
	钢材	混凝土	预制构件	砖与砌块	门窗	碳排放强度	
钢材	1.000	0.604	−0.019	−0.171	0.227	0.573	1.637
混凝土	0.604	1.000	−0.118	−0.179	0.161	0.692	1.630
预制构件	−0.019	−0.118	1.000	−0.199	−0.080	0.114	1.075
砖与砌块	−0.171	−0.179	−0.199	1.000	0.037	0.161	1.099
门窗	0.227	0.161	−0.080	0.037	1.000	0.521	1.066

在解释变量相关性检验的基础上，本研究建立了三个线性预测模型。图 3-14 对隐含碳排放强度的计算值与预测值进行了比较。尽管与模型 M2 和 M3 相比，模型 M1 预测结果的离散型更高，但所有模型的预测值都大致均匀地分布在理想线周围，相对误差小于 10%。对于模型 M1~M3，R^2 分别估计为 0.691、0.764 和 0.822，相应的平均绝对百分比误差分别为 0.089、0.079 和 0.069。

此外，本研究对每个模型的回归系数进行了估计，相应结果见式（3-15）~（3-17）。模型 M1 表明，多层住宅建筑的总隐含碳排放强度可根据 5 种主要材料的碳排放进行估算，相应修正系数约为 1.3；模型 M2 表明，总隐含碳排放强度可近似将 5 种主要材料的碳排放相

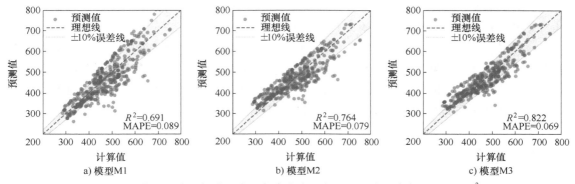

图 3-14 基于线性回归模型的隐含碳排放强度预测（计量单位：$kgCO_2/m^2$）

加并考虑修正项来估算，该修正项大致为 $112.5kgCO_{2e}/m^2$；模型 M3 表明，当忽略材料的实际碳排放因子时，可更准确地预测隐含碳排放强度。该模型能更好地描述变量间的潜在耦合关系。

模型 M1 $CI = 1.2957 \times (2.340I_{ST} + 0.132I_{CC} + 0.272I_{PM} + 0.256I_{BB} + 6.072I_{WD})$ (3-15)

模型 M2 $CI = 0.9966 \times (2.340I_{ST} + 0.132I_{CC} + 0.272I_{PM} + 0.256I_{BB} + 6.072I_{WD}) + 112.5$

$$(3-16)$$

模型 M3 $CI = 1.017I_{ST} + 0.166I_{CC} + 0.415I_{PM} + 0.352I_{BB} + 9.286I_{WD} + 113.3$ (3-17)

尽管三个模型的回归系数存在差异，但 5 种材料的回归系数大小关系保持一致。值得注意的是，门窗材料消耗强度的回归系数最高，而混凝土材料消耗强度的回归系数最低。这些差异是由材料碳排放因子的不同引起的。进一步比较发现，门窗消耗强度在模型 M3 中的权重大于其他两个模型。结果表明，该变量在回归模型中可较好地代表装饰材料的影响。总体来说，模型 M1 和 M2 通过修正主要材料的碳排放，实现隐含碳排放强度的预测，计算原理更为清晰、可靠；而模型 M3 在统计意义上具有更好的预测性能，但该模型没有严格地考虑碳排放计算的内在逻辑性，当材料碳排放因子随生产技术水平变化时，模型中的回归系数可能会失效。

3.3.7 主要结论

基于中国 438 个多层住宅建筑样本，本研究考虑建筑材料的生产和运输阶段进行了隐含碳排放强度的计算。通过统计特性分析，本研究论证了系统边界简化对隐含碳排放强度计算准确性的影响，并采用线性回归方法建立了隐含碳排放的预测模型。本研究的主要结论如下：

1）低层与多层住宅建筑的隐含碳排放强度为 $286.2 \sim 751.7kgCO_{2e}/m^2$，其中结构和装饰材料的平均贡献分别为 78% 和 22%。隐含碳排放强度的样本均值为 $467.6kgCO_{2e}/m^2$，变异系数为 0.204。

2）通过显著性检验，分析了隐含碳排放强度与主要建筑特征的相关性。基于不同建筑样本簇的比较发现，层数和交付形式是影响装饰材料隐含碳排放的主要因素；而地下室层数、结构体系和抗震设防烈度对结构材料隐含碳排放的变化有重要贡献。

3）基于建筑材料重量、成本和隐含碳排放强度 95% 阈值的不同组合，提出了系统边界的 5 个简化情景。建议采用同时考虑重量和成本贡献95%阈值的方式进行系统边界简化，此时隐含碳排放强度计算结果的平均误差仅约为 3%。

4）以钢材、混凝土、预制构件、砖（砌块）和门窗的材料消耗强度为解释变量，建立了隐含碳排放强度预测的三个线性回归模型。尽管模型 M3 的预测性能更好，相应的 R^2 和 MAPE 分别为 0.822 和 0.069，但其他两个模型的原理简单，准确性也可控。不同模型在建筑隐含碳排放强度快速预测时各有优势，可根据具体情况适当选择。

本章小结

本章以混凝土建筑隐含碳排放指标的统计特性为目标，建立了相应的数据处理与统计分析方法。采用统一的系统边界、方法和数据基础，以低层、多层和高层建筑为研究对象，分别收集得到 403 个和 438 个建筑样本的数据信息，构建了隐含碳排放指标案例库，估计了隐含碳排放强度的统计指标与不同建筑材料的贡献度，最终通过建筑特征的相关性分析研究了碳排放指标的驱动因素，并针对混凝土建筑的隐含碳排放降碳潜力、系统边界的合理简化方法，以及碳排放指标的线性预测模型等问题开展了系统性研究。

本研究对混凝土住宅建筑的隐含碳排放强度提供了全面分析，系统边界简化方法和线性预测模型的研究结果，可用于实现建筑设计阶段隐含碳排放计算方法的简化；相关统计特性和驱动因素的研究可用于确定隐含碳排放强度的基准值，并为建筑绿色低碳设计与建造提供可行路径。值得注意的是，本研究建立了包含 800 余建筑样本的案例库，但进一步增加建筑样本数量可提高统计分析的准确性与可靠性。此外，本研究仅分析了混凝土住宅建筑中与材料生产和运输阶段相关的隐含碳排放，后续研究可聚焦其他建筑类型及建筑全生命周期的其他阶段，以更全面地掌握建筑碳排放强度的统计特性。

第4章

混凝土建筑隐含碳排放预测模型

本章导读

设计过程对建筑节能降碳具有重要影响，与建筑碳排放相关的决策近80%均发生在设计阶段。因此，在建筑设计阶段实现碳排放预测，对于促进建筑功能实现与节能降碳融合、指导建筑方案低碳优化、控制碳排放管理目标、提高后期降碳措施效率和推动碳排放计量监督均有现实意义。依据《建筑工程设计文件编制深度规定》，建筑工程设计可分为方案设计、初步设计和施工图设计三个阶段，而各阶段的可获数据信息及其详细度有明显差异。在方案设计阶段，仅确定了项目的整体规划、基础设计信息、主要参数与投资估算指标等，无法获得建筑材料等的消耗量数据。在初步设计阶段，建筑设计各专业对构部件、设备型号、主要功能设计参数进行了初选，形成了平、立面布置的基础性资料与工程概算。但该阶段一般仍无法得到详细的工程材料消耗量清单，仅能获得钢材、混凝土等几种大宗基础建材的消耗量指标。而在施工图设计完成后，可依据工程设计文件、预算资料、建筑信息模型等获得工程量数据清单。显然上述三阶段中，仅施工图设计阶段可按第2章的计算方法实现碳排放的估计，而方案设计与初步设计阶段缺少碳排放计算所需的活动数据，需要依据建筑设计条件、主要设计参数和技术经济指标等进行碳排放指标的估计。第3.3.6节以基本建材的消耗量为输入变量建立了隐含碳排放预测的简单线性模型，但其适用范围与预测准确性有限。本章以混凝土建筑隐含碳排放预测为目标，在建筑样本案例库的基础上，结合方案设计与初步设计特点，建立碳排放指标预测的多元化特征变量组合情景，基于多种机器学习方法建立隐含碳排放智能预测算法。通过对比不同模型的拟合优度、误差水平等，确定最优预测模型，并采用特征重要性分析，实现模型解释与简化。本章内容的组织框架如图4-1所示。

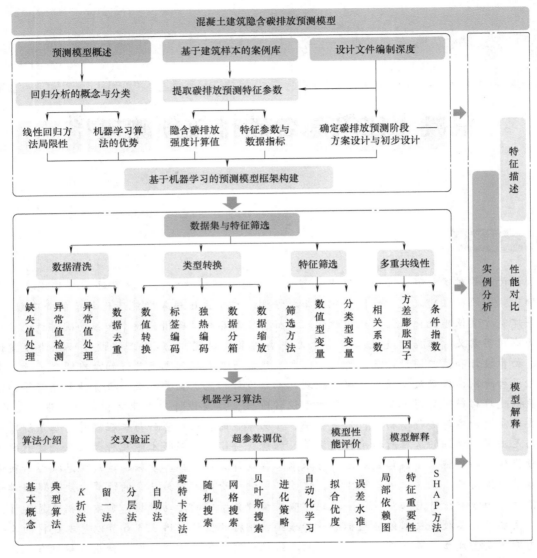

图 4-1　本章内容组织框架

4.1　回归分析基础

4.1.1　回归分析方法

1. 基本概念

回归分析是研究变量之间影响关系的一种统计学方法。方案设计与初步设计阶段的混凝土建筑隐含碳排放预测是典型的回归分析问题，其目标是利用建筑设计条件、主要设计参数与技术经济指标等实现建筑隐含碳排放指标的估计。在构建回归分析方法时，需要了解以下基本概念：

（1）变量

1）因变量（Dependent Variable）：也称为响应变量或目标变量，是回归模型中被预测的变量。

2）自变量（Explanatory Variable）：也称为解释变量或独立变量，是回归模型中用来预测因变量的变量。在回归模型中可以有一个或多个自变量。

（2）关系

1）线性关系（Linear Relationship）：自变量和因变量之间的关系可用一个线性方程（直线方程）来近似描述。线性关系具有可加性、均匀性、连续性和可微性等性质。可加性是指如果有两个或多个自变量，它们对因变量的影响是可加的，即各自变量相互独立；均匀性是指因变量的变化量与自变量的增加量成正比；连续性与可微性是指线性关系在自变量的定义域内是连续可微的，没有间断点，且其导数（直线斜率）是恒定的。线性关系以其简单性、稳定性、易于计算等特点，在回归问题中有着广泛应用。

2）非线性关系（Non-linear Relationship）：自变量和因变量之间的关系不能用简单的直线方程来描述，而需要使用曲线方程或其他非线性函数来建模。

（3）方程

1）回归方程（Regression Equation）：描述自变量和因变量之间关系的数学方程。并非所有回归分析方法都有显式回归方程。

2）回归系数（Regression Coefficient）：对于线性回归，表示自变量每变化一个单位时，因变量的预期变化量。

3）截距项（Intercept Item）：对于线性回归，表示当所有自变量为零时，因变量的预期值。

4）系数的显著性（Coefficient Significance）：用于确定自变量对因变量的影响是否具有统计学意义。

5）系数的置信区间（Confidence Interval）：对回归系数的估计值给出一定的范围，表示在给定置信水平下，真实系数落在该区间的概率。

（4）性能

1）残差（Residual）：观测值与回归模型预测值之间的差异。残差可以用来评估回归模型对数据的拟合程度。较小的残差表明模型能够很好地解释因变量的变异性，较大的残差则可能表示模型未能捕捉到数据的某些重要特征。

2）多重共线性（Multicollinearity）：自变量之间存在高度相关或线性相关关系的情况，导致在回归模型中难以准确估计各自变量对因变量的独立贡献，可能引起回归模型的估计不稳定。

3）异方差性（Heteroscedasticity）：残差的方差与自变量的值或预测值有关，即方差不是同质的，而是存在变化的，可能影响参数估计的有效性从而引入模型偏差，影响模型预测的可靠性。

4）拟合度（Goodness-of-Fit）：衡量模型对数据的拟合程度，常用的指标有 R^2 和调整 R^2 等。

5）预测区间（Prediction Interval）：一定置信水平下，因变量预测值在给定自变量取值时，落在某个区间的概率，通常基于回归模型的标准误差和置信水平计算。

2. 方法分类

回归分析的方法众多，如线性回归、多项式回归、逻辑回归、岭回归、套索回归、逐步回归、主成分回归、偏最小二乘回归、广义线性模型、泊松回归、时间序列回归、分位数回归，以及支持向量机、决策树、随机森林、梯度提升、神经网络、集成学习等机器学习回归方法等。上述方法可依据不同标准进行分类，常见分类方式如下：

（1）按变量的数量分类

1）单变量回归：回归模型中仅包含单一的自变量，如一元线性回归模型。

2）多变量回归：回归模型中包含多个自变量，如多元线性回归模型。

（2）按因变量的类型分类

1）连续回归：因变量是连续型的数值变量。

2）分类回归：因变量是分类变量，用于预测离散类别或标签的建模方法，如二分类问题。

（3）按模型的线性性质分类

1）线性回归：自变量和因变量之间呈线性关系，可用线性方程来描述。

2）非线性回归：因变量和自变量之间为非线性关系，不能仅用一个线性方程来描述，而需要使用非线性模型来捕捉更复杂的关系。

（4）按误差项的分布分类

1）最小二乘回归：通过最小化观测数据中的残差平方和来估计回归系数，从而找到最优的参数估计。其基本思想是假设因变量与相互独立的自变量之间存在线性关系，并通过调整回归系数使得模型预测值与实际观测值之间的差异最小化。最小二乘回归中假设残差服从正态分布，且具有恒定的方差。

2）广义线性模型：通过引入连接函数，扩展了最小二乘回归的适用范围，使其能够灵活处理各种类型的数据分布和复杂的数据结构，适用于误差项不服从正态分布的情况。

（5）按模型的复杂度分类

1）简单模型：模型中只包含自变量和因变量的直接关系，没有交互项或多项式项。

2）复杂模型：模型可能包含交互项、多项式项、非线性项等，以捕捉更复杂的数据模式。

（6）按模型控制方法分类

1）L1 正则化：在损失函数中加入参数向量的 L1 范数，用以控制模型的复杂度和优化过程。其中，L1 范数也称为曼哈顿范数，定义为向量中各元素绝对值之和。L1 正则化的作用是促使模型参数向量中的许多元素趋向于零，实现稀疏性，从而可用于特征选择或增强模型的解释性。

2）L2 正则化：在模型的损失函数中加入参数向量的 L2 范数的平方，用以控制模型的复杂度和防止过拟合。其中，L2 范数也称为欧几里得范数，定义为向量中各元素平方和的平方根。L2 正则化的作用是通过惩罚过大的权重值来减少模型复杂度，提高模型的泛化能力。

（7）按模型的参数估计方法分类

1）参数回归：基于参数的估计方法，如最小二乘法，假设数据遵循特定的分布。

2）非参数回归：不假设数据的分布形式，使用核平滑、样条回归等方法。

（8）按数据结构分类

1）横截面数据回归：依据来自同一时间点的不同个体数据，研究变量之间的关系。

2）时间序列数据回归[243]：数据随时间变化，需要考虑时间依赖性，通过变量在时间上的变化来分析它们之间的关系。常用的方法包括自回归模型（AR）、滑动平均模型（MA）、自回归滑动平均模型（ARMA）和差分自回归滑动平均模型（ARIMA）等。

3）面板数据回归[244]：同时包含横截面和时间序列的数据，可以探索个体（横截面）间的差异和随时间的变化趋势。常用的方法包括固定效应模型、随机效应模型和混合效应模型等。

（9）按模型的预测能力分类

1）解释性模型：解释变量之间的关系，以及它们对因变量的影响。这类模型通常用于探索数据的机理和因果关系，如逻辑回归等。

2）预测性模型：根据已知的数据模式和趋势来预测未来的结果或趋势。这类模型强调预测的准确性和稳定性。

4.1.2 预测模型框架

在项目层面的建筑碳排放预测模型研究中，常采用线性回归与多项式回归方法。尽管这些预测模型的形式简单、计算方便，但模型适用性与预测结果的准确性受限。例如，已有碳排放预测模型常采用建筑高度和主要材料消耗量等作为输入变量，变量数目通常较少、对变量的非线性与共线性问题考虑不充分。此外，这些模型难以考虑抗震设防烈度、结构体系、交付形式、建设地点等分类变量对预测结果的影响，用于方案设计与初步设计阶段的建筑碳排放预测时，限制了变量的选择范围，存在一定的局限性。因此，本章以混凝土建筑的隐含碳排放强度预测为目标，采用机器学习方法建立预测模型，模型的框架如图4-2所示。具体而言，隐含碳排放强度预测模型的实现步骤包括：

1）收集建筑样本的数据信息，包括建筑设计条件、主要设计参数、技术经济指标与材料消耗量清单等。

2）采用排放因子法等计算建筑样本的碳排放指标。由于建筑隐含碳排放强度难以通过直接观测或测量得到，这一基于活动数据的碳排放计算值即作为建筑样本的碳排放"实际值"在预测模型训练、测试与性能评估时使用。

3）对收集的原始案例资料进行数据预处理，采用人工筛选、孤立森林等方法处理或剔除存在缺失值或异常值的数据样本，建立案例数据集。

4）对数据集中的数据记录进行数值转换、分类变量编码、连续型变量分箱、标准化与归一化等处理，消除数据量纲、尺度等对预测模型性能的影响。

5）依据方案设计与初步设计阶段的特点，确定备选特征变量，建立特征变量的组合情景，并进行多重共线性检验。

6）采用适宜的固定比例或交叉验证技术对标准化数据集进行划分，采用适当方法完成算法超参数调优、模型训练与测试。

7）基于拟合优度、预测误差等指标评估预测模型的性能，确定最优预测模型。

8）基于特征重要性分析等方法对模型进行解释，提高模型透明度、可信度和实用性，并可通过提取关键特征实现模型的进一步简化。

9）应用预测模型在早期设计阶段实现隐含碳排放指标估计，为混凝土建筑降碳设计提供高效、准确的量化指标参考。

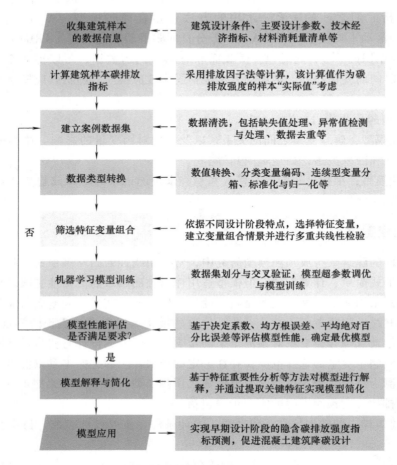

图 4-2 隐含碳排放强度预测模型的基本框架

4.2 数据集与特征筛选

4.2.1 数据清洗

数据清洗是构建机器学习模型前的重要步骤，通常包括缺失值处理、异常值检测与处理、数据去重等内容，其目的是提高数据质量，确保模型训练的有效性和准确性。

1. 缺失值处理

缺失值处理指检测数据集中的缺失值，并采用适当的方式对缺失值进行删除或补全[245]。多数机器学习算法并不能直接处理缺失值，可采用以下策略：

1）删除含有缺失值的记录，即直接删除含有缺失值的所有记录。这种方法较为简单，但当数据集中的缺失值较多时，可能会导致数据量减少。一般适用于数据集中的少数记录缺失关键信息的情况。

2）删除含有缺失值的特征，如果某个特征的缺失值比例非常高，可选择删除该特征。这一处理方式可减少数据维度，但可能会丢失有用信息。

3）缺失值直接填充，采用常数填充、前向填充或后向填充等简单方法对缺失值进行补全。其中，常数填充指采用常数值（如零值、平均值、中位数、众数等）填充缺失值；前向填充指用前一个记录的对应值填充当前缺失值；后向填充指用后一个记录的对应值填充当前缺失值。

4）基于模型的缺失值填充，使用预测模型（如 K-最近邻、决策树、线性回归等）来估计缺失值。这种方法考虑了数据中其他特征的影响，可更准确地估计缺失值，但处理过程复杂。

5）基于热卡填充（Hot-deck Imputation），从数据集中找到与它最相似的记录，然后用这个相似记录的值来进行填充。这种方法简单直观，但可能引入样本选择偏差。

6）多重插补（Multiple Imputation），通过建立多个插补模型补全数据集，然后对随机插补得到的数据集进行统计分析，并整合得到最终结果。多重插补可更好地反映数据的真实分布，但计算成本较高。

7）使用缺失值作为特征，某些情况下，缺失值本身可能会提供有用的信息，如某个特征经常缺失，可能表明记录的来源或类型不同。此时，可将缺失值作为新的二元特征（0 表示无缺失，1 表示有缺失）。这种方法可以保留数据的完整性，但会增加模型的复杂性。

8）基于贝叶斯方法的填充，使用贝叶斯推断来估计缺失值的概率分布。该方法利用已观察到的数据特征来估计缺失值，并可考虑特征之间的关系和分布，从而提供更准确的填充值，但计算成本较高。

9）基于深度学习的填充，通过建立和训练神经网络模型来学习数据中的复杂模式和关系，从而填充缺失的数值，适用于高维度、复杂结构及大规模数据集，但大量缺失值填充时需注意过拟合问题。常用的基于深度学习的缺失值填充方法有自编码器、生成对抗网络等。

此外，在某些模型中可保留缺失，并在模型训练时自动处理数据中缺失值。例如，决策树和随机森林方法会在每个节点考虑包括缺失值的所有特征，并选择最佳的分裂点；K-最近邻算法在计算距离时可以忽略缺失值，仅比较非缺失的特征。

2. 异常值检测

异常值检测是识别数据集中不符合预期模式或分布的数据记录的过程[246]。异常值可能会影响机器学习模型的性能和准确性，因此识别和处理异常值是数据预处理的重要步骤。常见异常值检测方法包括基于统计的方法、基于距离（密度）的方法、基于聚类的方法和基于机器学习的方法等。各方法的基本原理、实现过程与优缺点见表 4-1。

表 4-1 异常值检测方法对比

分类	方法	原理	实现过程	优缺点
基于统计的方法	Z-分数方法	基于数据点与其均值的偏差来识别异常值	● 计算数据集的平均值和标准差 ● 对各数据点计算 Z-分数 ● 设定阈值（如 3 或 2），找出 Z-分数超过该阈值的数据点	适用于正态分布的数据，简单易实现；对异常值的定义较简单

（续）

分类	方法	原理	实现过程	优缺点
基于统计的方法	箱线图	使用四分位数识别异常值，数据点落在箱线图的边界之外被视为异常	• 计算数据集四分位数 Q1 和 Q3 • 计算四分位距 IQR • 确定阈值 Q1−1.5×IQR 和 Q3+1.5×IQR • 识别超出阈值的数据点	适用于非正态分布的数据；固定阈值对某些数据集可能不适用
	数据可视化	通过统计图形等直观地识别异常值	• 基于数据集绘制散点图、折线图等图形 • 依专业知识与经验，人工识别异常值	不受数据分布的限制；主观性强，难以用于大规模数据集
基于距离（密度）的方法	孤立森林	通过随机分割数据空间来孤立异常值	• 生成多棵孤立树 • 对各数据点计算在每棵树中被孤立所需的路径长度 • 依设定的阈值识别路径长度较短的数据点	适用于高维数据；需通过调整参数以优化检测性能，对随机性的依赖较高
	K-最近邻	基于数据点与其 K 个最近邻居的距离来评估其是否为异常值	• 对各数据点找到其 K 个最近邻居 • 计算各数据点到其邻居的平均距离 • 依设定阈值识别平均距离较大的数据点	适用于各种数据分布；对 K 值的选择敏感，计算成本较高
	局部异常因子（LOF）	根据数据点周围邻居的密度来识别异常点	• 对各数据点计算其邻居的数量和平均距离 • 计算各数据点的可达密度与 LOF 值 • 依设定阈值识别 LOF 值较高的数据点	适用于各种数据分布，可识别局部异常值；对参数选择敏感
基于聚类的方法	DBSCAN	将数据点分为核心点、边界点和噪声点，并识别噪声点作为异常值	• 设定邻域大小和核心点的最小邻居数量 • 识别核心点和边界点 • 将不属于任何核心点邻域的点标记为噪声	对噪声和异常值具有鲁棒性；参数选择敏感，难以处理高维数据
	基于聚类中心距离的方法	识别距离聚类中心较远的数据点为异常值	• 使用聚类算法（如 K-means、层次聚类等）对数据进行聚类 • 计算各数据点到最近聚类中心的距离 • 依设定阈值识别距离较远的数据点	可考虑数据的分布特征；对聚类算法与阈值选择敏感
基于机器学习的方法	集成学习	结合多个学习模型的预测结果，进行异常值检测	• 选择多个合适的基学习器 • 对基学习器进行训练 • 使用训练的模型生成各数据点的异常分数或预测结果 • 集成基学习器结果，判断异常值	异常值检测的准确性高；计算成本较高，需选择合适的模型集合
	自编码器	计算数据的重构误差来判断其是否为异常值	• 训练自编码器模型 • 使用模型对数据进行重构 • 计算重构误差 • 依设定阈值识别重构误差较大的数据点	可捕捉数据的复杂模式，适用于高维数据；需训练神经网络，对网络结构和参数选择敏感

3. 异常值处理

对于采用表 4-1 方法识别的异常值,可采用以下方法进行处理:

1)删除异常值,直接删除含有异常值的数据点,适用于异常值对整体数据集影响较小或异常值数量较少的情况。删除异常值可能导致数据量减少,影响模型的训练和最终性能[247]。

2)替换或修正异常值,采用平均值、中位数或插值方法(如线性插值、多项式插值)对异常值进行修正。该方法在保留数据量的同时,可降低异常值对模型训练的影响。

3)数据变换,对数据进行数学变换,如对数变换或 Box-Cox 变换,以减少异常值的影响,适用于数据分布不均匀或存在极端值的情况。

4)异常值作为特殊类别,通过一定的方法识别异常值后,将其作为特殊类别考虑,并在建模过程中进行特殊编码或标记处理,适用于异常值包含有价值信息的情况,提高模型的鲁棒性。保留异常值会增加模型的复杂性,异常值定义不准确时,可能引入额外偏差。

5)选择对异常值不敏感的机器学习模型,如决策树、随机森林、支持向量机等。这些模型在训练过程中具有一定的鲁棒性,能够有效地处理异常值而不会过度拟合。

6)集成学习方法,使用集成学习模型降低异常值的影响,集成学习模型可通过多个基学习器的组合来提高元学习器的稳定性和泛化能力。

4. 数据去重

数据去重是指识别并移除数据集中的重复记录,以保证数据记录的唯一性和有效性。常见数据去重方法如下:

1)直接比较法,逐条比较数据集中的记录,找出完全相同的记录并移除重复项;或先对数据集进行排序,然后逐条比较相邻记录以找出重复项,适用于小规模数据集。

2)基于哈希的方法,选择合适的哈希函数计算各数据记录的哈希值,通过比较哈希值来快速识别重复项,适用于大规模数据集。

3)基于特征向量的方法,将数据记录转换为特征向量,选择合适的相似性度量比较样本间的相似程度,并将相似度超过设定阈值的样本视为重复项,方法的灵活性与可扩展性较好。

4)基于统计特征的方法,根据数据样本的统计特征(如均值、标准差、频率分布等)进行去重操作。如果两个样本在某些统计特征上非常接近,则可将其视为重复样本。

5)基于聚类的方法,选择合适的无监督学习算法,将数据样本分簇,然后在各簇内进行去重操作,可快速处理大规模数据,适应性较强。

6)近似去重方法,使用局部敏感哈希(LSH)等技术,对数据进行近似分组,然后识别和移除近似重复的记录,适用于大规模数据集。

4.2.2　类型转换

类型转换是将数据转换为适合机器学习模型训练的格式。不同机器学习算法对输入数据的格式和类型有不同的要求。常见的类型转换处理如下:

(1)数值转换　将非数值型数据转换为数值型数据,以便进行数学运算。例如,将日期转换为年份或月份的数值,将文本标签转换为数值 ID,采用词袋模型(Bag of Words)或词嵌入(Word Embedding)将文本转换为数值型特征等。

（2）分类型数据编码

1）标签编码（Label Encoding），对分类变量进行数值编码的一种方法。在标签编码中，每个类别被直接或采用随机映射等方式分配一个唯一的整数。这种方法简单、直观，可保留类别之间的自然排序关系，但对于无序分类变量会引入虚假顺序，使模型偏向于认为类别之间存在数量关系，影响模型的性能。

2）独热编码（One-Hot Encoding），将每个类别映射到一个二进制向量，其中只有一个元素为1（表示该类别），其余元素为0。具体而言，对数据集中的分类变量进行独热编码时，为该变量创建一个二进制矩阵，其中每一行代表一个数据点，每一列代表一个类别。如果数据点属于该类别，则对应的列值为1，否则为0。独热编码保留了类别之间的无序性，可与大多数机器学习算法兼容，但会增加模型训练的时间和复杂性。当分类变量的类别极多时，数据维度会显著增加，导致"维度灾难"。

（3）二值化（Binarization） 将数值特征转换为布尔值（0或1）的过程，可用于简化模型或增强特定算法对数据的敏感度，常用于图像处理和特征工程。二值化可减少数据与算法复杂度，去除数据噪声，但可能会导致信息丢失。二值化常采用固定阈值或自适应阈值两种方式，具体如下：

1）固定阈值二值化，设置一个固定的阈值，大于阈值的值被标记为1，小于等于阈值的值被标记为0。

2）自适应阈值二值化，根据局部区域的特征来动态确定阈值。

（4）连续型数据分箱（Binning） 将连续型数据分成离散的区间，即将连续性数值特征转换为离散的类别特征。分箱可减少数据不均匀分布和异常值的影响，增强模型稳定性与可解释性，但可能会导致信息损失、增加过拟合风险。数据分箱的常用方法有等宽分箱、等频分箱和最优分箱等方式。

1）等宽分箱，将数据按照数值范围均匀划分为若干区间。

2）等频分箱，将数据按照频率分布均匀划分为若干区间，每一区间包含大致相同数量的数据点。

3）最优分箱，基于目标变量的分布和特性，使用卡方检验、信息增益等统计方法来优化划分区间，使每一区间内目标变量的方差最小化或不同区间的差异最大化。

（5）数据缩放

1）归一化（Normalization）。通过线性变换将数据映射到某一给定的范围内，通常是 [0, 1] 或 [-1, 1]。归一化可保证所有特征具有相似的尺度，有助于加快收敛速度，特别适用于基于距离度量和梯度下降的算法。最常用的归一化方法是 Min-Max 归一化，即将数据按照最小值和最大值的范围进行线性变换，使数据缩放到 [0, 1] 区间内。可采用下式实现数据的 Min-Max 归一化

$$x'_i = \frac{x_i - \min(x)}{\max(x) - \min(x)} \tag{4-1}$$

式中　x'_i——第 i 个数据点中特征 x 标准化后的数值；

x_i——第 i 个数据点中特征 x 的原始值；

$\min(x)$——数据集中特征 x 的最小值；

$\max(x)$——数据集中特征 x 的最大值。

2）标准化（Standardization）。将数据的每个特征转换为均值为0、标准差为1的标准正态分布，适用于数据呈正态分布或近似正态分布的情况。数据标准化可采用下式实现

$$x'_i = \frac{x_i - \mu(x)}{\sigma(x)} \tag{4-2}$$

式中　$\mu(x)$——数据集中特征x的均值；

　　　$\sigma(x)$——数据集中特征x的标准差。

3）对数变换。使用对数函数转换数据，以减少偏度或处理具有指数分布的数据。对于跨越多个数量级的数据，对数变换可将其压缩到更易于处理的数值范围内。

4.2.3　特征筛选

从所有可用的特征中选择最相关或最关键的特征，用于构建机器学习模型。特征筛选的目标是降低模型复杂度，提高泛化能力，并减少过拟合的风险[248]。常用特征筛选技术如下：

（1）过滤方法　过滤方法是通过分析每一特征与目标变量的相关性等统计信息来确定特征的重要性程度，实现特征筛选。采用过滤方法进行特征筛选的过程与具体的机器学习算法相独立，计算效率高且可解释性强；但该方法通常仅考虑特征与目标变量的相关性，忽略了不同特征间的相互影响。常见的过滤方法包括统计检验、方差阈值和互信息等。

1）统计检验，基于相关系数、卡方检验等评估特征的重要性，优先保留与目标变量相关性高的特征。

2）方差阈值，保留方差超过某个阈值的特征，去除方差较小的特征。

3）互信息（Mutual Information）：评估特征与目标变量之间的信息量，选择信息量高的特征。具体而言，对连续型特征变量X和目标变量Y进行离散化处理，计算边缘概率分布与联合概率分布，并采用下式计算互信息

$$\mathrm{MI}(X; Y) = \sum_{x \in X} \sum_{y \in Y} P(x, y) \log\left[\frac{P(x, y)}{P(x)P(y)}\right] \tag{4-3}$$

式中　$\mathrm{MI}(X; Y)$——特征变量X和目标变量Y的互信息；

　　　$P(x, y)$——特征变量X和目标变量Y同时取特定值x和y的联合概率；

　　　$P(x)$——特征变量X取特定值x的边缘概率；

　　　$P(y)$——目标变量Y取特定值y的边缘概率。

（2）包装方法　包装方法通过评估不同特征子集对指定学习算法性能的影响来进行特征选择。该方法能更好地捕捉特征间的复杂关系，并最优化模型的性能，但计算成本较高，且可能会产生数据过拟合风险。常用的包装方法包括递归特征消除和序列特征选择等算法。

1）递归特征消除（Recursive Feature Elimination）。通过反复构建模型来逐步识别和消除最不重要的特征，其基本思想是采用适当的基模型进行数据训练与特征重要性分析，剔除重要性最低的特征，并在剩余特征上重新训练模型，直到特征维度缩减至预期数量。

2）序列特征选择（Sequential Feature Selection）。通过逐步添加或删除特征进行特征筛选，包括向前选择、向后消除等方式。向前选择从空的特征子集开始，逐步添加可使模型性能得到最大提升的特征，直至达到预定的特征数量；向后消除指从包含所有特征的子集开始，逐步删除对模型性能影响最小的特征，直至达到预定的特征数量。

（3）嵌入方法　将特征选择与模型训练过程相结合，在训练过程中自动选择最优的特征组合。例如，套索回归使用 L1 正则化来促使不重要特征的系数趋向于零，从而实现特征的自动选择；决策树模型可通过特征重要性评分来选择重要的特征，或通过剪枝等操作去除不重要的分支和特征。嵌入方法可更有效地利用模型本身的信息，不需要额外的特征选择步骤，但适用的模型有限。

（4）维度约简方法　采用适当的方法降低特征空间的维度来实现特征筛选。维度约简有助于处理高维数据，降低噪声和不相关特征的影响，但可能会丢失数据的细节信息，导致模型性能下降。常见的维度约简方法有主成分分析（Principal Component Analysis，PCA）、独立成分分析（Independent Component Analysis，ICA）和因子分析（Factor Analysis）等。

1）主成分分析。通过线性变换将高维数据投影到低维度空间实现维度约简的方法。该方法基于数据的协方差结构，通过特征值分解得到协方差矩阵的特征值和特征向量，并根据特征值排序进行数据降维和特征提取，从而简化数据，降低计算复杂度。PCA 假设数据是线性的，对于非线性数据集的效果不佳，此时可使用拓展的核 PCA 等非线性技术。

2）独立成分分析。从多个特征变量中找出统计独立的成分。该方法在数据中心化和白化处理的基础上估计独立成分，并依据独立成分或与目标变量的相关性进行特征选择，实现数据降维。ICA 可将观测数据分解为独立成分，便于处理噪声和冗余信息，但计算复杂，成分选择难度较高。

3）因子分析。将多个观测变量用少数几个的潜在因子进行解释。该方法通过因子载荷矩阵和潜在因子矩阵，使观测数据可由潜在因子和特定的误差项线性组合而成。因子分析可揭示观测变量的潜在结构和模式，但因子分析常采用线性关系和正态分布等假设，适用范围有限，且对异常值较为敏感。

4.2.4　多重共线性

多重共线性（Multicollinearity）是指在回归分析中，自变量之间存在高度线性相关性的情况。多重共线性会导致自变量的影响模糊化，使模型的参数估计不稳定，解释能力降低且误差增加[238]。

（1）多重共线性检验　多重共线性可通过相关系数、方差膨胀因子（Variance Inflation Factor，VIF）和条件指数（Condition Index）等进行检验。

1）相关系数，基于所有特征变量计算相关系数矩阵，若两个变量间的相关系数很高，则可能存在共线性问题。常用相关系数有皮尔逊（Pearson）和斯皮尔曼（Spearman）相关系数等。皮尔逊相关系数是衡量两个连续变量之间线性相关程度的指标，-1 表示完全负相关，+1 表示完全正相关，0 表示不相关。皮尔逊相关系数适用于正态分布数据，且对异常值较为敏感。斯皮尔曼相关系数是一种非参数的度量，其基于变量值的排名而非实际值，评估两个变量的等级（或排序）之间的相关性程度。斯皮尔曼相关系数可用于非正态分布及存在非线性关系的数据。一般来说，相关系数的绝对值>0.6 代表两变量具有强相关性。这两个相关系数可采用下列公式计算

$$\rho_\mathrm{p} = \frac{\sum\limits_i (x_i - \overline{x})(y_i - \overline{y})}{\sqrt{\sum\limits_i (x_i - \overline{x})^2}\sqrt{\sum\limits_i (y_i - \overline{y})^2}} \tag{4-4}$$

$$\rho_s = 1 - \frac{6\sum_i d_i^2}{n(n^2-1)} \tag{4-5}$$

式中　ρ_p——变量 x 和 y 间的皮尔逊相关系数；

x_i——变量 x 的第 i 个观测值；

y_i——变量 y 的第 i 个观测值；

$\bar{x}$——变量 x 的平均值；

$\bar{y}$——变量 y 的平均值；

ρ_s——变量 x 和 y 间的斯皮尔曼相关系数；

d_i——两个变量排名差的绝对值；

n——观测值的数量。

2）方差膨胀因子，反映某一自变量由于与其他自变量的线性关系而引起的方差变异性。一般来说，VIF 等于 1 说明没有共线性问题，大于某一阈值（常取 5 或 10）时表示变量间存在严重的多重共线性问题，可能导致模型参数估计不准确，解释能力降低。VIF 不依赖于特定的模型假设，适用于小样本、多变量的模型。VIF 可采用下式计算

$$VIF_j = \frac{1}{1 - R_j^2} \tag{4-6}$$

式中　VIF_j——特征 x_j 的方差膨胀因子；

R_j——特征 x_j 作为因变量，采用其他特征对 x_j 进行多元线性回归时的模型决定系数。

3）条件指数，反映了自变量矩阵中特征值的不平衡程度，可通过自变量矩阵最大特征值与第 i 个特征值之比的平方根计算。条件指数没有固定阈值来判断多重共线性，但一般来说，5~10 的值表示弱相关性，而大于 30 的值表示存在严重的多重共线性问题。

（2）多重共线性处理　当自变量存在多重共线性时，可通过删除冗余变量来减少共线性的影响，或结合专业知识与实际需求来决定保留哪些变量。此外，可通过主成分分析进行数据降维，或采用岭回归和套索回归等方法，通过引入正则化项来纠正多重共线性问题。

4.3　机器学习算法

4.3.1　概述

1. 基本概念

机器学习是人工智能的重要分支之一，它使计算机系统可以根据既有经验进行学习，从而获得分析或解决问题的能力。具体来说，机器学习涉及开发算法和统计模型，这些模型使计算机能够执行特定的任务，而无须为这些任务配置明确的编程指令。机器学习是一种数据驱动方法，主要依赖于数据来改进其性能，这些数据可以是标记好的（监督学习）、未标记的（无监督学习）或部分标记的（半监督学习）。机器学习算法能识别数据中的复杂模式和结构，可广泛用于分类、回归、聚类、异常检测等任务。机器学习算法用于解决回归问题具

有以下优点：

1）能够处理复杂关系：决策树、随机森林、神经网络等机器学习模型能有效地捕捉复杂的非线性关系，相比传统的线性回归模型更加灵活。

2）适应多种数据类型：机器学习模型不仅可处理数值和分类数据，还可以处理文本、图像等多种类型的数据，应用领域更广泛。

3）自动特征提取：部分机器学习模型能自动从大量的特征中提取最有价值的特征，降低人工特征工程的工作量。

4）预测准确性高：在数据量足够大且模型调参得当的情况下，机器学习模型可提供比传统方法更准确的预测结果。

5）可扩展性强：多数机器学习算法可通过增加数据量或调整模型复杂度来提高预测能力，具有较强的可扩展性。

然而，机器学习方法也有一定的潜在缺点。例如，神经网络等多数机器学习模型是黑箱模型，其内部决策过程的可解释性弱；当模型过于复杂或训练数据不足时，容易出现过拟合（在训练数据上表现良好，但在新数据上表现不佳）；多数机器学习模型需进行超参数配置以优化性能，模型构建难度高；深度学习等复杂的机器学习算法需要大量的计算资源（如GPU），部署成本高。

2. 分类

机器学习算法具有多种分类方式，按学习方式可分为监督学习、无监督学习、半监督学习和强化学习；按问题类型可分为回归算法、分类算法、聚类算法、降维算法和异常检测算法。

1）监督学习，使用带有标签（已知输出）的训练数据进行训练，以预测目标变量的值。

2）无监督学习，使用没有标签的数据进行训练，主要用于发现数据中的潜在模式和结构，而非预测目标变量的值。

3）半监督学习，数据集由大量的无标记数据和少量的有标记数据构成，利用无标记数据来辅助有标记数据进行学习，从而改善模型的性能。

4）强化学习，智能体通过与环境的交互学习，获得最佳的行为策略，以最大化某种累积奖励。

5）回归算法，用于预测连续数值输出。

6）分类算法，用于预测离散的类别标签。

7）聚类算法，用于将数据集中的对象划分为不同的簇，使得同一簇的对象更加相似，而不同簇对象的相似性更低。

8）降维算法，在尽量保留重要信息特征的情况下，实现数据维度约简。

9）异常检测算法，用于识别数据集中的异常或不寻常的模式。

4.3.2 常用算法介绍

根据"No Silver Bullet"[249] 和"No Free Lunch"[250] 理论，没有一种普遍最优的算法可适用于所有问题。因此，在采用机器学习方法解决回归问题时，常需对比多种算法的性能，以选择其中最优的算法。本节对常用的机器学习回归方法进行简要介绍，主要包括线性回归及其变体、基于邻近性方法的回归、基于核方法的回归、基于树的回归、基于神经网络的回归、基于高级集成学习技术的回归。更详细的机器学习知识可参阅相关专业性书籍与文献资料等[251]。

1. 线性回归及其变体

（1）多元线性回归（Multiple Linear Regression，MLR）　描述解释变量和多个目标变量线性关系的最基本、最简单的统计模型。MLR 算法通过最小化实际观测值与模型预测值之间的差异（平方和）来估计模型参数，并通常使用最小二乘法估计解释变量的回归系数。MLR 算法简单、易于理解和实现，但无法处理非线性关系且对异常值敏感。该方法的基本模型可采用下式表示

$$Y = \beta_0 + \beta_1 X_1 + \beta_2 X_2 + \cdots + \beta_n X_n + \varepsilon \tag{4-7}$$

式中　　　　Y——目标变量；

$X_1, \cdots, X_n$——解释变量；

β_0——截距项；

$\beta_1, \cdots, \beta_n$——回归系数，表示解释变量每变化一个单位时，目标变量的预期变化值；

ε——误差项，代表模型未能解释的随机变异性。

（2）套索回归（Lasso Regression，LR）　带有 L1 正则化的线性回归模型。LR 模型在最小化预测误差的同时，加入与系数绝对值成比例的惩罚项，促使一些系数变为零，从而实现特征的自动选择。LR 算法通过对系数进行惩罚，有助于防止模型过拟合，并可有效处理多重共线性问题。然而，LR 算法对异常值较敏感，存在一定的过度惩罚风险。LR 算法通过求解带正则化项的优化问题来估计回归系数，相应目标函数（损失函数）可采用下式表示

$$\min_{\boldsymbol{\beta}} \left\{ \sum_{i=1}^{p} \left(Y_i - \sum_{j=1}^{n} \beta_j X_{ij} \right)^2 + \lambda \sum_{j=1}^{n} |\beta_j| \right\} \tag{4-8}$$

式中　$\boldsymbol{\beta}$——系数向量，$\boldsymbol{\beta} = (\beta_1, \beta_2, \cdots, \beta_n)$；

Y_i——第 i 个数据点的目标变量实际值；

β_j——第 j 个解释变量的系数；

X_{ij}——第 i 个数据点的第 j 个解释变量取值；

p——数据点的总数；

n——解释变量的总数；

λ——正则化参数，λ 值越大，正则化效果越强。

（3）岭回归（Ridge Regression，RD）　带有 L2 正则化的线性回归模型。RD 算法在最小化预测误差的同时，加入与系数平方成比例的惩罚项来减少系数的波动，但不会使这些系数变为零。RD 算法适用于处理高维数据，能够稳定模型参数，解决多重共线性。但 RD 算法对正则化参数的取值较敏感，且当数据不服从线性关系时，正则化项可能会使模型在拟合数据时引入偏差。RD 算法通过求解带 L2 正则化的优化问题来估计系数，相应目标函数可采用下式表示

$$\min_{\boldsymbol{\beta}} \left\{ \sum_{i=1}^{p} \left(Y_i - \sum_{j=1}^{n} \beta_j X_{ij} \right)^2 + \lambda \sum_{j=1}^{n} \beta_j^2 \right\} \tag{4-9}$$

（4）贝叶斯岭回归（Bayesian Ridge Regression，BR）　基于贝叶斯统计学原理的回归方法，其结合了岭回归的正则化效果和贝叶斯方法的概率推断。BR 算法将模型参数（回归系

数）视为随机变量，并指定先验分布，然后根据观测数据的似然函数来更新参数的后验分布。通过贝叶斯方法，BR 算法可灵活地调整超参数，并根据数据信息更新它们的后验分布。BR 算法可利用先验信息来减少参数估计的方差，从而提高模型的稳定性和泛化能力，故对小样本情况下的模型拟合特别有效。然而，后验分布需利用马尔可夫链蒙特卡洛（MC-MC）或变分推断等方法计算，计算复杂度高，在大规模数据集上的应用受限。

（5）弹性网络回归（Elastic Net Regression，EN）　结合了 LR 和 RD 回归的特点，同时使用 L1 和 L2 正则的回归算法。EN 算法在最小化预测误差的同时，加入 L1 和 L2 正则化项的线性组合，平衡两者的优点。EN 算法能有效地处理多重共线性和特征选择问题，但需要同时调整两个正则化参数，计算复杂性较高。此外，EN 算法仍属于线性回归的变体，不适用于处理非线性问题。EN 算法通过求解带 L1 和 L2 正则化的优化问题来估计系数，相应目标函数可采用下式表示

$$\min_{\boldsymbol{\beta}}\left\{\sum_{i=1}^{p}\left(Y_i - \sum_{j=1}^{n}\beta_j X_{ij}\right)^2 + \lambda_1 \sum_{j=1}^{n}|\beta_j| + \lambda_2 \sum_{j=1}^{n}\beta_j^2\right\} \tag{4-10}$$

式中　λ_1——L1 正则化参数；

　　　λ_2——L2 正则化参数。

（6）多项式回归（Polynomial Regression，PR）　将解释变量的多项式函数引入线性模型中，从而扩展了传统的线性回归模型，使其能更灵活地拟合非线性数据。若将变量 X 的高次项当作"新变量"，则 PR 算法可视为线性回归模型的特殊变体。这一变体的模型参数仍是线性的，故可采用线性回归的最小二乘法进行参数估计。尽管 PR 算法可拟合非线性关系，在使用该模型时应特别注意多项式阶数（一般不超过 3 阶）的选择，避免过拟合。该方法的基本模型可采用下式表示

$$Y = \beta_0 + \beta_1 X + \beta_2 X^2 + \cdots + \beta_n X^n + \varepsilon \tag{4-11}$$

式中　n——多项式的最高阶数。

2. 基于邻近性方法的回归

（1）K-最近邻（K-Nearest Neighbors，K-NN）　通过评估未知样本点与训练集中所有样本的距离，识别最接近待预测样本的 K 个训练样本，并通过这些邻近样本的加权平均实现预测。K-NN 算法是一种简单、高效的非参数化算法，该算法简单易实现，可直接基于样本实例进行预测，适用于处理边界不清晰或噪声较多的数据。然而，K-NN 算法预测过程中需计算待预测样本与所有训练样本的距离，计算复杂度高，不适用于高维数据集。此外，对于样本分布不均匀的情况，K-NN 模型的预测性能可能不佳。对于给定的未知样本点，K-NN 算法的预测值可采用以下式表示

$$\hat{y}(x_0) = \frac{1}{K}\sum_{i \in N_K(x_0)} y_i \tag{4-12}$$

式中　$\hat{y}(x_0)$——样本 x_0 的预测值；

　　　K——最邻近样本的数量；

　　　$N_K(x_0)$——最邻近样本的集合；

　　　y_i——第 i 个训练样本的目标变量取值。

K-NN 算法中样本间距离的计算常采用欧式（Euclidean）距离，也可采用曼哈顿（Manhattan）距离、切比雪夫（Chebyshev）距离、闵可夫斯基（Minkowski）距离等。距离度量

的选择应考虑不同特征的尺度差异。对于两个样本点 $X_1 = (x_{11}, x_{12}, \cdots, x_{1n})$ 和 $X_2 = (x_{21}, x_{22}, \cdots, x_{2n})$，常用距离度量的计算公式如下

$$\text{欧氏距离} \qquad d(X_1, X_2) = \sqrt{\sum_{i=1}^{n} (x_{1i} - x_{2i})^2} \tag{4-13}$$

$$\text{曼哈顿距离} \qquad d(X_1, X_2) = \sum_{i=1}^{n} |x_{1i} - x_{2i}| \tag{4-14}$$

$$\text{切比雪夫距离} \qquad d(X_1, X_2) = \max_{1 \leq i \leq n} |x_{1i} - x_{2i}| \tag{4-15}$$

$$\text{闵可夫斯基距离} \qquad d(X_1, X_2) = \left(\sum_{i=1}^{n} |x_{1i} - x_{2i}|^p \right)^{\frac{1}{p}} \tag{4-16}$$

（2）局部加权回归（Locally Weighted Regression，LWR）　为每个预测点构造一个局部的加权回归模型，使得距离预测点近的训练样本点在预测中具有更大的权重。LWR 算法能较好地适应数据的局部变化，捕捉非线性特征，灵活性高。然而，LWR 算法带宽参数的选择可能影响模型的预测性能，但其仅关注了数据的局部特征，预测结果不够稳定。对于给定数据集 $\{(\boldsymbol{x}_i, y_i)\}_{i=1}^{n}$，LWR 算法的预测值可采用下式表示

$$\hat{y} = \theta(\boldsymbol{x})^{\mathrm{T}} \boldsymbol{x} \tag{4-17}$$

式中　$\boldsymbol{x}$——预测样本点的特征向量；

　　　　$\hat{y}$——基于特征 $\boldsymbol{x}$ 的预测值；

　　$\theta(\boldsymbol{x})$——基于特征 $\boldsymbol{x}$ 的权重向量。

权重向量 $\theta(\boldsymbol{x})$ 可采用加权最小二乘法求解以下目标函数得到

$$\text{argmin}_{\theta} \sum_{i=1}^{n} w^{(i)}(\boldsymbol{x}) (y_i - \theta(\boldsymbol{x})^{\mathrm{T}} \boldsymbol{x}_i)^2 \tag{4-18}$$

式中　$w^{(i)}(\boldsymbol{x})$——第 i 个训练样本的权重函数；

　　　　y_i——第 i 个训练样本的目标变量取值；

　　　　$\boldsymbol{x}_i$——第 i 个训练样本的特征向量。

权重函数 $w^{(i)}(\boldsymbol{x})$ 通常可采用高斯核函数，按下式计算

$$w^{(i)}(\boldsymbol{x}) = \exp\left(-\frac{\|\boldsymbol{x} - \boldsymbol{x}_i\|^2}{2\tau^2} \right) \tag{4-19}$$

式中　τ——带宽参数，影响对于特征向量 $\boldsymbol{x}$ 附近数据点的拟合程度。

3. 基于核方法的回归

（1）高斯过程回归（Gaussian Process Regression，GPR）　一种非参数的贝叶斯回归方法，其通过对无限维度的高斯分布进行建模，来对数据进行建模和预测。高斯过程是一个连续随机过程，其中任意有限个随机变量的联合分布是多维高斯分布。在高斯过程回归中，假设目标函数 $f(x)$ 是一个高斯过程

$$f(x) \sim \text{GP}(m(x), k(x, x')) \tag{4-20}$$

式中　$m(x)$——均值函数，通常取常数 0；

　　$k(x, x')$——协方差函数（或核函数），描述了输入空间中点 x 和 x' 之间的相似性和相

　　　　　　　　关性。

在观测到任何数据点之前，对 $f(x)$ 的先验分布进行假设。通常假设 $f(x)$ 的先验分布为

零均值的高斯分布。观测的训练数据为 $(x_i, y_i)_{i=1}^n$，其中 $y_i = f(x_i) + \varepsilon_i$，$\varepsilon_i$ 是独立同分布的噪声项（通常假设为高斯噪声）。根据贝叶斯定理，给定观测数据后，$f(x)$ 的后验分布仍服从高斯分布，并可采用下式表示

$$p(Y^* \mid X^*, X, Y) = N(Y^*; \mu(X^*), \sigma(X^*)) \tag{4-21}$$

式中 X^*——新数据点的输入；

  X——训练数据的解释变量；

  Y——训练数据的目标变量；

  Y^*——新数据点的目标变量值；

  $\mu(X^*)$——后验分布的均值；

  $\sigma(X^*)$——后验分布的方差。

利用后验分布，可根据新的输入 X^* 计算对应输出 Y^* 的预测值 μ^*，并可量化预测值的不确定性（σ^2）。GPR 算法可通过核函数适应不同的数据特性，适用于各种复杂的数据分布形式。但超参数选择对 GPR 算法的性能有显著影响，且计算复杂度高，难以用于大规模数据集和高维数据分析。

（2）支持向量机回归（Support Vector Regression，SVR） 基于支持向量机将回归问题转化为优化问题，该算法尝试在数据集中找到一个最佳拟合的超平面，使得所有数据点到该超平面的距离尽可能小。SVR 算法的目标函数可采用下式表示

$$\min_{\boldsymbol{\beta}} \left\{ \frac{1}{2} \boldsymbol{\beta}^{\mathrm{T}} \boldsymbol{\beta} + C \sum_{i=1}^n (\xi_i + \xi_i^*) \right\} \tag{4-22}$$

式中 $\boldsymbol{\beta}$——权重向量，定义了超平面的方向和位置；

  ξ_i、ξ_i^*——松弛变量；

  C——正则化参数。

SVR 算法通过调整正则化参数和松弛变量来控制模型复杂性和泛化能力，并可通过核函数将输入数据映射到高维空间，以处理数据的非线性特征。但 SVR 算法的性能对核函数选择较敏感，且对于大数据集和高维数据的训练时间可能较长。

在高斯过程回归和支持向量机等算法中，核函数具有重要的作用。核函数提供了衡量数据点之间相似性或距离的方法，并能将数据映射到高维空间，以便在该空间中应用线性模型。常用核函数包括径向基函数、线性核、多项式核、Sigmoid 核，拉普拉斯核和 Matern 核等。

1）径向基函数（Radial Basis Function，RBF）核，最常用的核函数之一，也称为高斯核，定义如下

$$k(\boldsymbol{x}_i, \boldsymbol{x}_j) = \exp(-\gamma \|\boldsymbol{x}_i - \boldsymbol{x}_j\|^2) \tag{4-23}$$

式中 $\boldsymbol{x}_i$、$\boldsymbol{x}_j$——第 i 组和第 j 组输入特征；

  γ——核函数的可调参数，较小的 γ 值会使核函数更平滑（变化更慢）。

2）线性核，最简单的核函数，以两个向量的点积定义如下

$$k(\boldsymbol{x}_i, \boldsymbol{x}_j) = \boldsymbol{x}_i^{\mathrm{T}} \boldsymbol{x}_j \tag{4-24}$$

3）多项式核，常用的非线性核函数，定义如下

$$k(\boldsymbol{x}_i, \boldsymbol{x}_j) = (\gamma \boldsymbol{x}_i^{\mathrm{T}} \boldsymbol{x}_j + c)^d \tag{4-25}$$

式中 γ——控制多项式核的强度参数；

c——常数项；

d——多项式的次数。

4）Sigmoid 核，类似于神经网络中的激活函数，定义如下

$$k(\boldsymbol{x}_i, \boldsymbol{x}_j) = \tanh(\alpha \boldsymbol{x}_i^{\mathrm{T}} \boldsymbol{x}_j + \beta) \tag{4-26}$$

式中　α——控制斜率的参数；

β——偏置项。

5）拉普拉斯核，RBF 核的变体，对异常值具有更好的鲁棒性，定义如下

$$k(\boldsymbol{x}_i, \boldsymbol{x}_j) = \exp\left(-\frac{\|\boldsymbol{x}_i - \boldsymbol{x}_j\|}{\lambda}\right) \tag{4-27}$$

式中　λ——尺度参数。

6）Matern 核，常用于高斯过程回归的一类核函数，可通过调整参数控制函数的平滑度，定义如下

$$k(\boldsymbol{x}_i, \boldsymbol{x}_j) = \frac{2^{1-\nu}}{\Gamma(\nu)}\left(\frac{\sqrt{2\nu}\,\|\boldsymbol{x}_i - \boldsymbol{x}_j\|}{l}\right)^{\nu} K_{\nu}\left(\frac{\sqrt{2\nu}\,\|\boldsymbol{x}_i - \boldsymbol{x}_j\|}{l}\right) \tag{4-28}$$

式中　ν——控制平滑度的参数；

l——长度尺度参数；

Γ——伽马函数；

K_{ν}——修改的 Bessel 函数。

4. 基于树的回归

（1）决策树（Decision Tree，DT）　通过特征选择和划分递归地将数据集划分为较小的子集，构建树形结构的模型。构建决策树时，使用信息增益、基尼不纯度等标准选择合适的特征将数据集分割为多个子集，对每一子集重复上述过程直至满足停止条件，如达到最大深度或子集的最小样本数、没有剩余的特征可进行划分等。对于新的输入样本，从根节点开始根据特征的值逐步进行分支选择，直到达到叶节点。叶节点保存了其所属子集的预测值，即作为该样本的预测输出。DT 算法简单、直观、易于理解，能够处理非线性关系与多种类型的数据，且无需对特征进行标准化处理。但 DT 算法在数据特征多或数据较少的情况下容易过拟合，且对于数据中的噪声或异常值敏感。DT 算法的预测值可采用下式计算

$$\hat{y}(x) = \frac{1}{N}\sum_{i \in \mathrm{Leaf}(x)} y_i \tag{4-29}$$

式中　$\hat{y}(x)$——给定输入 x 对应的预测值；

N——叶节点中所含数据点的数量；

$\mathrm{Leaf}(x)$——输入 x 所对应的叶节点中的所有数据点集合；

y_i——叶节点中第 i 个数据点的目标值。

（2）梯度提升（Gradient Boosting，GB）　集成学习方法，通过串联多个弱学习器（通常是决策树）实现损失函数的最小化，每个弱学习器均基于前一个学习器的残差进行训练，以逐步提升整体模型的预测能力。在 GB 算法中，首先将整体模型初始化为一个简单的常数预测；然后迭代构建弱学习器，通过计算损失函数的负梯度来拟合新学习器，使得模型在当前预测下的损失函数减小；将新学习器不断加入到集成模型中，通过加权求和的方式更新模

型的预测，直到达到预先设定的迭代次数或损失函数收敛到某个阈值。梯度提升的集成模型可采用下式表示

$$F(x) = \sum_{m=1}^{M} \eta h_m(x) \tag{4-30}$$

式中　$F(x)$——最终预测模型；

　　　η——学习率，控制每个弱学习器的贡献；

　　$h_m(x)$——第 m 个弱学习器的预测；

　　　M——模型迭代的次数，即弱学习器的个数。

（3）直方图梯度提升（Histogram-based Gradient Boosting，HGB）　GB 算法的变体，通过构建特征的直方图来加速决策树的构建过程。传统的梯度提升算法在每次构建决策树节点时需遍历所有样本的特征，以计算最佳分裂点。HGB 算法将特征值分箱成离散的区间，根据各区间内的样本统计直方图信息寻找特征的最佳分裂点，而不需要对每个特征值进行精确的分割点搜索，从而提升了训练速度。由于 HGB 算法中对特征进行了数据分箱，可能会牺牲模型的精确度。

（4）极端梯度提升（eXtreme Gradient Boosting，XGB）　GB 算法的变体，引入二阶泰勒展开式进行分裂点优化，使得分裂后的两个子节点能够最大限度地减少损失函数。XGB 算法的优化目标函数中增加了 L1 和 L2 正则化，可有效防止过拟合。XGB 算法支持并行计算和分布式训练，采用了预排序和近似算法等优化手段，使得模型训练速度大幅提升，特别适用于大规模数据集。但 XGB 算法的超参数较多，建模时需要进行细致的超参数调优工作。

（5）随机森林（Random Forest，RF）　集成学习方法，其通过构建多个决策树来进行回归任务。RF 算法通过自助采样从训练集中随机选择样本进行训练，同时在树的每个节点分裂时，随机选择部分特征进行最佳分割点的搜索，且不进行剪枝处理，最终的预测结果通过所有树预测结果的平均值确定，即

$$F(x) = \frac{1}{T} \sum_{t=1}^{T} f_t(x) \tag{4-31}$$

式中　$f_t(x)$——第 t 棵树的预测；

　　　T——树的数量。

RF 算法能够处理大规模数据集和高维数据，训练过程中引入的随机性有助于减少过拟合，且该算法中可对特征的重要性进行评估。然而，对于小样本、高维数据，会出现过拟合或特征选择困难的问题，导致 RF 算法的效果不佳。

（6）极端随机树（Extremely Randomized Trees，ET）　RF 算法的变体，其引入了对随机性的额外考量。该算法可通过在每个决策树节点随机选择分割阈值，生成更多样化和相互独立的决策树。因此，ET 算法中每棵树都更加随机化，可降低过拟合风险，并增加模型的泛化能力和鲁棒性。相比于 RF 算法，ET 算法中每棵树的构建更简单，训练速度更快，但由于每棵树的随机性更大，单棵树的预测性能可能较差，且在某些数据集上会增加预测偏差。

5. 基于神经网络的回归

（1）BP 人工神经网络（Back Propagation Artificial Neural Network，BPANN）　一种多层前馈神经网络算法，BPANN 算法通常包含输入层、一个或多个隐藏层和输出层。每一层由多个神经元组成，神经元之间通过权重连接，每个神经元的输出可按下式计算

$$y = f\left(\sum_{i=1}^{n} (w_i x_i) + b \right) \tag{4-32}$$

式中　y——神经元的输出；

　　　x_i——神经元的输入；

　　　w_i——对应的权重；

　　　b——偏置项；

　　　f——激活函数。

BPANN 算法通过前向传播和反向传播两个过程来学习数据。在前向传播阶段，输入数据在网络中向前传递，每一层的神经元计算其输入的加权和，并通过激活函数生成输出。在反向传播阶段，网络的误差从输出层反向传递到输入层，根据损失函数计算每个权重和偏置项对误差的梯度，并使用梯度下降或其他优化算法更新模型参数。

（2）径向基函数网络（Radial Basis Function Networks，RBF）　使用径向基函数作为隐藏层的激活函数来进行非线性变换，将输入数据映射到高维空间，然后通过输出层的线性组合来进行最终的预测。RBF 网络以径向基函数神经元组成，输入层数据直接传递给隐藏层神经元，而无须通过权值进行连接。RBF 算法的网络结构简单、训练速度快，具有良好的局部逼近能力和全局连续性，但对中心点的选择敏感，可能需要大量的隐藏层神经元来获得较好的逼近效果。

（3）卷积神经网络（Convolutional Neural Network，CNN）　一种深度学习模型，通过卷积层、池化层和全连接层构成，主要用于处理和学习具有空间结构的数据，如图像、时间序列数据、地理数据等。CNN 算法中，使用卷积层来提取输入数据的特征；通过激活函数引入非线性，帮助网络学习复杂的特征；利用池化层减少数据的空间大小，降低参数数量，控制过拟合；在网络的末端，全连接层将卷积层和池化层提取的高级特征映射到最终的输出。CNN 算法对于小规模数据集可能会过拟合，且模型的可解释性较差。

神经网络算法中，激活函数决定了神经元在给定输入下是否及如何被激活，能够帮助网络学习复杂的数据模式，常用激活函数的表达式见表 4-2。

表 4-2　常用激活函数

激活函数	表达式	特点
线性激活函数	$f(x) = x$	将输入直接输出，不进行非线性变换
Sigmoid 激活函数	$\sigma(x) = \dfrac{1}{1 + e^{-x}}$	将输入映射到 0~1 之间的连续输出，容易出现梯度消失的问题
双曲正切激活函数	$\tanh(x) = \dfrac{e^x - e^{-x}}{e^x + e^{-x}}$	将输入映射到 -1~1 之间的连续输出，对于输入的负值有更强的响应
ReLU 激活函数	$f(x) = \max(0, x)$	最常用的激活函数，计算简单、收敛速度快，可解决梯度消失问题
Leaky ReLU 激活函数	$f(x) = \max(\alpha x, x)$	α 是一个小常数，如 0.01，可解决 ReLU 函数的死亡神经元问题
Softmax 激活函数	$\text{Softmax}(x_i) = \dfrac{e^{x_i}}{\sum_j e^{x_j}}$	常用于多分类问题的输出层，将输出转换为概率分布

6. 基于高级集成学习技术的回归

（1）堆叠集成回归（Stacking Ensemble Regression，SER） 利用多个基学习器（Base Learner）的预测结果作为新的特征，并将这些特征输入到元学习器（Meta-Learner）中进行最终的预测。基学习器是指构成集成学习算法的单个学习器，可以是决策树、神经网络、支持向量机等不同类型的模型。元学习器是指用于在基学习器的基础上进行学习的模型，用于组合基学习器的预测来得到最终预测结果，通常选择线性回归、神经网络算法等作为元学习器。SER 模型可采用下式表示

$$\hat{y} = f(\hat{y}_1, \hat{y}_2, \cdots, \hat{y}_B) \tag{4-33}$$

式中　$\hat{y}$——最终预测结果；

$\qquad \hat{y}_B$——第 B 个基学习器的预测结果；

$\qquad f$——元学习器。

SER 算法能够结合多种模型的优势，提高预测的准确性与泛化能力，减少过拟合的风险；但模型的训练和预测过程比较复杂和耗时，并需仔细选择基学习器和元学习器。此外，对于分布不均匀的数据集，SER 算法可能需要额外的采样或加权技术来提高性能。

（2）投票集成回归（Voting Ensemble Regression，VER） 通过投票机制整合多个基学习器的预测结果来获得更稳健和准确的预测。常用投票机制包括多数投票、加权投票等。采用多数投票原则时，最终预测结果是所有基学习器预测结果的众数；采用加权投票时，最终预测结果是所有基学习器预测的加权平均值。VER 模型可采用下式表示

$$\hat{y} = \text{Voting}(\hat{y}_1, \hat{y}_2, \cdots, \hat{y}_B) \tag{4-34}$$

VER 模型的集成方式实现简单，对单个模型的错误不敏感，提高了模型的鲁棒性。但 VER 模型的可解释性较差，且对特定的问题来说，投票机制可能并非是有效的模型集成方法。

（3）多样性集成回归（Diverse Ensemble Regression，DER） 侧重结合多样性的模型来提高整体回归算法的预测性能，其多样性可从模型、参数、数据和特征四方面入手。模型多样性是指集成中包含不同类型的回归模型，如决策树、支持向量机、神经网络等；参数多样性是指对于同一类型的模型，可通过不同的参数设置来增加多样性；数据多样性是指通过不同的数据抽样方法（如随机抽样、分层抽样等）来训练不同的模型；特征多样性是指不同的模型可使用不同的特征子集，以捕获数据的不同方面。DER 算法的最终预测可表示为多个不同模型预测结果的某种组合，即

$$\hat{y} = h(\hat{y}_1, \hat{y}_2, \cdots, \hat{y}_B) \tag{4-35}$$

式中　h——集成策略，如平均、加权平均、投票等。

DER 算法通过集成不同类型的模型，提高预测的准确性和鲁棒性，能够更好地捕捉复杂的数据模式，但 DER 模型的复杂度与计算成本高，且模型的可解释性较弱。

4.3.3 交叉验证技术

1. 基本概念

采用机器学习方法建立回归分析模型时，常将数据集划分为训练集、验证集和测试集。训练集用于对模型参数进行训练，其目的是使模型能够学习到数据的特征和模式，从而对未

知数据进行准确的预测。验证集用于评估不同模型的性能和调整模型的超参数。在训练过程中，通过验证集的性能表现来选择合适的模型和超参数设置，可优化模型的准确性与泛化能力。验证集可帮助评估和调整模型，但并不直接用于模型参数的训练。测试集用于评估模型的最终性能，以反映模型在真实应用场景中的表现。测试集独立于训练集和验证集，其数据在整个训练和验证过程中均没有被使用过，从而可以更客观地评估模型对未知数据的预测能力。

一种最简单、直观的数据集划分方式，是依据给定的比例将数据整体随机划分为训练集、验证集和测试集，一些情况下也可省略验证集。一般来说，训练集应占据整个数据集的 $60\% \sim 80\%$，验证集的 $10\% \sim 20\%$，而测试集的 $10\% \sim 30\%$。常见的数据集划分比例可采用"训练集：验证集：测试集 $=6:2:2$"或"训练集：测试集 $=7:3$"。

为更有效地评估模型性能和选择模型参数，常采用交叉验证（Cross-Validation）技术进行数据集的划分[252]。交叉验证是一种评估机器学习模型泛化能力的统计方法，其通过按一定规则多次划分数据集，并进行模型训练和评估的方式，更准确地评估模型在未知数据上的表现。常用的交叉验证技术包括 K 折交叉验证、留一法交叉验证、分层交叉验证、自助法交叉验证和蒙特卡洛交叉验证等。与随机划分相比，交叉验证技术具有以下优点：

1）更充分地利用数据集：通过多次划分数据集并多次训练模型，每个样本都有机会被用于训练模型和评估模型性能，减少了数据划分可能带来的偏差。

2）更可靠的模型评估：通过对不同数据集划分下的评估结果取平均值，可减少评估结果的方差，提供更可靠的模型性能估计。

3）减少过拟合风险：交叉验证会多次训练模型，因此可以更好地控制模型在特定数据集上的拟合程度，提升模型的泛化能力。

4）参数调优更客观：交叉验证可帮助确定最优的模型参数设定，通过对比不同参数设定下的性能，可确定最优的模型配置，以获得更好的整体性能。

5）适用性广泛：交叉验证方法适用于各种规模的数据集和不同类型的机器学习任务。

2. K 折交叉验证

K 折交叉验证指将数据集等分为 K 个互斥子集（常取 $K=10$ 或 5），每次使用其中一个子集作为验证集，剩余的 $K-1$ 个子集作为训练集，即对模型进行 K 次训练与验证。K 折交叉验证可充分地利用数据，减少数据分布不均匀带来的偏差，对模型泛化能力的评估更稳健，可降低因单次数据划分不合适而引入的偶然性误差。该方法可按以下步骤实现：

1）将数据集划分为 K 个互斥子集。

2）对于每一子集，使用其余 $K-1$ 个子集作为训练集，当前子集作为验证集，训练模型并计算验证误差。

3）重复第 2 步 K 次，每次使用不同的子集作为验证集。

4）计算 K 次验证误差的平均值作为最终的模型性能评估指标。

值得注意的是，尽管一般可在整个数据集上进行 K 折交叉验证，但如果数据量足够大，可预留单独的测试集，并在完成 K 折交叉验证后，使用该测试集来评估最终模型的性能。

3. 留一法交叉验证

留一法交叉验证将每个样本单独作为验证集，其余所有样本作为训练集，每次验证模型训练效果时仅包含一个样本。留一法交叉验证适用于数据量较小或需要尽可能多地利用数据的情况，但该方法的计算成本极高，不适用于大型数据集，且每个模型只使用单个样本进行验证，模型评估可能不稳定。该方法可按以下步骤实现：

1）对于数据集中的每一个样本，将其单独作为验证集，其余样本作为训练集。
2）训练模型并计算每次验证的误差。
3）重复上述步骤 N 次，其中 N 为样本数。
4）计算 N 次验证误差的平均值作为最终的性能评估指标。

4. 分层交叉验证

分层交叉验证是指在每次划分数据集之前，先根据指定的特征（通常为目标变量）对数据集进行分层，再进行随机划分和交叉验证的过程。分层交叉验证可更好地处理样本分布不平衡的问题，并特别适用于分类问题，但可能存在一定的抽样偏差。该方法可按以下步骤实现：

1）根据指定的特征对数据集进行分层。
2）对于每一层，将数据集划分为训练集和验证集。
3）训练模型并计算验证误差。
4）重复上述步骤进行多次（通常 10 次以上）验证。
5）计算多次验证误差的平均值作为最终的性能评估指标。

5. 自助法交叉验证

自助法交叉验证通过有放回地从数据集中抽取样本来构建训练集，而验证集则是未被抽取到的样本。由于自助法允许训练集的样本重复出现，理论上可利用原始数据集的约63.2%进行模型训练。该方法可最大化地利用数据集进行训练和验证，提供模型性能的置信区间，但其引入了重复样本，可能会导致模型在某些样本上过拟合。该方法可按以下步骤实现：

1）从原始数据集中有放回地抽取样本，构建训练集，抽取的样本可能重复出现。
2）未被抽取到的样本构成验证集。
3）训练模型并计算验证误差。
4）重复上述步骤进行多次（通常 10 次以上）验证。
5）计算多次验证误差的平均值作为最终的性能评估指标。

6. 蒙特卡洛交叉验证

蒙特卡洛交叉验证基于随机抽样和统计学方法将数据集随机划分为训练集和验证集。该方法适用于小样本数据集和处理非均匀分布的数据，但由于每次数据集都是通过随机抽样得到的，抽样结果具有不稳定性，可能影响模型的性能。该方法可按以下步骤实现：

1）基于随机抽样方法将数据集划分为训练集和验证集。
2）训练模型并计算验证误差。
3）重复上述步骤多次，通常 100 次及以上。
4）计算多次验证误差的平均值作为最终的性能评估指标。

4.3.4 超参数调优技术

在机器学习中，超参数（Hyperparameters）是不能通过训练数据自动学习得出，需要手动设定的参数[253]。超参数通常用来控制模型的训练过程和性能。常见的机器学习模型超参

数有:

1) 学习率:影响模型参数在每次迭代中的更新步长。

2) 迭代次数:训练过程的终止条件,直接影响模型的拟合效果。

3) 正则化参数:用于控制模型的复杂度,防止过拟合。

4) 核函数参数:核函数及其参数的选择,影响数据映射方式。

5) 树参数:如树的深度、节点最小样本数等,用于控制决策树的生长策略。

6) 集成参数:如随机森林中树的数量、投票集成回归的投票机制等参数。

7) 隐藏层节点数:在神经网络算法中,隐藏层包含的神经元数量,影响模型的容量和复杂度。

超参数调优是提升机器学习模型性能、增强泛化能力、减少过拟合风险的重要技术手段。常用超参数调优技术的基本原理、实现步骤及优缺点对比见表4-3。

表 4-3　常用超参数调优技术

方法	基本原理	实现步骤	优缺点
随机搜索	通过随机抽样的方式来探索超参数空间	1)定义超参数的搜索范围 2)随机选择超参数组合 3)训练模型并评估性能 4)重复步骤2)~3),直到达到预定的迭代次数或找到满意的解	优点:简单高效,受超参数数量的影响小 缺点:无法保证找到最优解,收敛速度较慢
网格搜索	采用穷举法遍历给定超参数网格(超参数所有可能值的笛卡儿积)来找到最优组合	1)定义每个超参数的取值范围和步长 2)创建所有可能超参数组合的网格 3)对于网格中的每个组合,训练模型并评估性能 4)选择性能最优的超参数组合	优点:实现简单直观,可找到给定搜索空间内的最优解 缺点:计算成本随超参数的数量和取值范围呈指数增长;对搜索空间的划分敏感,可能导致局部最优 13
贝叶斯搜索	使用概率模型来预测超参数的性能,并找到最优化的超参数组合	1)选择适当的先验分布 2)随机选择一组超参数作为初始点 3)使用采集函数(如 PI、EI 和 UCB 等)来选择新的超参数组合 4)根据目标函数值更新超参数的后验分布 5)重复步骤3)~4),直到找到最优解或满足停止条件	优点:能够高效地在大型超参数空间中找到全局最优解 缺点:对初始点的选择较为敏感
进化策略	通过模拟生物进化过程中的遗传和突变来优化超参数	1)随机初始化种群,每一个体代表一组超参数组合 2)评估每个个体的适应度(模型性能) 3)选择适应度高的个体进行繁殖 4)通过交叉(组合不同个体的超参数)和变异(随机改变超参数)生成新的个体 5)重复步骤2)~4),直到满足停止条件	优点:能够处理复杂的搜索空间,不需要梯度信息 缺点:计算成本高、收敛速度慢
自动化学习	使用元学习或强化学习等技术来自动实现超参数调优	1)定义超参数空间和性能指标 2)应用元学习或强化学习算法来选择超参数 3)训练模型并评估性能 4)根据性能反馈调整搜索策略 5)重复步骤3)~4),直到找到最优解	优点:自动化流程,减少了人工干预,可处理复杂的机器学习任务 缺点:需要大量的计算资源,对于特定问题可能不够灵活

4.3.5　模型性能评价

机器学习回归分析中，模型性能评价指标是衡量模型预测准确性的重要工具。常用评价指标如下：

（1）决定系数（R-squared，R^2）　衡量模型对数据变异性的解释能力，反映模型预测值与实际值的接近程度（拟合度），取值范围 $[0, 1]$。R^2 接近 1 表示模型能解释数据的大部分变异，越接近 0 表示解释能力越差。R^2 不能直接反映误差大小，且当数据集的方差较小时，可能具有误导性。R^2 可采用下式计算

$$R^2 = 1 - \frac{\sum_{i=1}^{n}(Y_i - \hat{Y}_i)^2}{\sum_{i=1}^{n}(Y_i - \overline{Y})^2} \tag{4-36}$$

式中　n——样本数量；

　　　Y_i——第 i 个样本目标变量的观测值；

　　　$\hat{Y}_i$——第 i 个样本目标变量的预测值；

　　　$\overline{Y}$——所有样本目标变量的平均值。

（2）校正决定系数（Adjusted R^2）　考虑了模型中变量数量的 R^2 修正值，用于更公平地比较不同模型。校正 R^2 通过惩罚模型复杂度，避免了过拟合问题。通常情况下，校正 R^2 数值会小于标准 R^2。校正 R^2 可采用下式计算

$$\text{Adjusted } R^2 = 1 - (1 - R^2)\left(\frac{n-1}{n-p-1}\right) \tag{4-37}$$

式中　p——解释变量的数量；

（3）解释方差得分（Explained Variance Score，EVS）　衡量模型能够解释因变量方差的比例，取值范围 $[0, 1]$。EVS 反映了模型所能解释的数据波动部分，EVS 越高表示模型对数据的拟合越好，解释能力越强。EVS 可采用下式计算

$$\text{EVS} = 1 - \frac{\text{Var}(Y - \hat{Y})}{\text{Var}(Y)} = 1 - \frac{\sum_{i=1}^{n}(e_i - \overline{e})^2}{\sum_{i=1}^{n}(Y_i - \overline{Y})^2} \tag{4-38}$$

式中　e_i——第 i 个样本预测结果的残差，$e_i = Y_i - \hat{Y}_i$；

　　　$\overline{e}$——残差的平均值。

（4）均方误差（Mean Squared Error，MSE）　预测误差的平方和的平均值，衡量预测值与实际值差异的平方的平均数。MSE 越小，表示模型预测越准确。MSE 常在训练过程中用于模型参数的调整，但对异常值极为敏感。MSE 可采用下式计算

$$\text{MSE} = \frac{1}{n}\sum_{i=1}^{n}(Y_i - \hat{Y}_i)^2 \tag{4-39}$$

（5）均方根误差（Root Mean Squared Error，RMSE）　MSE 的平方根，提供了与原始数据相同单位的误差度量，易于直观理解，但同样对异常值敏感。RMSE 可采用下式计算

$$RMSE = \sqrt{MSE} = \sqrt{\frac{1}{n} \sum_{i=1}^{n} (Y_i - \hat{Y}_i)^2} \tag{4-40}$$

（6）平均绝对误差（Mean Absolute Error，MAE）　预测误差绝对值的平均值，衡量预测值与实际值差异的平均数。MAE 易于理解和计算，对异常值具有较好的鲁棒性。MAE 可采用下式计算

$$MAE = \frac{1}{n} \sum_{i=1}^{n} |Y_i - \hat{Y}_i| \tag{4-41}$$

（7）平均绝对百分比误差（Mean Absolute Percentage Error，MAPE）　预测误差绝对值与实际值的比值的平均数，以百分比形式表示。MAPE 越低表示模型的预测能力越好，适用于比较不同规模的预测问题，但当实际值为零或非常小时难以使用。MAPE 可采用下式计算

$$MAPE = \frac{100\%}{n} \sum_{i=1}^{n} \left| \frac{Y_i - \hat{Y}_i}{Y_i} \right| \tag{4-42}$$

（8）平均偏差误差（Mean Bias Error，MBE）　预测值与实际值之间的平均差异，可反映模型是否存在系统性偏差。MBE 可为正数或负数，正数表示模型预测偏高，负数表示模型预测偏低。若 MBE 接近零，表示模型的预测基本符合真实值的平均水平。MBE 计算时正、负误差可能相互抵消，结果可直接反映整体偏差的方向，但无法反映误差的离散程度。MBE 可采用下式计算

$$MBE = \frac{1}{n} \sum_{i=1}^{n} (\hat{Y}_i - Y_i) \tag{4-43}$$

（9）相对绝对误差（Relative Absolute Error，RAE）　用于衡量预测值与真实值之间的平均绝对误差相对于真实值的平均绝对偏差的比例。RAE 越小，模型的预测能力越好，但对异常值敏感，且真实值接近零时可能会放大误差。RAE 可采用下式计算

$$RAE = \frac{\sum_{i=1}^{n} |Y_i - \hat{Y}_i|}{\sum_{i=1}^{n} |Y_i - \overline{Y}|} \tag{4-44}$$

在上述评价指标中，R^2、RMSE 和 MAPE 是机器学习回归分析中最常用的三个模型性能评价指标[242]。此外，模型的性能也可通过残差图等可视化方法进行展示与分析。

4.3.6　模型解释

多数机器学习模型均是黑箱模型，其内部运行原理难以解释。随着对人工智能技术应用需求的不断增加，研究和应用中对模型如何做出预测或决策的透明度和可理解性需求日益增强。为此，出现了局部依赖图（Partial Dependence Plot，PDP）、特征重要性分析和 SHAP（SHapley Additive exPlanations）等模型解释方法，用于理解模型行为和预测结果的影响因素。模型解释通过提供模型内部运作的可理解性，增强对预测或决策的信任度。它帮助识别误差来源，提高模型的准确性与公平性，从而促进机器学习算法在各领域应用的可靠性和接受度。

（1）局部依赖图　保持其他特征变量值不变的情况下，显示了一个或多个特征变量对

模型预测结果的影响。它通过分析特征的单变量效应来解释其与目标变量预测之间的关系。局部依赖图可直观展示特征对模型输出的影响，适用于处理高维数据，并有助于发现关键特征，但其假设其他特征的值是固定的，不能捕捉特征之间的复杂交互作用。

（2）特征重要性分析　用于衡量模型中各特征对预测结果的贡献程度，从而帮助识别关键特征。该方法常通过模型内部的指标（如基于树模型的特征重要性度量、线性模型的系数大小等）来评估特征在预测过程中的重要性。特征重要性分析可快速识别对模型预测结果影响最大的特征，但可能无法准确反映高维数据中特征的相互作用。

（3）SHAP　一种基于博弈论的解释方法。SHAP 结合了特征重要性分析和局部解释，能够捕捉特征之间的交互作用，反映每个特征对模型预测的贡献。SHAP 值通过计算所有可能特征组合的边际贡献，并根据 Shapley 公式加权平均得到。该方法能够捕捉特征之间的复杂交互作用，适用于任何类型的机器学习模型，但计算成本较高，用于大型数据集和复杂模型时，计算时间和资源配置需求大。

4.4　实例分析

4.4.1　数据处理

1. 数据收集

本研究以混凝土居住建筑为对象，收集建筑样本数据信息。具体来说，本研究考虑了建筑类型（BT）、建筑高度（BH）、建筑面积（BA）、基础类型（FT）、结构体系（SF）、抗震设防烈度（SI）、抗震等级（SG）、交付类型（DT）、装配式技术（PT）、建设地点（BL）、地理区域（GR）、项目成本（PC）和材料成本（MC）等建筑特征，并统计了钢材、混凝土、水泥、砖和砌块、预制构件、砂浆、砂石、门窗、木材、防水材料、保温材料、装饰板材、地板、油漆、装饰石材和其他装饰材料等各类建材的消耗量。为保证数据的可靠性，避免数据缺失的影响，研究中剔除了存在数据缺失情况的原始样本，建立了包含 850 个居住建筑样本的案例库[254]。

2. 数据清洗

居住建筑样本来自多个数据源，在数据信息获取、记录和处理过程中可能出现异常值。为消除异常数据对预测算法建模的不利影响，对收集的原始数据按以下方式进行了清洗：

1）若建筑样本缺少有关建筑特征和材料消耗的关键数据信息，则删除缺少关键信息的样本。

2）若只有少数次要信息缺失，则参考具有类似建筑特征的样本补全相关信息。

3）采用孤立森林算法检测潜在的异常值，并将其从案例库中剔除。异常建筑样本的比例取 5%。

通过上述数据清洗，保留了 807 个建筑样本用于后续分析。此外，为减轻数据尺度对模型训练效果的影响，提高模型（采用梯度下降等优化技术的模型）收敛速度，对数据进行了 Min-Max 归一化处理，将变量的原始值缩放至 0~1。

3. 特征筛选

合理确定解释变量是建立居住建筑隐含碳排放强度预测模型的关键。一般来说，建筑设计过程可分为方案设计、初步设计和施工图设计三个基本阶段。不同设计阶段中，建筑样本数据信息的详细度和准确性差异显著。在方案设计阶段，尚未形成详细的建筑设计，仅能够获得建筑基本特征信息和投资估算等数据指标。在初步设计阶段，完成了建筑与结构基本布局的设计，但建筑构部件的设计与施工细节尚未确定。这一阶段可较方便地估计钢材（ST）、混凝土（CC）、预制构件（PM）、砖和砌块（BB）及门窗（WD）等主要材料的消耗量。在施工图设计阶段，完成了建筑与结构的详细设计。此时，建筑材料的消耗量可从工程量清单或建筑信息模型中获得，相应隐含碳排放量可依据活动数据采用排放因子法计算。因此，本研究旨在实现方案设计和初步设计等早期阶段的隐含碳排放预测，为低碳设计和建造提供参考。为构建预测模型，本研究初步确定本节介绍的 13 个建筑基本特征及 5 种主要材料为可选解释变量。

上述初步确定的建筑特征之间可能存在相关性，导致模型构建时出现多重共线性问题。为此，本研究首先使用 Spearman 相关系数检验不同建筑特征的相关性程度。图 4-3 展示了相关系数的热力图，其中相关性的强弱通过颜色差异进行可视化。一般来说，若两个特征的相关性系数绝对值超过 0.6，则二者具有强相关性。根据这一标准，可发现以下 3 组特征之间存在强相关性：①BT、BH 和 BA；②SI 和 SG；③PC 和 MC。因此，在后续模型构建时，剔除了部分具有高度相关性的建筑特征，并最终保留了包含 BH、SF、SI、DT、GR、PT 和 MC 的 7 个特征变量。

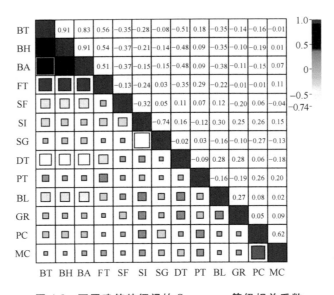

图 4-3 不同建筑特征间的 Spearman 等级相关系数

此外，本研究采用方差膨胀因子（VIF）识别上述 7 个建筑特征和 5 种材料消耗量的多重共线性问题。图 4-4 给出了所有解释变量的取值范围和分布情况。由于这些变量的 VIF 远小于 10，故不存在严重的多重共线性。值得注意的是，考虑到 PT 和 PM 的 VIF 超过了 6，数值相对较高，后续建模过程中二者不同时作为解释变量，以进一步降低共线性风险。此外，根据收集的建筑样本，表 4-4 给出了数值型特征变量 BH、SI、MC、ST、CC、PM、BB、WD 和 ECI 的统计指标。

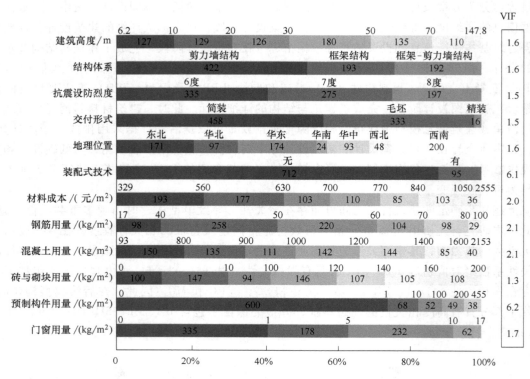

图 4-4　807 个居住建筑样本的概况

表 4-4　特征变量的统计指标

特征	最小值	最大值	平均值	中位数	标准差
建筑高度/m	6.20	147.80	36.78	32.50	25.50
抗震设防烈度	6.00	8.00	6.83	7.00	0.79
材料成本/(元/m²)	46.72	264.57	98.42	92.19	25.94
钢材消耗量/(kg/m²)	16.61	99.81	54.41	52.04	13.21
混凝土消耗量/(kg/m²)	92.84	2153.33	1070.00	1010.23	310.52
砖与砌块消耗量/(kg/m²)	0	388.64	123.22	129.76	71.42
预制构件消耗量/(kg/m²)	0	455.35	23.92	0	65.75
门窗消耗量/(kg/m²)	0	17.50	3.47	1.42	3.89
隐含碳排放强度/(kgCO₂ₑ/m²)	208.33	673.32	389.68	385.28	78.56

4.4.2　模型构建

1. 算法选择与特征组合

本研究通过对比 12 种预测算法的性能，确定隐含碳排放强度的最优预测模型，具体包括 MLR、RD、BR、EN、BPANN、K-NN、SVR、GB、XGB、HGB、RF 和 ET。此外，建筑方案和初步设计阶段，可获取的数据信息完整性和准确性存在一定差异。因此，本研究设计了 6 种不同的特征变量组合情景，适用于实现不同设计阶段的隐含碳排放强度预测。表 4-5

总结了每种特征组合的详细情况。

表 4-5　特征变量的组合情景

阶段	编号	特征类型	特征变量
方案设计	1-BFH	建筑特征信息	建筑高度
	2-BFA		建筑高度、结构体系、抗震设防烈度、交付形式、地理位置和材料成本
初步设计	3-MCS	材料消耗量	钢材、混凝土和预制构件消耗量
	4-MCB		钢材、混凝土、预制构件、砖与砌块消耗量
	5-MCW		钢材、混凝土、预制构件、砖与砌块、门窗消耗量
	6-FAM	建筑特征信息与材料消耗量	建筑高度、结构体系、抗震设防烈度、交付形式、地理位置、装配式技术、材料成本，以及钢材、混凝土、砖与砌块消耗量

对于方案设计阶段，模型仅考虑基本建筑特征作为输入变量。已有对于不同功能类型建筑的研究中，建筑高度和隐含碳排放的相关性可能呈现相反趋势[97,255]。为揭示建筑高度对居住建筑的影响，情景 BFH 将其作为单一变量进行隐含碳排放强度的预测。相比之下，情景 BFA 尝试增加模型所涵盖建筑特征的多样性来提高预测性能。对于初步设计阶段，预测模型考虑采用建筑特征和主要材料消耗量作为解释变量。其中，情景 MCS 仅以钢材、混凝土和预制构件三种结构材料的消耗量为变量；情景 MCB 和 MCW 额外考虑了其他 1~2 种材料以反馈装饰装修材料的影响；而情景 FAM 通过整合 7 个建筑特征及 3 种主要材料消耗量来增强模型的解释能力。上述 6 个特征变量组合情景与 12 种机器学习算法相结合，得到了 72 个隐含碳排放强度的预测模型。通过这些模型的性能对比，分别确定方案设计和初步设计阶段的最优模型。值得注意的是，构建模型时也尝试了其他特征变量组合，但模型性能不佳，故分析中未详细说明。

2. 性能评估

机器学习模型的性能可采用多种统计指标描述。本研究采用 R^2、RMSE 和 MAPE 三个最为常用的指标。其中，R^2 用于评估回归模型的预测能力，RMSE 和 MAPE 用于描述预测结果的误差。

3. 交叉验证与超参数调优

建立预测模型时将数据集分为训练子集和测试子集，比例为 7∶3，并采用十折交叉验证对训练子集做进一步划分。此外，本研究采用的 12 种机器学习算法大都有超参数，这些超参数可显著影响模型的性能和泛化能力，故建模时采用贝叶斯优化与交叉验证相结合，完成各算法的超参数调优。

4.4.3　性能对比

1. 情景 1-BFH

图 4-5 比较了情景 BFH 中隐含碳排放强度的计算值与预测值。4 种线性学习模型在测试集上的预测准确性均较差，相应 R^2 低于 0.1，MAPE 超过 0.16。其他单一学习模型中，K-NN 算法的性能略优，测试集上的 R^2 和 MAPE 分别为 0.254 和 0.136。相比之下，集成学习模型的性能有进一步提升，其中 HGB 模型在 R^2 方面表现最佳，达到 0.307。在预测准确性

方面，基于树的算法约有 50% 的预测值落在 ±10% 参考线所包含的范围内。ET 模型具有最低的预测偏差，以 MAPE 衡量约为 13.0%。上述结果表明，由于其他多样化建筑特征取值变异性的影响，当采用建筑高度为单一变量建立建筑隐含碳排放强度的预测模型时，模型的解释能力十分有限。

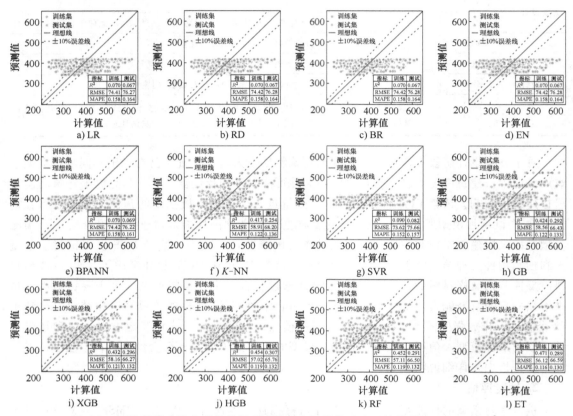

图 4-5　BFH 情景中隐含碳排放强度预测值与计算值对比（计量单位：$kgCO_{2e}/m^2$）

2. 情景 2-BFA

图 4-6 比较了情景 BFA 中隐含碳排放强度的计算值与预测值。所有模型的性能均比情景 BFH 有显著提高。在线性学习算法方面，模型在测试集上的 R^2 和 MAPE 分别约为 0.5 和 0.11。在其他学习模型中，所有模型的预测性能与线性模型相比均有提高。其中，基于树的预测模型准确性更好，超过 90% 预测值的相对误差在 ±10% 的范围内。上述结果表明，增加建筑特征信息的变量数时，集成模型的预测准确性提高，但考虑训练集和测试集的 R^2 差异，需关注模型的泛化能力。通过综合评估模型准确性和泛化能力，本情景下的最佳预测模型确定为 ET 模型，其在测试集上的 R^2 和 MAPE 分别为 0.821 和 0.054。

3. 情景 3-MCS

图 4-7 比较了初步设计阶段情景 MCS 中隐含碳排放强度的计算值与预测值。基于钢材、混凝土和预制构件三种结构材料，单一模型在预测隐含碳排放强度方面的性能相近，相应测试集上的 R^2 为 0.50~0.52，MAPE 约为 11%。相比之下，基于树的集成模型的预测结果略好。其中，HGB 模型在训练集上的性能最佳，而 ET 模型在测试集上具有最好的准确性和解

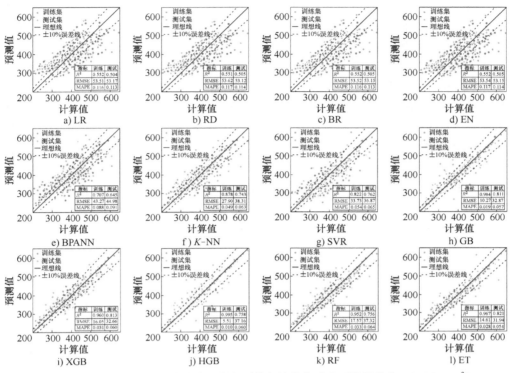

图 4-6　BFA 情景中隐含碳排放强度预测值与计算值对比（计量单位：$kgCO_{2e}/m^2$）

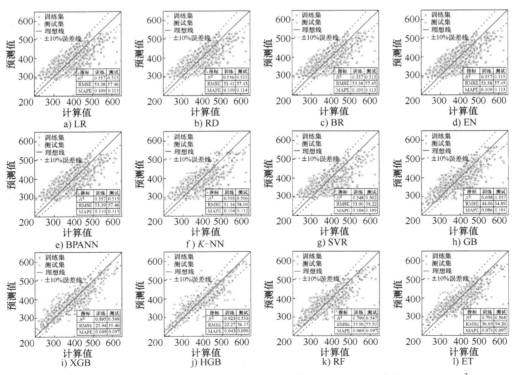

图 4-7　MCS 情景中隐含碳排放强度预测值与计算值对比（计量单位：$kgCO_{2e}/m^2$）

释能力。约 75% 的模型预测值落在 ±10% 误差范围内，模型可解释目标变量 56.8% 的变异性。上述结果表明，仅依靠结构材料无法获得令人满意的隐含碳排放预测结果，因为该情景不能考虑建筑装饰情况的影响。

4. 情景 4-MCB

图 4-8 比较了情景 MCB 中隐含碳排放强度的计算值与预测值。与仅使用结构材料消耗量作为解释变量的情景 MCS 相比，增加砖与砌块消耗量作为解释变量可明显提高模型的性能。BPANN 和 SVR 模型的性能与线性模型接近，而 K-NN 算法的 R^2 和 MAPE 分别达到 0.654 和 0.083。此外，基于树的集成模型性能更为突出。其中，XGB 模型在训练集上的性能最佳，且在测试集上的预测误差 MAPE 最低（0.079），但 ET 模型具有更好的解释能力，相应测试集上的 R^2 为 0.714。这两个模型与情景 MCS 中最佳模型的性能指标相比，约有 20% 的提升。

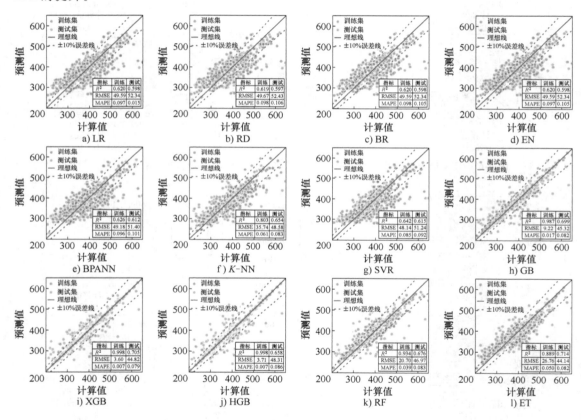

图 4-8　MCB 情景中隐含碳排放强度预测值与计算值对比（计量单位：$kgCO_{2e}/m^2$）

5. 情景 5-MCW

图 4-9 比较了情景 MCW 中隐含碳排放强度的计算值与预测值。在这一情景中，进一步考虑了作为代表性装饰材料的门窗。此时，所有模型的性能均比情景 MCB 中的模型有所提高。具体来说，四个线性模型的性能指标几乎相同，测试集上的 R^2 和 MAPE 分别为 0.733 和 0.071。产生这一结果的可能的原因是所选特征是统计独立的，导致 RD、BR 和 EN 模型中的正则化对预测结果的影响有限。在其他模型中，SVR 模型的解释性和准确性显著低于

K-NN 和基于树的模型。HGB 模型在测试数据集上的 R^2 和 MAPE 值最高，分别为 0.822 和 0.053。此外，通过对比几种基于树的模型在训练集与测试集上性能指标的变化程度，发现 HGB 模型也具有相对较好的泛化能力。

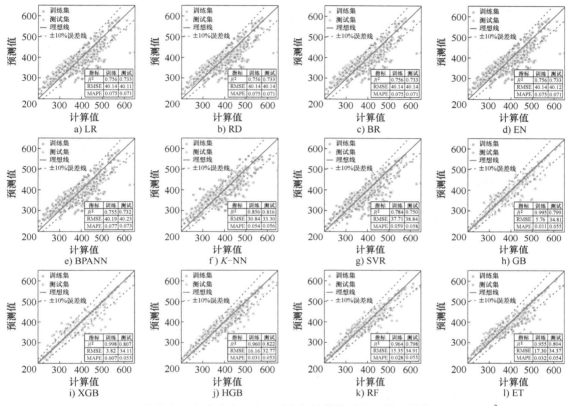

图 4-9　MCW 情景中隐含碳排放强度预测值与计算值对比（计量单位：$kgCO_{2e}/m^2$）

6. 情景 6-FAM

图 4-10 比较了情景 FAM 中隐含碳排放强度的计算值与预测值。结果表明，将建筑特征和主要材料消耗量同时纳入模型可比采用单独一类变量时获得更好的模型性能。由于各解释变量的 VIF 远小于阈值，变量间具有良好的独立性，故 4 个线性模型的性能指标相近，测试集上的 R^2 和 MAPE 分别约为 0.798 和 0.065。BPANN、K-NN 和 SVR 模型的 R^2 略高于线性模型，但预测误差与线性模型接近。而其他集成模型均表现出令人满意的性能。其中，XGB 模型在训练集和测试集上均具有最佳的解释能力与预测准确性。该模型的 R^2 和 MAPE 分别为 0.919 和 0.038，测试集中超过 95% 的预测值落在 ±10% 的误差范围内。因此，该模型是本情景中隐含碳排放强度预测的最佳解决方案。

4.4.4　模型解释

通过对比基于不同特征变量组合开发的 72 个模型，表 4-6 总结了每一变量组合情景下居住建筑隐含碳排放强度预测的最佳模型。显然，不同变量组合情景下的最优机器学习算法存在一定的差异。对于方案设计阶段的隐含碳排放预测，基于情景 BFA 的 ET 模型是最佳解

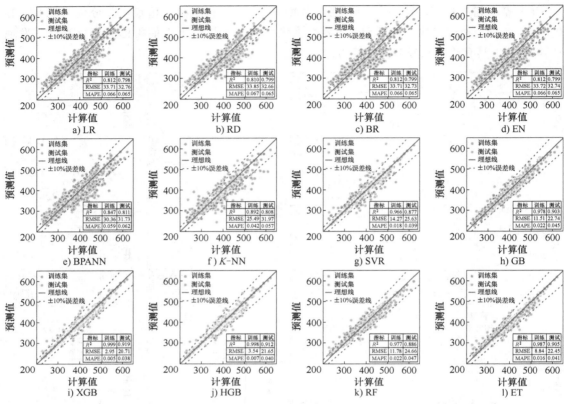

图 4-10　FAM 情景中隐含碳排放强度预测值与计算值对比（计量单位：$kgCO_{2e}/m^2$）

决方案，其使用了建筑高度、结构体系、抗震设防烈度、交付形式、地理区域和材料成本 6 个特征。该模型能有效解释目标变量 82% 以上的变异性，测试集上的平均相对误差约为 5.4%。对于初步设计阶段，情景 MCW 中以 5 种主要材料消耗量作为解释变量的 HGB 模型，其性能与上述 ET 模型相近。然而，情景 FAM 中以 10 个有关建筑特征和主要材料消耗量作为解释变量的 XGB 模型表现最佳。该模型能解释目标变量超 90% 的变异性，且大多数测试集样本预测结果的相对误差低于 5%。

表 4-6　不同特征组合情景下的最优预测模型

设计阶段	情景	最优模型	训练集			测试集		
			R^2	RMSE	MAPE	R^2	RMSE	MAPE
方案设计阶段	BFH	HGB	0.454	57.02	0.119	0.307	65.76	0.132
	BFA	ET	0.967	14.61	0.028	0.821	31.94	0.054
初步设计阶段	MCS	ET	0.791	36.69	0.071	0.568	54.20	0.097
	MCB	ET	0.889	26.76	0.050	0.714	44.14	0.082
	MCW	HGB	0.960	16.16	0.031	0.822	32.77	0.053
	FAM	XGB	0.999	2.95	0.005	0.919	20.71	0.038

此外，本研究进一步论证了模型的可解释性。鉴于大多数机器学习模型的固有不透明性，本研究采用 SHAP 技术对各特征的影响进行分析。图 4-11 展示了情景 BFA 中 ET 模型

和情景 FAM 中 XGB 模型的 SHAP 图。图中每个点对应某一建筑样本的特征。其中，y 轴代表选取的特征，x 轴通过 SHAP 值反映特征的影响。

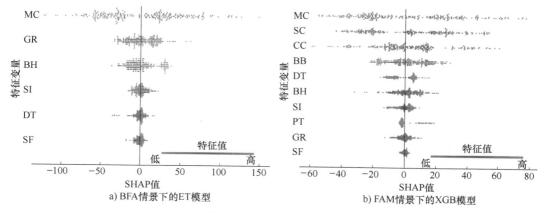

图 4-11　SHAP 分析结果

图 4-11a 展示了在情景 BFA 中 ET 模型的 SHAP 值。由图可知，材料成本是解释模型的最重要特征变量，相对重要性约为 51.6%。其他有显著影响的特征包括地理区域和建筑高度，相对重要性分别为 17.2% 和 16.1%。图 4-11b 展示了在情景 FAM 中 XGB 模型的 SHAP 值。该模型主要依赖材料成本、混凝土消耗、钢材消耗及砖与砌块消耗等特征来进行预测，这 4 个特征的累计相对特征重要性约为 80%。

此外，基于特征重要性分析的结果，剔除了 PT、GR 和 SF 这 3 个影响最小的因素后，剩余的 7 个特征的累计相对特征重要性达 94%。与原始 XGB 模型相比，基于这 7 个特征的简化 XGB 模型仍具有令人满意的预测性能。该简化模型在测试集上的 R^2、RMSE 和 MAPE 分别为 0.874、26.44 和 0.045。因此，特征重要性分析在保证模型性能的前提下，可通过筛选主要特征降低模型的复杂度。

4.4.5　主要结论与建议

本实例建立了包含 850 个居住建筑样本的案例库，并开发了不同建筑设计阶段的隐含碳排放强度预测模型。基于建筑基本特征和主要材料消耗的数据信息，本实例设计了 6 个特征变量组合情景，并采用了 12 种机器学习算法开发了共 72 个预测模型。通过比较这些模型的泛化能力、可解释性和准确性，确定了方案设计和初步设计阶段隐含碳排放预测的最佳模型。本实例分析的主要结论如下：

1) 对于方案设计阶段的隐含碳排放预测，以建筑高度为单一特征变量的模型无法提供令人满意的模型性能，相应 R^2 低于 0.4。基于建筑高度、结构体系、抗震设防烈度、交付形式、地理区域和材料成本的特征变量组合，预测更为准确。这一情景下，极端随机树模型的表现最佳，相应测试集上的 R^2 和 MAPE 分别为 0.821 和 0.054。

2) 对于初步设计阶段，整合建筑基本特征和主要材料消耗量作为特征变量，可显著提高隐含碳排放强度预测模型的性能。基于建筑高度、结构体系、抗震设防烈度、交付形式、地理区域、装配式技术、材料成本及钢材、混凝土和砖（砌块）消耗量的 XGB 模型性能最佳。该模型在可解释性和准确性方面表现出色，在测试数据集上的 R^2 和 MAPE 分别为

0.919 和 0.038。

3）SHAP 分析结果表明，材料成本是方案设计阶段预测隐含碳排放强度的最重要特征，其次是地理区域和建筑高度。相比之下，初步设计阶段材料成本、钢材消耗和混凝土消耗是三个主要的特征。

值得注意的是，未来通过增加样本数量扩展建筑案例库时，大量建筑信息和工程数据的处理可能会给模型训练带来新的挑战。为此，可从以下几个方面对本实例提出的模型进行改进：

1）特征选择在建立机器学习模型时十分关键。为实现模型性能和计算成本的平衡，可在扩展数据集的同时，采用 PCA 等维度约简方法进行特征的进一步筛选，从而减少模型训练时间，提高模型性能。

2）机器学习模型的超参数需谨慎设置。当显著增加样本数时，可结合基于小样本得到的参数调优结果对模型超参数做改进。通过利用现有知识与经验，可在处理大数据样本时缩小超参数的取值空间，加速参数调优过程。

3）本研究以混凝土居住建筑的隐含碳排放预测模型为目标，当考虑其他类型的建筑时，模型的适用性有待进一步分析与验证。此外，后续研究可考虑利用迁移学习算法[256]，实现在微调模型的基础上，更为高效地扩大模型的应用范围。

本章小结

本章以混凝土建筑隐含碳排放指标预测为对象，采用机器学习算法建立了方案设计与初步设计两阶段的预测模型。通过与传统回归分析方法对比，基于适用范围、模型性能等方面的优势，本研究采用机器学习建立了隐含碳排放强度预测模型框架，系统性总结并对比了数据处理与特征筛选方法、常用机器学习算法与优缺点，以及机器学习回归分析中常用的交叉验证、超参数调优、性能评价与模型解释方法。最终通过对混凝土居住建筑的实例分析，采用 12 种学习算法、6 类变量组合情景构建了 72 个机器学习预测模型，对比模型性能的基础上提出了不同设计阶段的最优隐含碳排放预测模型，并采用 SHAP 方法进行了模型解释。本章建立的预测模型可为设计早期的碳排放指标估计与控制提供高效的算法工具。

第5章

混凝土材料的低碳设计

本章导读

　　混凝土是建筑工程中使用最为广泛的一种建筑材料，具有组成材料来源丰富、成本低、可塑性强、力学性能与耐久性好等诸多优点。混凝土材料的性能与其配合比密切相关。传统的配合比设计方法需结合经验计算与试验分析综合确定，过程较为复杂。具体而言，传统的混凝土配合比设计较为依赖工程经验，但受原材料和环境条件的影响，难以通过统一的公式准确计算混凝土的配合比，需要进行反复试配与试验，以满足混凝土的性能要求。在设计指标方面，传统配合比设计方法以混凝土的强度、耐久性和和易性为主要控制目标。在初步设计配合比时，可根据经验公式计算混凝土强度，但该公式仅考虑了水胶比与粗骨料品种的影响，适用范围与准确性受限。此外，尽管通过控制水胶比等参数考虑了对材料成本的影响，但缺乏成本的量化计算。在建筑与建材行业节能降碳、积极稳妥推进碳达峰碳中和目标的背景下，混凝土材料的碳排放和隐含能也十分重要，而传统的配合比设计方法无法考虑这些可持续性指标的影响。为此，本章以混凝土材料的低碳设计为对象，在总结混凝土配合比传统设计方法的基础上，通过构建已有混凝土配合比试样的大数据样本，采用机器学习方法构建混凝土强度和耐久性评价指标的智能预测模型，并综合考虑混凝土的材料性能、成本、碳排放与隐含能建立配合比的多目标优化设计方法，并给出实例分析。本章内容的组织框架如图5-1所示。

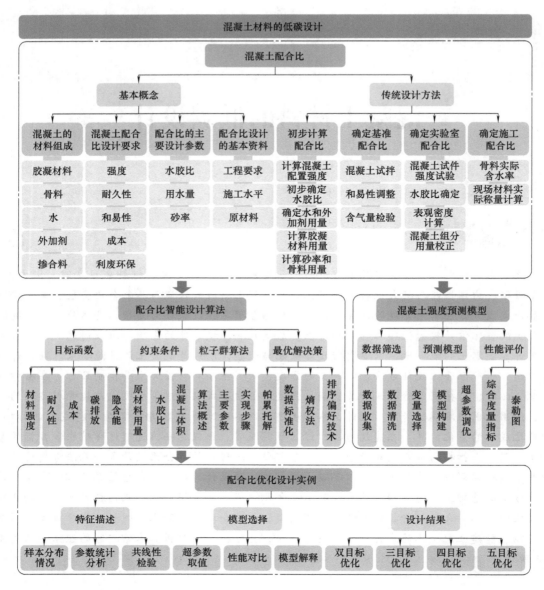

图 5-1　本章内容组织框架

5.1　混凝土配合比

5.1.1　基本概念

1. 混凝土的材料组成

混凝土是以胶凝材料（水泥、沥青、石膏等）、骨料（或称为集料）和水为主要原料，也可加入外加剂和矿物掺合料等原料，按适当比例配合、拌和制成的混合料，经一定时间硬化后形成具有一定强度的人造石材[257]。

胶凝材料是混凝土中水泥和矿物掺合料的总称。普通混凝土中水泥是最为常用的水硬性胶凝材料，其品种和强度对混凝土的性能有显著影响。

细骨料指粒径小于 4.75mm 的骨料，也常称为砂，并分为天然砂和人工砂两大类。天然砂是由天然岩石长期风化等自然条件形成的，包括河砂、海砂和山砂等；人工砂是由岩石经除土开采、机械破碎、筛分而成的岩石颗粒。而常用粗骨料有卵石（砾石）和碎石，卵石是由自然风化、水流搬运和分选堆积形成的岩石颗粒，碎石是由天然岩石、卵石或矿山废石经机械破碎、筛分制成的岩石颗粒。

混凝土用水包含拌合用水和养护用水，要求不妨碍混凝土的凝结硬化，不影响强度和耐久性，且不含有污染混凝土表面或能加快混凝土中钢筋锈蚀的成分。

混凝土外加剂是拌和过程中用以调整和改善混凝土性能（如流变性能、凝结硬化时间、耐久性等）的物质，掺量通常小于水泥用量的 5%；而掺合料是为节约水泥、改善混凝土性能、调节混凝土强度而加入的天然或人造矿物，如粉煤灰、矿渣、硅灰、钢渣等。

2. 混凝土配合比设计要求

上述各种组分对混凝土的性能具有显著影响，故配合比优化设计是提高混凝土的强度、耐久性、和易性与经济性等的重要手段。配合比是指依据原材料技术性能、施工条件和所需混凝土性能指标而设计的混凝土中各种组分的比例关系。通常来说，混凝土的配合比设计需满足以下基本要求：

1）满足结构设计所需的混凝土强度，GB/T 50010—2010《混凝土结构设计标准》[258]规定，素混凝土结构的混凝土强度等级不应低于 C20，钢筋混凝土结构的混凝土强度等级不应低于 C25。

2）具有与使用环境相适应的耐久性，即在长期使用过程中，抵抗外部环境和自身因素的不利影响，保持原有性质的能力，如抗渗性、抗冻性、抗侵蚀性等。

3）满足施工所需的混凝土和易性，即混凝土拌合物便于各项施工操作，并能获得质量均匀、成型密实的混凝土，包括流动性、黏聚性和保水性等。

4）在保证材料与施工质量的前提下，尽量节约成本、利废环保。

3. 配合比的主要设计参数

水胶比、单位用水量和砂率是混凝土配合比设计的三个重要参数，直接影响着混凝土的技术性能和经济效益。水胶比是指水与胶凝材料的比例关系；单位用水量是指配制 $1m^3$ 混凝土的用水量，代表了混凝土中水与固体材料的比例关系；而砂率是指细骨料与粗骨料的比例关系。

1）水胶比直接影响混凝土的强度和耐久性。一般来说，水胶比越小，混凝土的强度越高、耐久性越好，但会增加胶凝材料的用量与成本，同时水化过程中会产生过多的热量，影响混凝土的性能。水胶比一般按强度要求计算，并根据耐久性要求复核。混凝土强度与水胶比近似满足以下线性关系表达式

$$f_{cu,0} = \alpha_a f_{ce}\left(\frac{C}{W} - \alpha_b\right) \tag{5-1}$$

式中　$f_{cu,0}$——混凝土 28d 龄期的抗压强度估计值；

f_{ce}——水泥 28d 龄期的抗压强度实测值；

α_a——经验回归系数，采用碎石时为 0.53，采用卵石时为 0.49；

α_b——经验回归系数，采用碎石时为 0.20，采用卵石时为 0.13；

C——$1m^3$ 混凝土中水泥的用量；

W——$1m^3$ 混凝土中水的用量。

进一步考虑矿物掺合料作为胶凝材料，上述经验计算公式可改写为

$$f_{cu,0} = \alpha_a f_b \left(\frac{B}{W} - \alpha_b \right) \tag{5-2}$$

式中　f_b——胶凝材料（水泥与矿物掺合料按设计混合）的 28d 龄期胶砂强度；

B——$1m^3$ 混凝土中水泥和矿物掺合料的用量。

当胶凝材料的 28d 龄期胶砂抗压强度无实测值时，可按下式计算

$$f_b = \gamma_f \gamma_s f_{ce} \tag{5-3}$$

式中　γ_f——粉煤灰的影响系数；

γ_s——粒化高炉矿渣粉的影响系数。

2）单位用水量是影响混凝土流动性的主要因素。水胶比确定后，单位用水量越大，混凝土的流动性越大，但同时胶凝材料用量也增加，混凝土的黏聚性和保水性会变差。水胶比可依据骨料品种、规格及施工坍落度要求按经验或试验确定。

3）砂率会影响混凝土的流动性、黏聚性和保水性，应在保证混凝土黏聚性和保水性的前提下，尽量选取较小的砂率以降低水泥用量并改善混凝土的某些性能。砂率通常采用经验或半经验方法确定。

4. 配合比设计的基本资料

配合比设计的目标是得到满足性能要求的混凝土，故通常需要依据以下基本资料进行设计：

1）为确定混凝土的和易性、集料的最大粒径、配制强度、最大水胶比、最小水泥用量、混凝土强度标准差等，需掌握设计要求的混凝土强度等级、混凝土结构所处环境条件、抗渗和抗冻等级、构件截面最小尺寸与配筋情况、搅拌和运输方式、坍落度要求、施工质量管理水平等。

2）为确定用水量、砂率，并最终确定混凝土的配合比，需掌握原材料品种和性能指标，包括水泥的品种、强度和密度，细骨料的品种、密度、吸水率、含水率、颗粒级配和粗细程度，粗骨料的品种、密度、吸水率、含水率、颗粒级配、最大粒径、杂质与有害物质含量，拌合水的水质或水源，外加剂的品种、名称和特性等。

5.1.2　传统设计方法

1. 基本步骤

传统的混凝土配合比设计需结合经验计算与试验完成。依据 JGJ 55—2011《普通混凝土配合比设计规程》[259] 的相关规定，普通混凝土配合比设计可分为以下几个基本步骤：

1）初步计算配合比，根据原材料的性质和混凝土的技术指标要求进行配合比的初步设计。

2）确定基准（试拌）配合比，经实验室适配调整，得出满足和易性要求的基准配合比。

3）确定实验室配合比，经强度复核确定满足设计和施工要求且经济合理的实验室配合比。

4）确定施工配合比，根据施工现场砂石含水率，对实验室配合比进行换算，确定用于混凝土生产的最终配合比。

2. 初步计算配合比

初步设计时，首先根据设计要求估算混凝土的配置强度，然后利用经验公式和历史数据，逐步确定水胶比、单位用水量、外加剂用量、胶凝材料用量和砂率，并采用体积或质量平衡法计算细骨料和粗骨料的用量。具体步骤如下：

1）计算混凝土的配置强度。当设计所需的混凝土强度等级在 C60 以下时，配制强度按下式计算

$$f_{cu,0} \geqslant f_{cu,k} + 1.645\sigma \tag{5-4}$$

式中　$f_{cu,0}$——混凝土的配置强度；

　　　$f_{cu,k}$——混凝土的立方体抗压强度标准值；

　　　σ——混凝土强度的标准差（当有近 1~3 个月内同品种、同强度等级混凝土强度资料，且试件组数不小于 30 时，按统计学方法计算标准差；无近期统计资料时，C20 及以下混凝土取 4MPa，C25~C45 混凝土取 5MPa，C50~C55 混凝土取 6MPa）。

当混凝土强度等级不低于 C60 时，配制强度按下式计算

$$f_{cu,0} \geqslant 1.15 f_{cu,k} \tag{5-5}$$

2）初步确定水胶比。根据混凝土的配制强度、水泥强度及相关标准规定的最大水胶比，按以下经验公式估算混凝土的水胶比

$$W/B = \frac{\alpha_a f_b}{f_{cu,0} + \alpha_a \alpha_b f_b} \geqslant (W/B)_{lim} \tag{5-6}$$

式中　$(W/B)_{lim}$——相关标准规定的最大水胶比，如 GB/T 50010—2010《混凝土结构设计标准》[258] 规定，一、二 a、二 b、三 a 和三 b 类环境中，混凝土的最大水胶比分别为 0.60、0.55、0.50、0.45 和 0.40。

3）确定单位用水量。对于干硬性或塑性混凝土，当水胶比为 0.4~0.8 时，根据骨料品种、骨料粒径及混凝土坍落度要求，参考 JGJ 55—2011《普通混凝土配合比设计规程》的表 5.2.1-2 和表 5.2.1-2 取值；当水胶比小于 0.4 时，单位用水量需经试验确定。对于流动性混凝土（坍落度>90mm），不掺用外加剂时，单位用水量可按坍落度为 90mm 的取值为基础，按坍落度每增加 20mm，用水量增加 5kg 估算；当坍落度大于 180mm 时，随坍落度相应增加的用水量可适当减少；掺用外加剂时，单位用水量可按下式计算

$$m_{w0} = m'_{w0}(1 - \beta) \tag{5-7}$$

式中　m_{w0}——使用外加剂后混凝土的单位用水量；

　　　m'_{w0}——未使用外加剂时混凝土的单位用水量；

　　　β——依试验确定的外加剂减水率。

4）计算外加剂用量。每立方米混凝土的外加剂用量根据胶凝材料用量按下式计算

$$m_{a0} = m_{b0}\beta_a \tag{5-8}$$

式中　m_{a0}——每立方米混凝土的外加剂用量；

m_{b0}——每立方米混凝土的胶凝材料用量；

β_a——外加剂掺量（%）。

5）计算胶凝材料、矿物掺合料和水泥用量。每立方米混凝土的胶凝材料用量根据初步确定的水胶比和单位用水量按下式计算

$$m_{b0} = \frac{m_{w0}}{W/B} \qquad (5\text{-}9)$$

为保证混凝土的耐久性，按式（5-9）计算的胶凝材料用量应大于 JGJ 55—2011《普通混凝土配合比设计规程》表 3.0.4 规定的最小胶凝材料用量。

每立方米混凝土的矿物掺合料用量依据胶凝材料总量按下式计算

$$m_{f0} = m_{b0}\beta_f \qquad (5\text{-}10)$$

式中　m_{f0}——每立方米混凝土的矿物掺合料用量；

β_f——矿物掺合料的掺量（%），应符合 JGJ 55—2011《普通混凝土配合比设计规程》表 3.0.5-1 和表 3.0.5-2 矿物掺合料最大掺量的规定。

每立方米混凝土的水泥用量根据胶凝材料总量和矿物掺合料用量按下式计算

$$m_{c0} = m_{b0} - m_{f0} \qquad (5\text{-}11)$$

式中　m_{c0}——每立方米混凝土的水泥用量。

6）确定砂率。根据骨料的技术指标、混凝土拌合物性能和施工要求，参考历史数据资料确定。当缺乏历史数据时，混凝土的砂率应符合以下规定：①坍落度小于 10mm 的混凝土，砂率应根据试验确定；②坍落度为 10~60mm 的混凝土，砂率可根据粗骨料品种、最大粒径和水胶比按 JGJ 55—2011《普通混凝土配合比设计规程》的表 5.4.2 确定；③坍落度大于 60mm 的混凝土，砂率可经试验确定，或在坍落度为 60mm 的砂率基础上，按坍落度每增加 20mm，砂率增加 1% 估算。

7）确定骨料用量，可采用质量法或体积法计算。采用质量法计算时，可通过假设每立方米混凝土拌合物的总质量，联立下列公式计算粗骨料和细骨料的用量

$$m_{f0} + m_{c0} + m_{g0} + m_{s0} + m_{w0} = m_{cp} \qquad (5\text{-}12)$$

$$\beta_s = \frac{m_{s0}}{m_{g0} + m_{s0}} \times 100\% \qquad (5\text{-}13)$$

式中　m_{g0}——每立方米混凝土的粗骨料用量；

m_{s0}——每立方米混凝土的细骨料用量；

m_{cp}——每立方米混凝土拌合物的总质量，常假设为 2350~2450kg/m^3；

β_s——砂率。

采用体积法计算时，假定混凝土拌合物的体积等于各组分绝对体积和拌合物所含空气体积之和，故此时粗骨料和细骨料用量可联立式（5-13）和下式计算

$$\frac{m_{f0}}{\rho_f} + \frac{m_{c0}}{\rho_c} + \frac{m_{g0}}{\rho_g} + \frac{m_{s0}}{\rho_s} + \frac{m_{w0}}{\rho_w} + 0.01\alpha = 1 \qquad (5\text{-}14)$$

式中　ρ_f——矿物掺合料密度；

ρ_c——水泥的密度，可按 GB/T 208—2014《水泥密度测定方法》[260] 测定，常取 2900~3100kg/m^3；

ρ_g——粗骨料的表观密度；

ρ_s——细骨料的表观密度；

ρ_w——水的密度，可取 1000kg/m^3；

α——混凝土的含气百分数，不使用引气剂或引气型化学外加剂时，可取 1。

3. 确定基准配合比

混凝土的初步配合比是根据经验公式计算或表格查找得到的，与工程实际情况可能存在一定的差异，需要进行试拌与调整，以满足和易性等要求，从而得出基准配合比用于混凝土强度检验。具体而言，和易性调整时，按初步配合比进行混凝土适配，并检验拌合物的性能。若流动性过大，可保持砂率不变，适当增加粗骨料和细骨料的用量；若流动性过小，可保持水胶比不变，适当增加水泥用量和用水量；若黏聚性或保水性不满足要求，则可适当增加细骨料用量。此外，若掺入引气剂或对混凝土含气量有要求，则应在和易性满足要求后，检验混凝土拌合物的含气量。若含气量在要求值的±0.5%以内，不必调整；否则，应调整引气剂掺量，并重新试配并检验。

4. 确定实验室配合比

经和易性调整得到的基准配合比，其水胶比取值未必完全恰当，即混凝土的强度不一定符合设计要求，需要进行强度试验。混凝土强度试验应至少采用三个不同的配合比，其中一个为基准配合比，另外两个配合比可按以下方法选取：①水胶比，在基准配合比的基础上宜分别增加和减少0.05；②用水量，与基准配合比相同；③砂率，在基准配合比的基础上分别增加和减少1%。

在进行配合比试验时，上述每种配合比应至少制作一组（3个）试件，并在标准条件下养护到28d或设计规定的龄期时进行试压。此外，制作混凝土试件时，拌合物的和易性及表观密度等应符合设计和试验要求。

根据混凝土强度试验结果，宜采用强度-水胶比的线性关系图或插值法依据混凝土的配置强度确定水胶比。在基准配合比的基础上，单位用水量和外加剂用量应根据试验确定的水胶比做调整；胶凝材料用量应以用水量和水胶比计算；而粗骨料和细骨料的用量应根据用水量和胶凝材料用量进行调整。

配合比经试配和调整后，需根据实测的混凝土拌合物表观密度对其进行校正。混凝土拌合物的表观密度可按下式计算

$$\rho_{c,c} = m_c + m_f + m_g + m_s + m_w \tag{5-15}$$

式中　$\rho_{c,c}$——混凝土拌合物的表观密度计算值；

m_c——每立方米混凝土的水泥用量；

m_f——每立方米混凝土的矿物掺合料用量；

m_g——每立方米混凝土的粗骨料用量；

m_s——每立方米混凝土的细骨料用量；

m_w——每立方米混凝土的用水量。

当混凝土拌合物表观密度实测值与计算值之差的绝对值不超过计算值的2%时，以上配合比即确定为实验室配合比；否则，应将混凝土配合比中每种组分的用量按校正系数进行调整。校正系数可依据表观密度的计算值和实测值按下式计算

$$\delta = \frac{\rho_{c,t}}{\rho_{c,c}} \tag{5-16}$$

式中 $\rho_{c,t}$——混凝土拌合物的表观密度实测值；

δ——混凝土配合比的校正系数。

5. 确定施工配合比

实验室配合比是以干燥材料为基准得到的，而实际生产所用砂石含有一定的水分，且受气候条件影响经常变化。因此，混凝土生产时的实际原材料用量应按砂石的含水率情况进行修正，并由此确定施工配合比。假定实际生产所用细骨料的含水率为 ω_s，粗骨料的含水率为 ω_g，则施工配合比中各组分的含量可按下列公式计算

$$m'_c = m_c \tag{5-17}$$

$$m'_f = m_f \tag{5-18}$$

$$m'_g = m_g(1 + \omega_g) \tag{5-19}$$

$$m'_s = m_s(1 + \omega_s) \tag{5-20}$$

$$m'_w = m_w - m_s\omega_s - m_g\omega_g \tag{5-21}$$

式中 m'_c——实际生产每立方米混凝土的水泥用量；

m'_f——实际生产每立方米混凝土的矿物掺合料用量；

m'_g——实际生产每立方米混凝土的细骨料用量；

m'_s——实际生产每立方米混凝土的粗骨料用量；

m'_w——实际生产每立方米混凝土的用水量。

5.2 配合比智能设计算法

5.2.1 目标函数

本研究考虑的混凝土配合比优化设计目标包括抗压强度、耐久性评价指标（本研究采用电通量）、成本、碳排放和隐含能，以综合反映材料的力学性能、耐久性、经济性与可持续性特征。基于设计目标的属性，以 $1m^3$ 混凝土为功能单位，各目标函数的定义如下

$$h_S(\boldsymbol{X}, \boldsymbol{I}) = \max(S(\boldsymbol{X}, \boldsymbol{I})) \tag{5-22}$$

$$h_F(\boldsymbol{X}, \boldsymbol{I}) = \min(F(\boldsymbol{X}, \boldsymbol{I})) \tag{5-23}$$

$$h_B(\boldsymbol{X}, \boldsymbol{I}) = \min(B(\boldsymbol{X}, \boldsymbol{I})) \tag{5-24}$$

$$h_C(\boldsymbol{X}, \boldsymbol{I}) = \min(C(\boldsymbol{X}, \boldsymbol{I})) \tag{5-25}$$

$$h_E(\boldsymbol{X}, \boldsymbol{I}) = \min(E(\boldsymbol{X}, \boldsymbol{I})) \tag{5-26}$$

式中 h_S——混凝土抗压强度的最大化目标函数；

S——混凝土抗压强度的估计值；

$\boldsymbol{X}$——设计变量；

$\boldsymbol{I}$——背景数据，如原材料单价、碳排放因子、隐含能密度、模型参数等；

h_F——混凝土电通量的最小化目标函数；

F——混凝土电通量的估计值；

h_B——混凝土成本的最小化目标函数；

B——混凝土成本的估计值；

h_C——混凝土隐含碳排放的最小化目标函数；

C——混凝土隐含碳排放的估计值；

h_E——混凝土隐含能的最小化目标函数；

E——混凝土隐含能的估计值。

上述目标函数中，混凝土的抗压强度和电通量采用第 5.3 节建立的机器学习预测模型进行估计，而成本、碳排放及隐含能可依据混凝土的配合比，采用下列公式计算得到

$$B(\boldsymbol{X},\boldsymbol{I}) = \sum_i m_i p_i + p_c \tag{5-27}$$

$$C(\boldsymbol{X},\boldsymbol{I}) = C_{CP} + C_{CT} + C_{CM} \tag{5-28}$$

$$C_{CP} = m_c f_c + m_s f_s + m_g(1 - \lambda_{rg}) f_{ng} + m_g \lambda_{rg} f_{rg} + m_f f_f + m_w f_w \tag{5-29}$$

$$C_{CT} = [m_c d_c + m_s d_s + m_g(1 - \lambda_{rg}) d_{ng} + m_g \lambda_{rg} d_{rg} + m_f d_f] \cdot f_T \tag{5-30}$$

$$C_{CM} = \sum_j q_{E,j} f_{E,j} \tag{5-31}$$

式中　m_i——每立方米混凝土中第 i 种原材料的用量；

p_i——第 i 种原材料的单价；

p_c——每立方米混凝土生产过程的摊销成本；

C_{CP}——原材料开采加工的碳排放量；

C_{CT}——原材料运输的碳排放量；

C_{CM}——每立方米混凝土拌和与养护过程的碳排放量；

f_c——水泥的碳排放因子；

f_s——细骨料（砂）的碳排放因子；

λ_{rg}——再生粗骨料替代比例；

f_{ng}——天然粗骨料的碳排放因子；

f_{rg}——再生粗骨料的碳排放因子；

f_f——矿物掺合料的碳排放因子；

f_w——水的碳排放因子；

d_c——水泥的运输距离；

d_s——细骨料（砂）的运输距离；

d_{ng}——天然粗骨料的运输距离；

d_{rg}——再生粗骨料的运输距离；

d_f——矿物掺合料的运输距离；

f_T——运输的碳排放因子；

$q_{E,j}$——每立方米混凝土拌和与养护过程的第 j 种能源消耗量；

$f_{E,j}$——第 j 种能源的碳排放因子。

此外，隐含能 $E(\boldsymbol{X}, \boldsymbol{I})$ 也可通过式（5-28）~式（5-31）计算，只需将每种原材料/能源的碳排放因子替换为相应的隐含能密度。值得注意的是，上述目标函数在配合比优化设计中既可同时考虑，也可根据设计需求选择部分代表性目标。此外，也可限制部分目标函数的取值范围，并将其作为配合比设计的约束条件考虑。例如，令 $f_s(\boldsymbol{X}, \boldsymbol{I}) \geqslant f_0$ 作为约束条件，表示配合比优化设计时要求混凝土的抗压强度不低于 f_0；再如，令 $f_c(\boldsymbol{X},\boldsymbol{I}) \leqslant C_0$，表示配合比

优化设计时要求混凝土的成本不超过 C_0。

5.2.2　约束条件

在确定目标函数后，需设置配合比优化设计的约束条件。本研究考虑了 3 种类型的约束，即范围约束、比例约束和总量约束。对于范围约束，根据相关标准要求及历史数据样本情况，对原材料用量的取值进行限制，相应约束方程可表示为

$$m_{i,\min} \leqslant m_i \leqslant m_{i,\max} \tag{5-32}$$

式中　$m_{i,\max}$——第 i 种原材料用量的最小值；

　　　$m_{i,\min}$——第 i 种原材料用量的最大值。

对于比例约束，考虑水胶比和砂率两个指标，相应约束方程可表示为

$$\lambda_{\mathrm{WC,min}} \leqslant m_{\mathrm{w}}/(m_{\mathrm{c}} + m_{\mathrm{f}}) \leqslant \lambda_{\mathrm{WC,max}} \tag{5-33}$$

$$\beta_{\mathrm{s,min}} \leqslant m_{\mathrm{s}}/(m_{\mathrm{s}} + m_{\mathrm{g}}) \leqslant \beta_{\mathrm{s,max}} \tag{5-34}$$

式中　$\lambda_{\mathrm{WC,max}}$——水胶比的最大值；

　　　$\lambda_{\mathrm{WC,min}}$——水胶比的最小值；

　　　$\beta_{\mathrm{s,max}}$——砂率的最大值；

　　　$\beta_{\mathrm{s,min}}$——砂率的最小值。

对于总量约束，以第 5.1.2 节的体积法为例，混凝土制备所用原材料的体积与拌合物所含空气的体积之和等于 $1\mathrm{m}^3$，即

$$\frac{m_{\mathrm{c}}}{\rho_{\mathrm{c}}} + \frac{A_{\mathrm{w}}}{\rho_{\mathrm{w}}} + \frac{A_{\mathrm{s}}}{\rho_{\mathrm{s}}} + \frac{(1 - \lambda_{\mathrm{rg}})m_{\mathrm{g}}}{\rho_{\mathrm{ng}}} + \frac{\lambda_{\mathrm{rg}}m_{\mathrm{g}}}{\rho_{\mathrm{rg}}} + \frac{m_{\mathrm{f}}}{\rho_{\mathrm{f}}} + 0.01\alpha = 1 \tag{5-35}$$

式中　ρ_{ng}——天然粗骨料的表观密度；

　　　ρ_{rg}——再生粗骨料的表观密度。

5.2.3　智能优化算法

1. 算法概述

依据上述建立的目标函数和约束条件，基于低碳可持续性的混凝土配合比优化设计可等价为典型的多目标约束优化问题。考虑目标函数及约束方程的复杂性，本研究采用智能优化算法求解该优化问题。智能优化算法是一类通过模拟生物进化、群体智能或其他启发式方法获得最优解或近似最优解的算法[261]。这些算法适用于解决参数、目标和约束复杂的优化问题，这些问题通常难以直接通过经典的解析方法求解。常用的智能优化算法包括：

（1）遗传算法（Genetic Algorithm，GA）　基于达尔文进化论和孟德尔遗传学原理的随机搜索算法，其核心思想是模拟生物进化过程中的自然选择和遗传机制。通过对初始种群进行选择、交叉、变异等遗传操作，GA 能够在搜索空间内高效地发现最优解或近似最优解。其应用领域广泛，包括函数优化、神经网络训练、生产调度等复杂问题。遗传算法的优势在于其全局搜索能力，可以有效避免陷入局部最优解，但其收敛速度相对较慢，且参数的选择对算法性能影响较大。

（2）粒子群优化算法（Particle Swarm Optimization，PSO）　基于群体智能的优化算法。PSO 通过模拟鸟群或鱼群在搜索食物时的协同行为，在多维空间中搜索最优解。每个个体（粒子）在搜索空间中的位置由其自身经验和群体经验共同引导，粒子群通过不断调整速度

和位置，实现全局优化。PSO 算法因其简单易实现、参数较少且不易陷入局部最优而广泛应用于函数优化、神经网络训练、图像处理等领域。

（3）蚁群算法（Ant Colony Optimization，ACO）　基于仿生学的启发式算法，其灵感来源于蚂蚁觅食时通过信息素相互交流来找到最短路径的过程。ACO 通过模拟这一过程，将解空间表示为一张图，每个解对应于图上的一条路径，蚂蚁在路径上留下的信息素强度会影响后续蚂蚁的选择。ACO 因其在解决组合优化问题（如旅行商问题、背包问题等）中的高效性而广受关注，尤其在动态环境和分布式计算中表现出色。然而，ACO 的性能在很大程度上依赖于参数的调整，如信息素挥发率、蚂蚁数量等，因此在实际应用中常需要结合其他优化策略以提高其效率和鲁棒性。

（4）人工鱼群算法（Artificial Fish Swarm Algorithm，AFSA）　基于鱼群行为的仿生优化算法。AFSA 通过模拟鱼群在水中觅食、聚集、追尾等行为，利用群体智能在复杂的多维空间中搜索全局最优解。该算法尤其擅长处理多目标优化和动态环境中的实时优化问题。与其他群体智能算法相比，AFSA 具备较强的局部搜索能力和较高的全局收敛速度，但在高维复杂问题中可能会面临收敛精度不足的问题。研究人员提出了多种改进的 AFSA，如自适应AFSA 和混合 AFSA，以提高其在不同应用中的适应性。

（5）模拟退火算法（Simulated Annealing，SA）　基于物理学中固体退火过程模拟的概率性全局优化算法。SA 通过引入一个类比温度的控制参数，逐渐降低系统的温度，使得解空间中的搜索过程从全局范围逐渐收敛到局部范围，从而找到全局最优解。SA 的优势在于其能够有效跳出局部最优解，在解决组合优化问题中展现了强大的全局搜索能力。然而，SA 的搜索效率和最终解的质量高度依赖于温度下降策略的设计，不当的温度控制可能导致收敛过早或搜索效率低下。为了克服这些不足，学者们发展了多种改进策略，如自适应模拟退火、多重退火等，以提高算法的搜索性能和稳定性。

（6）蜂群算法（Artificial Bee Colony，ABC）　模拟蜜蜂觅食行为的群体智能优化算法。该算法通过模拟蜜蜂在寻找花蜜时的探索行为和信息共享机制，在多维空间中高效搜索最优解。其简单的实现方式和较强的全局搜索能力，使其在解决连续优化问题和组合优化问题中得到广泛应用。相比于其他群体智能算法，ABC 在处理多峰优化问题时展现了更强的鲁棒性和灵活性。

（7）布谷鸟搜索算法（Cuckoo Search Algorithm，CSA）　基于布谷鸟寄生育雏行为和 Levy 飞行机制的全局优化算法。CSA 通过模拟布谷鸟在其他鸟巢中产卵的行为，并结合 Levy 飞行模式，实现对解空间的全局搜索。CSA 因其简单的结构和高效的全局搜索能力，在处理复杂的优化问题时表现出色，特别是在多峰函数优化和高维搜索空间中表现出优越的性能。

（8）差分进化算法（Differential Evolution，DE）　基于种群的进化算法。DE 通过利用差分算子生成新个体，并通过选择机制逐步优化种群，从而在复杂的多维搜索空间中找到最优解。DE 因其简单易实现、鲁棒性强且不易陷入局部最优解而受到广泛关注。与遗传算法相比，DE 在处理连续优化问题时表现出更快的收敛速度和更高的解精度。

（9）和声搜索算法（Harmony Search，HS）　基于音乐和弦创作过程的优化算法。HS 通过模拟音乐家在演奏音乐时的和弦调节行为，在解空间中搜索最优解。其核心思想是通过引入和声记忆库、调音操作等机制，实现对解的全局优化。HS 算法以其简单的实现方式和较强的全局搜索能力，广泛应用于工程优化、资源调度等领域。

上述智能算法各有特点与适用范围，可根据实际问题进行选择。本节采用粒子群优化算法实现混凝土配合比的低碳优化设计，后续第6~7章将利用遗传算法与和声搜索算法实现混凝土构件与结构的低碳优化设计。

2. 粒子群优化算法参数

粒子群优化算法中，每个解被视为搜索空间中的一个"粒子"，每个粒子代表了问题的潜在解，通常由一个位置向量和一个速度向量表示。粒子在搜索空间中飞行，通过跟踪两个极值（个体极值和全局极值）来更新自己的位置。其中，个体极值是粒子自身找到的最优解，而全局极值是整个粒子群中所有粒子找到的最优解。粒子群优化算法原理简单、参数较少，易于编程实现，可广泛应用于处理非线性、非凸和高维优化问题。然而，粒子群优化算法容易收敛于局部最优解，且算法性能对参数选择较为敏感。粒子群优化算法的主要参数包括：

1）粒子数量，粒子群中的粒子个数，控制算法的搜索能力和多样性。

2）惯性权重，控制粒子速度的持续性，影响算法的全局搜索和局部搜索能力。较大的惯性权重有助于全局搜索，较小的惯性权重有助于局部搜索。

3）加速因子，控制个体社会行为和群体社会行为的影响程度。

4）速度限制，限制粒子速度的最大和最小值，防止粒子过快飞出搜索空间。

5）位置限制，定义搜索空间的范围，确保粒子在有效的搜索区域内。

6）收敛准则，算法的终止条件，如算法运行的最大迭代次数、连续若干代的解没有显著变化或粒子群的多样性下降到一定程度等。

3. 粒子群优化算法实现步骤

采用粒子群优化算法进行混凝土配合比的多目标优化设计时，首先生成初始粒子群，每个粒子代表了混凝土的一组配合比设计；其次对于每个粒子，计算其在多个目标函数下的适应度值，即评估候选解的性能；接着根据适应度评估结果，选择性能更优的粒子作为获胜者；然后利用环境选择策略搜索全局最优解，直到满足终止条件。粒子群优化算法的具体实现步骤如下：

1）定义优化目标和约束条件，根据变量及已知条件建立优化设计问题的目标函数和约束方程。

2）初始化粒子群，随机生成一组粒子的位置和速度，确保初始粒子群满足所有约束条件。

3）评估每一粒子的适应度，单目标优化问题可采用目标函数值进行评估；有约束优化问题一般需引入罚项，以考虑约束条件的影响；多目标优化问题可采用非支配性排序等方法进行适应度评估。

4）更新个体极值，若当前粒子的适应度优于其个体历史最佳适应度（对于多目标问题，当前粒子在所有目标上都不被其个体历史最佳解支配），并且满足所有约束条件，则更新个体极值。

5）更新全局极值，如果当前粒子的适应度优于全局历史最佳适应度（对于多目标问题，当前粒子在所有目标上都不被任何其他粒子支配），并且满足所有约束条件，则更新全局极值。

6）更新速度，根据当前速度、个体极值、全局极值及学习因子，更新每个粒子的速度。如果新速度导致粒子位置违反约束，则需要调整速度或应用投影方法将速度投影到可行域。

7）更新位置，根据更新后的速度更新每个粒子的位置。如果新位置违反约束，则应用投影方法将位置投影回可行域。

8）迭代优化，重复步骤3）~7），直到满足终止条件。

9）输出优化结果，满足终止条件后，获取最终 Pareto 解集作为优化设计结果，供后续分析。

5.2.4　最优解决策

在多目标优化问题中，由于目标间的竞争关系，某一目标的优化可能导致其他目标的退化。因此，通常不会获得一组使得所有目标函数均达到最优的解，而是获得一组相互不存在支配关系的 Pareto 解。为确定最佳的混凝土配合比设计结果，本研究采用熵权法（Entropy Weight Method）和理想解排序偏好技术（Technique for Order Preference by Similarity to Ideal Solution，TOPSIS）对 Pareto 解做进一步遴选。熵权法通过分析指标数据的信息熵来确定各指标的权重大小。熵权法能够准确反映指标体系中每个指标的重要性，从而减少因权重设置不合理而导致的评估误差。在这种方法中，较小的熵值对应于较大的权重，意味着该指标在决策过程中具有更高的影响力。TOPSIS 方法通过比较各方案与理想最优解和理想最劣解的距离，选择与理想最优解距离最近、与理想最劣解距离最远的方案作为最优方案。

具体而言，基于熵权法和 TOPSIS 方法的最优解评价步骤如下：

1）建立决策矩阵，以 $i = 1, 2, \cdots, m$，表示评价对象（优化问题中的解）的个数，$j = 1, 2, \cdots, n$，表示评价指标（优化问题中的优化目标）的个数，将原始数据构建成如下决策矩阵 $\boldsymbol{R}$

$$\boldsymbol{R} = \left[r_{ij} \right] \tag{5-36}$$

式中　r_{ij}——第 i 个评价对象在第 j 个指标上的值。

2）数据标准化，对决策矩阵进行标准化处理，消除指标量纲的影响。标准化可采用下式进行

$$r'_{ij} = \frac{r_{ij} - \min\limits_{1 \leqslant i \leqslant m} \left(r_{ij} \right)}{\max\limits_{1 \leqslant i \leqslant m} \left(r_{ij} \right) - \min\limits_{1 \leqslant i \leqslant m} \left(r_{ij} \right)} \tag{5-37}$$

式中　r'_{ij}——第 j 个指标标准化后的取值；

$\min(r_{ij})$——第 j 个指标的最小值；

$\max(r_{ij})$——第 j 个指标的最大值。

3）计算指标的熵值，按下式计算第 j 个指标的熵值 e_j

$$e_j = -\frac{1}{\ln m} \sum_{i=1}^{m} r'_{ij} \ln r'_{ij} \tag{5-38}$$

4）计算指标的差异系数，按下式计算第 j 个指标的差异系数 g_j

$$g_j = 1 - e_j \tag{5-39}$$

5）确定指标的权重，根据差异系数计算各指标的权重 ω_j

$$\omega_j = \frac{g_j}{\sum\limits_{j=1}^{n} g_j} \tag{5-40}$$

6）计算各评价对象的加权标准化值，按下式计算第 i 个对象的加权标准化值 s_i

$$s_i = \sqrt{\sum_{j=1}^{n} (\omega_j r'_{ij})^2} \tag{5-41}$$

7）确定理想最优解和最劣解，对于正向指标（最大值目标函数），其理想最优解 A^* 和最劣解 A^- 分别可表示为

$$A^* = \max(r'_{ij}) \tag{5-42}$$

$$A^- = \min(r'_{ij}) \tag{5-43}$$

而对于负向指标（最小值目标函数），其理想最优解 A^* 和最劣解 A^- 分别可表示为

$$A^* = \min(r'_{ij}) \tag{5-44}$$

$$A^- = \max(r'_{ij}) \tag{5-45}$$

8）计算各评价对象与理想解的距离，按以下公式计算第 i 个评价对象与理想最优解和最劣解的距离

$$d_i^* = \sqrt{\sum_{j=1}^{n} (w_j (r'_{ij} - A_j^*))^2} \tag{5-46}$$

$$d_i^- = \sqrt{\sum_{j=1}^{n} (w_j (r'_{ij} - A_j^-))^2} \tag{5-47}$$

式中　d_i^*——第 i 个评价对象与理想最优解的距离；

　　　d_i^-——第 i 个评价对象与理想最劣解的距离。

9）计算相对接近度，按下式计算第 i 个评价对象的相对接近度 C_i

$$C_i = \frac{d_i^-}{d_i^* + d_i^-} \tag{5-48}$$

10）确定最优方案，根据相对接近度的大小，选择相对接近度最大的评价对象作为最优方案。

5.3　混凝土强度预测模型

5.3.1　数据筛选

1. 数据收集准则

抗压强度方面，为开发可靠的机器学习模型用于预测混凝土的抗压强度，需依据混凝土试件样本建立具有代表性的数据库用于模型训练与测试。为保证数据的完整性、可靠性与一致性，本研究在收集抗压强度数据样本时，采用了以下数据筛选准则：

1）每一试件样本均需包含混凝土的配合比、水泥强度等级，以及天然骨料和再生骨料的特征信息。

2）试件尺寸为边长 100 或 150mm 的立方体，或长径比为 2、直径 100 或 150mm 的圆柱体。

3）试件样本应在实验室制备并在标准条件下养护。

4）剔除抗压强度大于 80MPa 的试件样本。

5）试件样本仅添加粉煤灰作为辅助胶凝材料。

6）试件样本仅使用减水剂作为化学外加剂，排除引气剂、早强剂等外加剂。

7）剔除使用再生细骨料（最大粒径不超过 4.75mm）的试件样本。

8）试件样本仅使用由废弃混凝土制备的再生粗骨料。

9）剔除对再生骨料进行物理或化学处理[262]的试件样本。

10）剔除采用特殊搅拌工艺的试件样本，如二次搅拌法[263]、三次搅拌法[264]等。

上述数据收集准则中，准则 1）保证了样本数据信息的完整性；准则 2）~4）指定了混凝土抗压强度的测试标准和范围，以确保不同试验结果的可比性；准则 5）~8）指定了矿物掺合料、添加剂和骨料的类型，以确保有足够的相关试验数据用于模型训练；准则 9）~10）剔除了采用骨料处理技术或特殊搅拌工艺的试验数据，因其影响难以量化。此外，研究将直径为 150mm、长径比为 2 的圆柱体标准试件测定的抗压强度作为目标变量，对于其他尺寸或形状的试件，抗压强度按相关研究[265-266]提供的方法进行换算。

耐久性方面，评价混凝土抗氯离子渗透性常用的方法有电通量（CEF）法和快速氯离子迁移系数（RCM）法[267]。CEF 法通过测量在特定电压和通电时间下通过样品的电荷来评估混凝土的抗氯化物渗透性能。该方法操作简便，试验周期短，试验结果稳定性高。RCM 法则是根据 Fick 第二定律测量混凝土的氯离子扩散系数。虽然这种方法能够快速定量计算氯化物的渗透，但它比 CEF 法操作要复杂。此外，现有研究使用 RCM 法的测试结果也相对较少。因此，本研究以电通量作为衡量混凝土抗氯离子渗透性的评价指标。电通量数据库的数据筛选原则与抗压强度数据库保持一致，此处不再赘述。

2. 数据清洗

尽管数据收集时采用了统一的准则，但试验、数据记录或数据处理等过程中的操作失误[268]仍可能导致试验结果产生异常。为消除潜在异常数据的不利影响，本研究采用孤立森林算法进行数据清洗[269]。孤立森林算法是无监督学习中用于检测异常值的常用算法，建模时需指定污染率（Contamination，即异常值的比例）和树的数量等超参数[270]。一般来说，混凝土试件试验的准确性能够得到保证，故将污染率设置为 0.05，以消除潜在异常数据的影响，并参考已有研究[269]将学习器数量设置为 100。

5.3.2 材料性能预测模型

混凝土抗压强度和电通量预测均是典型的具有非线性特征的回归问题。本研究采用机器学习算法创建混凝土抗压强度和电通量的预测模型，以提高预测精度。鉴于 "No Free Lunch" 定理[250]，采用人工神经网络（BPANN）、高斯过程回归（GPR）、分类回归树（CART）、支持向量机（SVR）、随机森林（RF）、梯度提升（GB）和极端梯度提升（XGB）等算法构建材料性能预测模型。其中，CART 算法是一种广泛应用的决策树算法，用于解决分类和回归问题。该算法包括特征选择、树生成和修剪三个主要实现步骤。CART

算法采用二叉树结构，在每个节点处，数据根据最优划分准则被分为两个不同的子集，并通过反复迭代，不断分割为更加均匀的子集，直到满足终止条件。对于回归问题，CART 模型通过最小化平方误差的准则来选择特征并生成二叉树；通过修剪操作，CART 模型能够重复利用特征属性，且能够处理连续值和缺失值。有关其他算法的介绍可参考第 4.3 节。

考虑本研究采用的 6 种机器学习模型均有多个超参数，为提高模型性能、避免数据过拟合，采用贝叶斯优化方法进行超参数调优。具体而言，首先将建立的数据集划分为训练集和测试集，然后在训练集上，结合贝叶斯优化与十折交叉验证技术来确定模型超参数。

为实现混凝土抗压强度的预测，研究中将与配合比、再生骨料和养护条件相关的参数初步设置为输入变量，具体包括水（W）、水泥（C）、砂（S）、粗骨料（CA）、粉煤灰（FA）、水泥强度等级（SC）、再生粗骨料替代比例（λ_{rg}）、粗骨料的平均吸水率（WA）、粗骨料的最大粒径（PS）和养护龄期（CT）。其中，粗骨料的平均吸水率按下式计算

$$WA = \lambda_{rg}WA_{RCA} + (1 - \lambda_{rg})WA_{NCA} \tag{5-49}$$

式中　WA_{RCA}——再生粗骨料的吸水率；

　　　WA_{NCA}——天然粗骨料的吸水率。

对于混凝土电通量的预测，以水、水泥、砂、粉煤灰、再生粗骨料替代比例、粗骨料的平均吸水率和养护龄期为输入变量。此外，变量的多重共线性可能导致信息重复，降低预测模型的性能。本研究采用方差膨胀因子（VIF）来诊断多重共线性问题，并依据 VIF 进行变量筛选。

5.3.3　模型性能评价

如第 4.3.5 节所述，R^2、RMSE 和 MAPE 是机器学习回归分析中模型性能评价的三个常用指标。通常来说，具有较低 RMSE、MAPE 和较高 R^2 的模型性能更好。然而，在对比不同机器学习模型的性能时，这三个指标的评估结果可能存在不一致的情况，影响最优模型的决策。为此，本研究综合考虑模型在训练集和测试集上的预测效果，进一步基于 R^2、RMSE 和 MAPE 定义了模型性能综合度量指标用于模型评价与决策，该指标可按下式计算

$$COM = \frac{1}{3} \cdot \frac{RMSE_{train} \cdot MAPE_{train}}{R_{train}^2} + \frac{2}{3} \cdot \frac{RMSE_{test} \cdot MAPE_{test}}{R_{test}^2} \tag{5-50}$$

式中　COM——模型性能综合度量指标；

　　　$RMSE_{train}$——基于训练集预测结果的均方根误差；

　　　$MAPE_{train}$——基于训练集预测结果的平均绝对百分比误差；

　　　R_{train}^2——基于训练集预测结果的决定系数；

　　　$RMSE_{test}$——基于测试集预测结果的均方根误差；

　　　$MAPE_{test}$——基于测试集预测结果的平均绝对百分比误差；

　　　R_{test}^2——基于测试集预测结果的决定系数。

考虑测试集上模型的性能反映了模型的泛化能力，重要性更为突出，故式（5-50）中训练集和测试集性能指标的权重分别取 1/3 和 2/3。显然，COM 指标越小，模型的整体性能越好。

除 COM 指标外，本研究也采用泰勒图（Taylor Diagram）实现不同机器学习模型性能的可视化对比。泰勒图是一种用于评估和比较统计模型或数据集的图形工具，它通过可视化方法展示数据集或模型输出与参考数据集之间的相关性、偏差和不确定性等，从而评估模型的准确性和可靠性。泰勒图的基本组成包括：

1）参考点：代表参考数据集，通常是观测数据或真实值。数据点越接近参考点，表示其与参考数据集的相似性越高，即模型或数据集的准确性和可靠性越好。

2）半径：从原点向外延伸的距离，用于表示数据集的标准差。半径越大，表示数据集的不确定性或变异性越大。

3）角度：原点与数据点连线与坐标轴的夹角，表示相关系数。角度越小，表示相关性越强，即数据集与参考数据集越相似。

4）等高线：从原点向外辐射的相关系数等值线，用于快速识别和比较相关性水平。

5.4　配合比优化设计实例

5.4.1　特征描述

本研究对混凝土试件的数据样本进行了广泛的数据收集工作。抗压强度预测方面，基于 41 项独立研究[271-311] 汇总形成了抗压强度试验数据库。经数据清洗后，最终保留了 1305 个试件样本用于模型训练与测试[312]。表 5-1 总结了试验数据集的统计信息，图 5-2 给出了所有变量的取值范围与分布情况。电通量预测方面，基于 11 项独立研究[307-311,313-318] 汇总形成了电通量试验数据库。经数据清洗，最终保留了 226 个电通量样本用于构建机器学习模型[319]，表 5-2 总结了相应试验数据的统计信息。此外，两数据集中所有变量的 VIF 值均未超过 4（远小于 10 的阈值），故变量不存在显著的共线性特征。

表 5-1　抗压强度试验数据集的统计信息

序号	变量	符号	计算单位	范围	平均值	中位数	标准差	方差膨胀因子
1	水	W	kg/m³	120～300	191	182	29	1.5
2	水泥	C	kg/m³	180～650	353	355	81	1.8
3	砂子	S	kg/m³	304～1010	685	662	128	3.2
4	粗骨料	CA	kg/m³	640～1462	1102	1092	121	2.8
5	粉煤灰	FA	kg/m³	0～226	27	0	51	2.0
6	水泥强度等级	SC	MPa	32.5～52.5	—	—	—	2.0
7	养护龄期	CT	d	1～365	57	28	89	1.1
8	再生粗骨料替代率	R	%	0～100	51	49	39	3.1
9	粗骨料吸水率	WA	%	0.1～9.3	3.0	2.4	1.8	3.3
10	粗骨料最大粒径	PS	mm	10～40	22	20	5	1.8
11	抗压强度	f_c	MPa	2.2～79.6	32.7	30.5	15.3	—

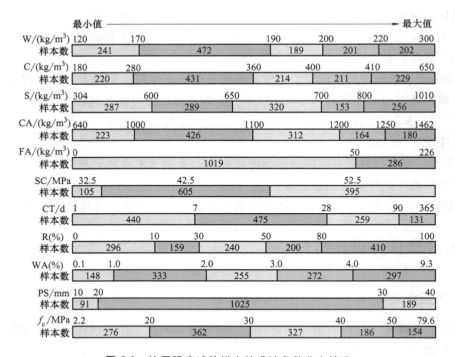

图 5-2　抗压强度试件样本的设计参数分布情况

表 5-2　电通量试验数据集的统计信息

序号	变量	符号	计量单位	范围	平均值	中位数	标准差	方差膨胀因子
1	水	W	kg/m³	117~225	183	180	28	2.2
2	水泥	C	kg/m³	176~485	361	400	74	1.8
3	砂子	S	kg/m³	530~780	674	685	55	2.1
4	粉煤灰	FA	kg/m³	0~225	47	0	62	1.4
5	再生粗骨料替代率	R	%	0~100	50	50	40	3.3
6	养护龄期	CT	d	28~90	49	28	28	1.1
7	粗骨料平均吸水率	WA	%	0.5~9.6	3.0	2.4	1.9	3.4
8	电通量	F	C	444~6910	2985	2942	1444	—

5.4.2　模型选择

1. 超参数调优结果

以第 5.3.1 节建立的混凝土配合比试件的样本数据集为基础，利用贝叶斯方法对各机器学习模型进行超参数调优。综合考虑模型性能与训练成本，研究中选取了各算法的部分关键超参数进行优化。以抗压强度机器学习模型为例，超参数的优化结果见表 5-3。值得注意的是，超参数调优结果与预测目标及所采用的数据集具有显著相关性，在后续扩充数据集样本时，表中所列模型超参数可能发生一定的变化。

2. 模型性能对比

在超参数调优的基础上，对混凝土抗压强度和电通量预测的机器学习模型进行训练与测试。表5-4和表5-5分别对比了抗压强度和电通量预测模型的性能指标。抗压强度的机器学习预测模型中，在3种单一模型中，GPR模型表现最佳，COM值为0.281，其次是BPANN模型。CART模型的性能相对较差，但在测试数据集上仍显示出良好的预测准确性，相应的R^2为0.874，RMSE为4.908，MAPE为0.139。BPANN和CART模型在测试集上的性能低于训练集，而GPR模型在训练集和测试集上的性能相近，表明GPR模型具有更好的泛化能力。此外，三种集成模型的性能优于单一模型。其中，XGB模型的表现最佳，COM值最低值为0.151，其次是GB模型。所有3种集成模型在训练集和测试集上的表现均很好，并未出现明显的过拟合现象。电通量的机器学习预测模型中，GB模型的性能最佳，COM为37.322，测试集上的R^2、RMSE和MAPE分别为0.958、360.935和0.131。BPANN、GPR和SVR模型的性能接近，而CART和RF模型的性能相对较差。经对比最终分别选择XGB和GB模型为抗压强度与电通量的预测模型。

表5-3 机器学习模型的超参数取值

模型	超参数类型	超参数优选值
BPANN	隐含层数量	2
	隐藏神经元的数量	[10, 12]
	优化算法	Adam
	激活函数	ReLU
	学习率	0.01
GPR	核函数	非各向同性 Matern 3/2 核
	核尺度空间	25
	标准差参数	136.8
CART RF	叶子节点的最小样本数	2
	树的数量	494
	叶子节点的最小样本数	1
GB	树的数量	284
	学习率	0.287
	叶子节点的最小样本数	2
XGB	树的最大深度	3
	学习率	0.413

表5-4 抗压强度预测模型的性能指标

模型	数据集	R^2	RMSE	MAPE	COM
BPANN	训练集	0.940	3.564	0.093	0.566
	测试集	0.905	4.645	0.131	
	总体	0.926	3.243	0.098	
GPR	训练集	0.973	2.321	0.060	0.281
	测试集	0.938	3.489	0.094	
	总体	0.963	2.725	0.061	

（续）

模型	数据集	R^2	RMSE	MAPE	COM
CART	训练集	0.949	3.223	0.082	0.613
	测试集	0.874	4.908	0.139	
	总体	0.922	3.809	0.084	
RF	训练集	0.979	2.077	0.051	0.333
	测试集	0.932	3.736	0.111	
	总体	0.965	2.685	0.052	
GB	训练集	0.986	1.650	0.038	0.159
	测试集	0.960	2.796	0.071	
	总体	0.978	2.062	0.039	
XGB	训练集	0.986	1.650	0.038	0.151
	测试集	0.963	2.713	0.069	
	总体	0.979	2.030	0.039	

表 5-5　电通量预测模型的性能指标

模型	数据集	R^2	RMSE	MAPE	COM
BPANN	训练集	0.952	308.329	0.103	61.573
	测试集	0.925	473.002	0.148	
	总体	0.945	347.562	0.112	
GPR	训练集	0.969	245.234	0.075	71.499
	测试集	0.903	519.266	0.170	
	总体	0.951	319.435	0.094	
SVR	训练集	0.962	268.370	0.081	78.799
	测试集	0.906	517.926	0.187	
	总体	0.946	333.568	0.102	
CART	训练集	0.904	427.475	0.145	115.641
	测试集	0.891	558.596	0.222	
	总体	0.900	456.721	0.161	
RF	训练集	0.957	320.708	0.117	100.116
	测试集	0.918	554.919	0.216	
	总体	0.945	379.302	0.137	
GB	训练集	0.982	194.258	0.067	37.322
	测试集	0.958	360.935	0.131	
	总体	0.975	237.158	0.080	

　　进一步以抗压强度预测模型为例，图 5-3 所示的泰勒图基于测试集对比了不同模型的预测效果。图中的参考点代表实测试件样本的统计结果。由图可见，XGB 模型具有最高的 R^2，最低的 RMSE，且其标准差与观测结果最为接近。其次，GPR 模型等 3 种集成模型所在的区

域更接近实测结果，而 BPANN 模型和 CART 模型则距离参考点相对较远。

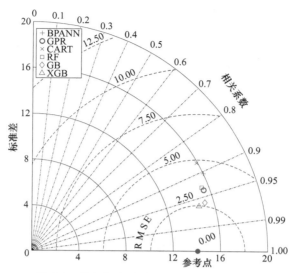

图 5-3　抗压强度测试集预测结果的泰勒图

图 5-4 和图 5-5 对比了各混凝土试件样本抗压强度和电通量的试验结果与模型预测值。各预测结果相对均匀地分布在基线（$y=x$）周围。以抗压强度试验结果与预测值的对比为例，对于 GPR、RF、GB 和 XGB 模型，超过 80% 的数据点位于 ±10% 参考线所包围的区域内，表现出良好的预测准确性。通过散点图亦可知，XGB 模型的预测结果在训练集和测试集上分布较为均匀，模型具有良好的泛化能力。

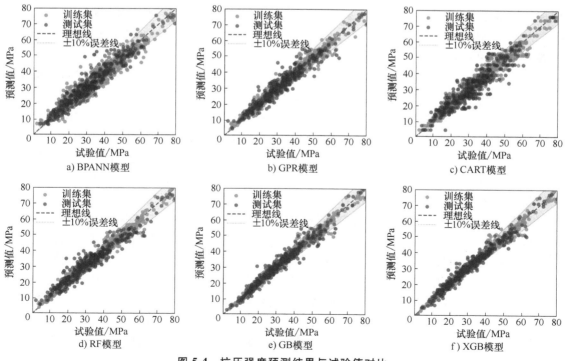

图 5-4　抗压强度预测结果与试验值对比

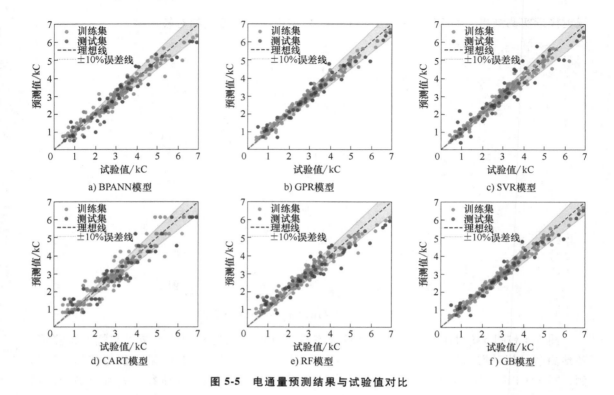

图 5-5　电通量预测结果与试验值对比

3. 模型解释

模型可解释性是指理解和解释机器学习模型内部机制和决策过程的能力。它能够帮助人们理解模型如何从输入数据中得出输出结果，并解释每个输入特征在模型决策中的作用。本研究以抗压强度预测性能最优的 XGB 模型为例，采用特征重要性分析和局部依赖图进一步解释 XGB 模型中各输入变量对输出结果的影响。

特征重要性分析采用对输入特征进行评分的方式，评估模型预测时每个特征的相对重要性。对于 XGB 模型，特征重要性可通过平均所有树中的特征重要性来获得。图 5-6 给出了本研究采用的各特征的相对重要性。养护龄期的相对重要性最高，表明它是 XGB 模型中最重要的特征，其次是水泥含量和再生粗骨料的替代比例。这一结果表明通过调整养护龄期、水泥用量和再生粗骨料，可有效提高混凝土的抗压强度。水泥强度等级对预测结果也有较重要的影响，相对重要性为 11.9%。水、粉煤灰、砂和粗骨料的含量、粗骨料的最大粒径和平均吸水率影响较小，各特征的相对重要性为 4.2% ~ 7.6%。

根据特征的相对重要性，本研究分析了混凝土抗压强度预测模型中养护龄期、水泥含量、再生骨料替代比例和水泥强度等级这四个最重要特征的局部依赖图，结果如图 5-7 所示。养护龄期、水泥含量和水泥强度等级与混凝土的抗压强度呈正相关，而再生骨料替代比例与抗压强度呈负相关。随着养护龄期的增加，胶凝材料的水化反应逐渐完成，从而获得更高的强度。增加水泥用量或使用高强度水泥可提高硬化后水泥浆体的强度，从而提高混凝土的强度。此外，由于再生骨料相比于天然骨料在附着砂浆方面的表现较差，较高的再生骨料替代比例可能会降低混凝土的强度。上述结果与试验一致，进一步验证了机器学习模型的可靠性。

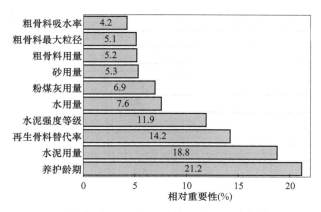

图 5-6　抗压强度预测的特征重要性分析

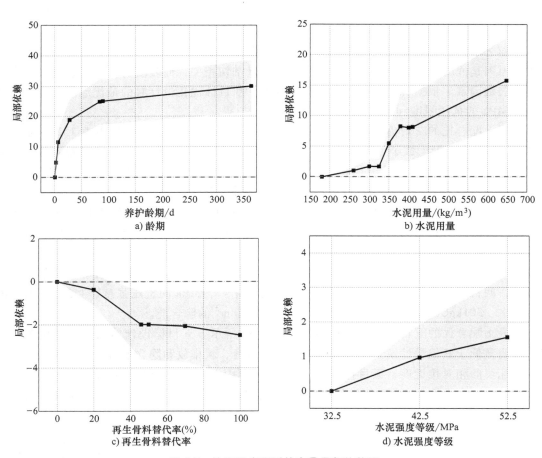

图 5-7　抗压强度预测的变量局部依赖图

5.4.3　设计结果

　　如表 5-6 所示,本研究考虑了包括混凝土抗压强度、电通量、成本、碳排放和隐含能在内的五个目标函数,并设置了四种优化情景。此外,优化设计过程中固定了一些与材料属性相关的变量取值。其中，混凝土的养护龄期、天然骨料和再生骨料的吸水率和粗骨料的最大粒径分别设置为 28d、0.5%、4.0% 和 20mm。四种情景的优化设计结果如图 5-8 所示。

表 5-6　多目标优化设计情景

设计情景	目标函数				
	抗压强度	材料成本	碳排放	隐含能	电通量
双目标优化	√	√	×	×	×
三目标优化	√	√	√	×	×
四目标优化	√	√	√	√	×
五目标优化	√	√	√	√	√

混凝土配合比的双目标优化设计结果如图 5-8a 所示。Pareto 最优解集位于试验数据区域的右下角，并包围了所有试验数据点，表明双目标优化结果是收敛和有效的。非支配解的混凝土抗压强度范围分布在 32.5~66.5MPa。在 Pareto 解集中，随着混凝土抗压强度的增加，成本也随之增加。抗压强度和成本这两个目标函数相互制约，不能同时达到最优。产生这一结果的原因是混凝土的抗压强度与胶凝材料的用量密切相关，而胶凝材料用量也是影响材料成本的关键因素。根据各非支配解的相对接近度，双目标优化设计时的最优混凝土配合比具有 58.4MPa 的抗压强度和 448.7 元/m^3 的材料成本。

混凝土配合比的三目标优化设计结果如图 5-8b 所示，相应 Pareto 解集由 153 个非支配解构成。Pareto 前沿构成了大致倾斜的平面，所有试验数据点均位于该平面下侧。根据各非支配解的相对接近度，三目标优化设计时的最优混凝土配合比具有 53.4MPa 的抗压强度、471.8 元/m^3 的材料成本和 301kgCO_{2e}/m^3 的隐含碳排放量。

混凝土配合比的四目标优化设计结果如图 5-8c 所示。图中各竖轴代表目标函数，每条曲线代表 Pareto 解集中的一组非支配解，粗实线代表具有最高相对接近度的最优解。四目标设计情景下，最优解的水泥用量与三目标设计情景接近，但其粉煤灰及骨料用量更低，其主要原因是隐含能和碳排放目标函数值计算的参数具有较高的相关性。根据各非支配解的相对接近度，四目标优化设计时的最优混凝土配合比具有 48.1MPa 的抗压强度、455.7 元/m^3 的材料成本、301kgCO_{2e}/m^3 的隐含碳排放量和 2.90GJ/m^3 的隐含能。

混凝土配合比的五目标优化设计结果如图 5-8d 所示。五目标设计情景下，最优解的水泥用量明显低于其他设计情景，这也使得其抗压强度、碳排放和隐含能等指标要偏低。根据各非支配解的相对接近度，五目标优化设计时的最优混凝土配合比具有 29.2MPa 的抗压强度、1729C 的电通量、406.9 元/m^3 的材料成本、227kgCO_{2e}/m^3 的隐含碳排放量和 2.19GJ/m^3 的隐含能。

表 5-7 给出了五种优化设计情景下的混凝土配合比最优解建议。在双目标优化情景下，最优配合比对应的水泥用量为 367kg/m^3，对应抗压强度为 58.4 MPa；而在五目标优化情景中，水泥用量降至 258kg/m^3，对应的抗压强度为 29.2MPa。水泥用量的减少是为了兼顾碳排放和隐含能的控制。再生骨料替代率在所有优化情景中的最优配合比对应值均在 80% 以上，特别是在双目标和五目标情景下分别达到了 97% 和 98%。多目标优化旨在性能、成本和环境影响之间实现最佳平衡。从表 5-7 中的数据可以看出，这种平衡策略不仅在理论上具有可行性，也为未来实际工程中的混凝土配合比设计提供了重要参考。在实际工程应用中，

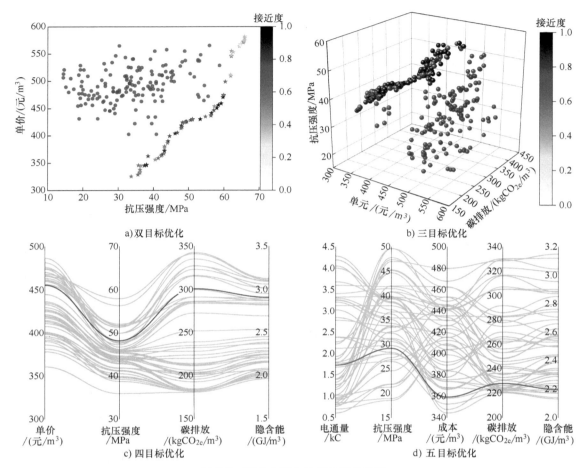

a) 双目标优化

b) 三目标优化

c) 四目标优化

d) 五目标优化

图 5-8 混凝土配合比优化设计结果

混凝土配合比的选择不仅要综合考虑抗压强度和经济性，还必须重视环境影响。在不同的工程背景下，优化目标的侧重点可能有所不同。例如，对于要求高强度的结构，双目标优化可能更为适用；而在注重环境可持续性的项目中，多目标优化则具有更高的应用价值。

表 5-7 不同优化情景下混凝土的最优配合比设计

变量	设计情景			
	双目标	三目标	四目标	五目标
水泥/(kg/m³)	367	346	348	258
水泥强度等级/MPa	42.5	42.5	42.5	42.5
水/(kg/m³)	264	254	283	164
砂子/(kg/m³)	710	895	881	600
粗骨料/(kg/m³)	874	837	810	979
再生骨料替代率(%)	97	90	89	98
粉煤灰/(kg/m³)	97	92	29	95
抗压强度/MPa	58.4	53.4	48.1	29.2

（续）

变量	设计情景			
	双目标	三目标	四目标	五目标
电通量/C	498	504	517	1729
材料成本/(元/m^3)	448.7	471.8	455.7	406.9
碳排放/(kgCO$_{2e}$/m^3)	316	301	301	227
隐含能/(GJ/m^3)	2.91	2.93	2.90	2.19

5.4.4 主要结论

本设计实例通过整合机器学习模型和元启发式优化方法，提出了混凝土配合比智能优化设计的算法框架。在此基础上，整合包含 1305 个抗压强度试件样本和 226 个电通量试验样本的数据集开展了材料性能预测机器学习模型的训练与测试，并以材料强度、电通量、成本、碳排放和隐含能为目标分别在四种情景下对混凝土配合比进行了优化设计。本设计实例的主要结论如下：

1）集成学习模型在预测混凝土抗压强度和电通量方面的表现优于单一学习模型。在所有机器学习模型中，抗压强度预测表现最佳的 XGB 模型在测试集上的 R^2、RMSE 和 MAPE 指标分别为 0.963、2.713 和 0.069，电通量预测表现最佳的 GB 模型在测试集上的 R^2、RMSE 和 MAPE 指标分别为 0.958、360.935 和 0.131，均表现出了较好的精度与较强的泛化能力。

2）以抗压强度预测表现最佳的 XGB 模型为例开展了可解释性分析，其中特征重要性分析结果表明，养护龄期、水泥含量和再生粗骨料替代率是影响混凝土抗压强度的三个主要因素。局部依赖分析进一步表明，延长养护龄期、增加水泥用量、降低再生粗骨料替代率和使用高强水泥可提高混凝土的抗压强度。

3）在混凝土配合比的多目标优化设计中，基于粒子群优化算法的模型表现出良好的性能。不同设计情景的最优解对比分析表明，抗压强度、电通量、成本、碳排放和隐含能这五个优化目标相互制约，不能同时达到最优，可结合熵权法和 TOPSIS 方法进行配合比优化设计结果的最终决策。

值得注意的是，本实例建立的机器学习模型是基于特定数据集训练的，通过增加考虑其他设计变量（如高炉粒化矿渣粉、引气剂等）的数据样本，可进一步提升预测模型的泛化性能。

本章小结

本章以混凝土材料的低碳设计为对象，首先介绍了混凝土配合比的基本概念与传统设计方法，并在此基础上提出了考虑材料强度、电通量、成本、碳排放和隐含能五个目标的配合比智能优化设计模型。基于机器学习，对比了不同算法建立的混凝土抗压强度和电通量高效预测模型，提出了成本、碳排放及隐含能目标函数的计算模型，规范了配合比优化设计的约束条件，并采用粒子群优化算法构建了多目标优化设计框架，最终结合熵权法和 TOPSIS 法实现了最优配合比决策。通过建立数据准则与数据清洗，本研究建立了试件样本的数据集，用于混凝土强度和电通量预测模型的训练与测试，并开展了模型可解释性分析。最终，将该预测模型与粒子群优化算法结合，用于四种设计情景下的混凝土配合比优化设计。本章建立的优化模型及实例分析可为混凝土材料层面的节能降碳、可持续性设计提供高效算法与参考，提高配合比设计效率，降低时间和经济成本。

第6章

混凝土构件的低碳设计

本章导读

混凝土结构在各类工程结构中应用广泛，消耗了大量的钢材与水泥等高能耗资源。研究表明，房屋建筑中近2/3的隐含碳排放是由主体结构贡献，因此实现混凝土结构的低碳设计对建筑业节能降碳具有重要意义。作为混凝土结构的重要组成部分，梁、板、柱等常用混凝土构件的低碳优化设计问题近年来得到了一定的研究。然而，多数研究所采用的计算边界不清晰，常仅考虑钢材与混凝土两种材料的碳排放，而忽略了其他辅材、材料运输及施工过程的影响；优化算法方面，仍多采用单目标算法对基于碳排放指标和成本指标的优化设计做独立分析与对比，缺少对不同优化目标间耦合性与竞争性关系的考量。此外，碳排放因子等背景数据取值本身具有一定的可选择性，这种数据的不确定性可能会导致混凝土构件优化设计结果的偏差，影响设计决策甚至导致设计失效。为此，本章以混凝土构件的低碳设计为对象，建立单目标与双目标优化设计的基本模型与全生命周期动态模型，提出相应的目标函数与约束条件。在此基础上，详细介绍利用遗传算法解决上述低碳优化设计问题的基本原理与方法，并以典型的框架柱、简支梁和连续梁为算例，结合我国规范的计算与构造要求，研究不同构件优化设计的具体算法架构、设计结果与主要影响因素，并考虑碳排放因子的参数不确定性，对优化设计过程进行随机模拟与统计概率分析，从全局视角给出混凝土构件低碳设计的建议。本章内容的组织框架如图6-1所示。

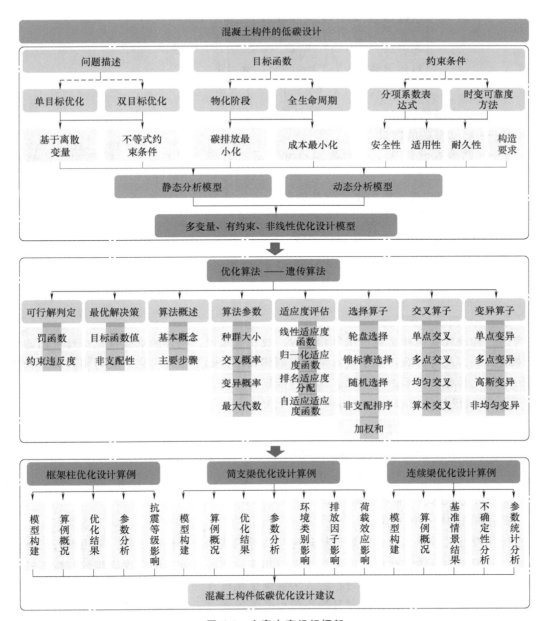

图 6-1　本章内容组织框架

6.1　优化设计模型

6.1.1　问题描述

混凝土构件低碳优化设计的目标是在满足安全性、适用性和耐久性设计要求的前提下，通过优化构件的材料性能、设计参数、布置方式及作用条件等，实现隐含碳排放量的最小化。因此，构件的低碳优化设计可表述为以下单目标优化问题

$$\begin{cases} 已知参数: \boldsymbol{Y} = \{y_j\}, j = 1, 2, \cdots, M \\ 变量: \boldsymbol{X} = \{x_i\}, x_i \in \{x_i^1, x_i^2, \cdots, x_i^{k_i}\}, i = 1, 2, \cdots, N \\ 目标函数: f_1(\boldsymbol{X}, \boldsymbol{Y}) = \min[C(\boldsymbol{X}, \boldsymbol{Y})] \\ 约束方程: G_l(\boldsymbol{X}, \boldsymbol{Y}) \geq 0, l = 1, 2, \cdots, L \end{cases} \quad (6-1)$$

式中　$\boldsymbol{Y}$——已知参数，如结构内力、轴网尺寸、抗震等级、碳排放因子等；

　　　M——已知参数的数量；

　　　$\boldsymbol{X}$——结构的设计变量，如截面尺寸、钢筋直径、钢筋数量、配筋间距、材料强
　　　　　度等；

　　　k_i——第 i 个变量可取的离散值总数量；

　　　N——设计变量的数量；

　　　f_1——隐含碳排放量最小化目标函数；

　　　C——结构构件的隐含碳排放量；

　　　G_l——由承载能力、正常使用和耐久性极限状态设计要求确定的第 l 个不等式约束
　　　　　条件；

　　　L——约束条件的数量。

　　考虑结构设计要与社会经济水平相适应，故一般来说，构件的低碳优化设计中尚需要考虑成本的影响。此时，既可赋予成本某一限值将其作为约束条件考虑，又可将其作为构件设计的另一优化目标。按后一种方式，构件的低碳优化设计则变为双目标优化问题，即

$$\begin{cases} 已知参数: \boldsymbol{Y} = \{y_j\}, j = 1, 2, \cdots, M \\ 变量: \boldsymbol{X} = \{x_i\}, x_i \in \{x_i^1, x_i^2, \cdots, x_i^{k_i}\}, i = 1, 2, \cdots, N \\ 目标函数: f_1(\boldsymbol{X}, \boldsymbol{Y}) = \min(C(\boldsymbol{X}, \boldsymbol{Y})); f_2(\boldsymbol{X}, \boldsymbol{Y}) = \min(B(\boldsymbol{X}, \boldsymbol{Y})) \\ 约束方程: G_l(\boldsymbol{X}, \boldsymbol{Y}) \geq 0, l = 1, 2, \cdots, L \end{cases} \quad (6-2)$$

式中　f_2——成本最小化目标函数；

　　　B——结构构件的成本。

　　在优化设计过程中，考虑结构设计理论与目标函数计算方法的不同，采用现行标准进行结构设计时定义为低碳优化设计的静态模型，相应目标函数计算不考虑碳排放与成本的时变效应；采用时变可靠性设计理论时，定义为低碳优化设计的动态模型，相应目标函数采用全生命周期碳排放与成本。动态模型是静态模型的拓展形式，二者具有统一的目标与约束，但动态模型涉及结构构件的全生命周期，计算分析方法更复杂。混凝土构件低碳设计模型的理论框架如图6-2所示。本章主要研究静态模型。

　　需要强调的是，在上述单目标或双目标优化设计问题中，尽管截面尺寸等设计变量在理论上是连续变量，且按连续变量考虑时可能得到更好的优化结果，但这些变量在工程实践中常从离散集中选择[321]。例如，钢筋、混凝土强度及钢筋直径等变量，在 GB/T 50010—2010《混凝土结构设计标准》中被划分为几个等级。普通混凝土的强度等级为 C20~C80，并以 5 MPa 为步长；钢筋强度等级包含 HPB300、HRB400、HRB500 等（注：最新修订的标准中已删除 HRB335 钢筋，本章出于研究目的，在算例分析中仍保留了该钢筋型号）；用于普通混凝土构件时，钢筋直径范围常取 8~25mm，并以 2mm 或 3mm 为步长。其次，描述构

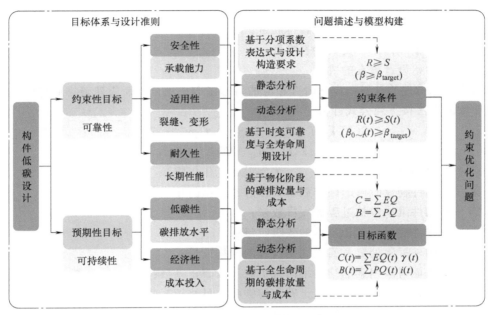

图 6-2　可持续设计模型的理论框架

件截面尺寸（高度和宽度）的变量通常以 50mm 或 100mm 为模数，以便于测量和施工。因此，混凝土构件的低碳优化设计应选择适用于离散变量的优化分析算法。

6.1.2　目标函数

混凝土构件的隐含碳排放与成本主要来自生产及施工过程，故一般可将物化阶段碳排放量和成本作为优化目标，相应目标函数为

$$f_1(\boldsymbol{X}, \boldsymbol{Y}) = \min(C(\boldsymbol{X}, \boldsymbol{Y})) = \min\Big(\sum_i E_{\mathrm{s},i} Q_{\mathrm{s},i} + \sum_j E_{\mathrm{c},j} Q_{\mathrm{c},j} + \sum_k E_{\mathrm{f},k} Q_{\mathrm{f},k}\Big) \tag{6-3}$$

$$f_2(\boldsymbol{X}, \boldsymbol{Y}) = \min(B(\boldsymbol{X}, \boldsymbol{Y})) = \min\Big(\sum_i P_{\mathrm{s},i} Q_{\mathrm{s},i} + \sum_j P_{\mathrm{c},j} Q_{\mathrm{c},j} + \sum_k P_{\mathrm{f},k} Q_{\mathrm{f},k}\Big) \tag{6-4}$$

式中　$Q_{\mathrm{s},i}$——第 i 种钢筋分项工程的工程量；

　　　$Q_{\mathrm{c},j}$——第 j 种混凝土分项工程的工程量；

　　　$Q_{\mathrm{f},k}$——第 k 种模板分项工程的工程量；

　　　$E_{\mathrm{s},i}$——第 i 种钢筋分项工程的综合碳排放指标；

　　　$E_{\mathrm{c},j}$——第 j 种混凝土分项工程的综合碳排放指标；

　　　$E_{\mathrm{f},k}$——第 k 种模板分项工程的综合碳排放指标；

　　　$P_{\mathrm{s},i}$——第 i 种钢筋分项工程的综合单价；

　　　$P_{\mathrm{c},j}$——第 j 种混凝土分项工程的综合单价；

　　　$P_{\mathrm{f},k}$——第 k 种模板分项工程的综合单价。

当考虑针对已有设计方案进行优化设计时，也可将优化方案相对于初始方案的降碳量作为优化目标，此时的目标函数可表示为

$$f_1(\boldsymbol{X}, \boldsymbol{Y}) = \min(\mathrm{CR}(\boldsymbol{X}, \boldsymbol{Y})) = \min(C(\boldsymbol{X}, \boldsymbol{Y}) - C_0) \tag{6-5}$$

$$f_2(\boldsymbol{X}, \boldsymbol{Y}) = \min(\mathrm{BR}(\boldsymbol{X}, \boldsymbol{Y})) = \min(B(\boldsymbol{X}, \boldsymbol{Y}) - B_0) \tag{6-6}$$

式中　CR——隐含碳排放的降碳量，负数代表降低；

C_0——初始设计方案的隐含碳排放量；

BR——成本降低值，负数代表降低；

B_0——初始设计方案的成本。

当需要考虑构件的全寿命设计时，相应的目标函数采用全生命周期碳排放与成本，并可结合第 2 章的方法按下列公式计算

$$C(\boldsymbol{X}, \boldsymbol{Y}, t) = C_{\mathrm{M}} + C_{\mathrm{R}}\gamma_{\mathrm{R}} + C_{\mathrm{A}}\gamma_{\mathrm{A}} + C_{\mathrm{D}}\gamma_{\mathrm{D}} \tag{6-7}$$

$$B(\boldsymbol{X}, \boldsymbol{Y}, t) = B_{\mathrm{M}} + B_{\mathrm{R}}I_{\mathrm{R}} + B_{\mathrm{D}}I_{\mathrm{D}} \tag{6-8}$$

式中：　t——时间参数，取值为 $0 \sim T$（T 为设计工作年限）；

C_{M}——构件物化阶段的碳排放量，按静态模型的相应公式计算；

C_{R}——构件维修维护过程的碳排放量；

C_{A}——构件混凝土碳化过程的碳吸收量；

C_{D}——构件拆除处置及回收利用过程的碳排放量；

γ_{R}——考虑时效因素的结构维修维护碳排放修正系数；

γ_{A}——考虑时效因素的混凝土碳化的碳吸收量修正系数；

γ_{D}——考虑时效因素的拆除处置及回收利用过程的碳排放修正系数；

B_{M}——构件物化阶段的成本，按静态模型的相应公式计算；

B_{R}——构件维修维护的成本；

B_{D}——构件拆除处置及回收利用的成本；

I_{R}——考虑折现率的结构维修维护成本修正系数；

I_{D}——考虑折现率的拆除处置成本修正系数。

6.1.3　约束条件

混凝土构件设计的约束条件可分为计算和构造约束条件。计算约束条件根据构件承载力计算、裂缝与挠度验算等确定；而构造约束条件根据相关规范、标准关于构件细部构造的规定等确定，如材料选用、连接方式、保护层厚度、锚固长度等。依据 GB 50068—2018《建筑结构可靠性设计统一标准》[320]、GB/T 50010—2010《混凝土结构设计标准》等，可采用分项系数表达式进行承载力计算，以满足安全性要求，即

$$\gamma_0 S_{\mathrm{d}} \leqslant R_{\mathrm{d}} \tag{6-9}$$

$$S_{\mathrm{d}} = S\left(\sum_{i \geqslant 1}\gamma_{G_i}G_{ik} + \gamma_P P + \gamma_{Q_1}\gamma_{L_1}Q_{1k} + \sum_{j > 1}\gamma_{Q_j}\varphi_{cj}\gamma_{L_j}Q_{jk}\right) \tag{6-10}$$

式中　γ_0——结构重要性系数；

S_{d}——作用组合的效应设计值；

R_{d}——结构或结构构件的抗力设计值；

γ_{G_i}——第 i 种永久作用的分项系数；

G_{ik}——第 i 种永久作用的标准值；

γ_P——预应力的分项系数；

P——预应力作用的代表值；

γ_{Q_1}——第 1 种可变作用的分项系数；

γ_{Q_j}——第 j 种可变作用的分项系数；

Q_{1k}——第 1 种可变作用的标准值；

γ_{L_1}——考虑结构设计工作年限的第 1 种可变作用的调整系数；

γ_{L_j}——考虑结构设计工作年限的第 j 种可变作用的调整系数；

φ_{cj}——第 j 种可变作用的组合值系数；

Q_{jk}——第 j 种可变作用的标准值。

依据上述计算要求，在轴向力、弯矩、剪力和扭矩单独或联合作用下，安全性约束条件可统一表示为以下标准化形式

$$G_{\text{safe},i}(\boldsymbol{X},\boldsymbol{Y}) = \frac{R_{d,i} - \gamma_0 S_{d,i}}{\gamma_0 S_{d,i}} \geqslant 0 \tag{6-11}$$

式中　$G_{\text{safe},i}$——与构件安全性要求相关的第 i 项约束条件；

$S_{d,i}$——第 i 种作用效应设计值；

$R_{d,i}$——与第 i 种作用效应对应的构件抗力设计值。

采用这一比例形式的标准化约束条件，可在优化设计过程中消除量纲对不同约束条件违反程度的影响。此外，当考虑构件的全寿命设计时，需将式（6-11）中的 $R_{d,i}$ 和 $S_{d,i}$ 替换为 t 时刻的 $R_{d,i}(t)$ 和 $S_{d,i}(t)$，或采用时变可靠度指标表示可靠性约束条件[322]，即

$$G_{\text{safe}}(\boldsymbol{X},\boldsymbol{Y}) = \frac{\beta_{0\sim t}(t) - \beta_{\text{target}}}{\beta_{\text{target}}} \geqslant 0 \tag{6-12}$$

式中　$\beta_{0\sim t}(t)$——混凝土构件在 t 时刻的可靠指标；

β_{target}——混凝土构件的目标可靠指标。

构件设计的适用性方面，通常可考虑荷载效应标准组合或准永久组合情况下的裂缝与挠度验算。具体而言，构件的挠度不应超过规范规定的挠度限值；一级裂缝控制等级时，在荷载效应的标准组合下，构件受拉边缘混凝土不产生拉应力；二级裂缝控制等级时，在荷载效应的标准组合下，受拉边缘混凝土拉应力小于混凝土抗拉强度标准值；三级裂缝控制等级时，普通混凝土构件按荷载效应的准永久组合并考虑长期效应组合影响的最大裂缝宽度不超过限值，预应力混凝土构件按荷载效应的标准组合并考虑长期效应组合影响的最大裂缝宽度不超过限制，且二 a 环境中在荷载效应的准永久组合下，受拉边缘混凝土拉应力小于混凝土抗拉强度标准值。上述适用性验算可采用下列公式

$$f \leqslant f_{\max} \tag{6-13}$$

$$\begin{cases} \text{一级裂缝控制等级}: \sigma_{ck} - \sigma_{pc} \leqslant 0 \\ \text{二级裂缝控制等级}: \sigma_{ck} - \sigma_{pc} \leqslant f_{tk} \\ \text{三级裂缝控制等级}: \omega_{\max} \leqslant \omega_{\lim} \\ \qquad\qquad \sigma_{cq} - \sigma_{pc} \leqslant f_{tk}（\text{预应力构件二 a 环境}） \end{cases} \tag{6-14}$$

式中　f——混凝土构件的挠度计算值；

$f_{\max}$——混凝土构件的挠度限值；

σ_{ck}——荷载效应标准组合下抗裂验算边缘的混凝土法向应力；

σ_{pc}——扣除全部预应力损失后在抗裂验算边缘混凝土的预压应力；

f_{tk}——混凝土轴心抗拉强度标准值；

$\omega_{\max}$——按荷载的标准组合或准永久组合并考虑长期作用影响计算的最大裂缝宽度；

$\omega_{\lim}$——最大裂缝宽度限值；

σ_{cq}——荷载效应准永久组合下抗裂验算边缘的混凝土法向应力。

尽管不同情况下适用性验算的具体公式存在差异，但本质上这些约束条件均属于最大值约束，故适用性约束条件可统一表示为以下标准化形式

$$G_{serv,j}(\boldsymbol{X}, \boldsymbol{Y}) = \frac{F_{\lim,j} - F_{d,j}}{F_{\lim,j}} \geqslant 0 \qquad (6\text{-}15)$$

式中　$G_{serv,j}$——与构件适用性要求相关的第 j 项约束条件；

$F_{d,j}$——构件最大裂缝宽度（截面边缘拉应力）或挠度的计算值；

$F_{\lim,j}$——构件最大裂缝宽度（截面边缘拉应力）或挠度的限值。

最后，由耐久性与构造要求确定的约束条件可分类为最大值约束和最小值约束。其中，最大值约束包括界限配筋率、最大箍筋间距等；最小值约束包括最低混凝土强度等级、最小混凝土保护层厚度、最小配筋率、最小锚固长度、最小截面尺寸等。这些约束条件可统一表示为以下标准化形式

$$G_{detail,m} = \frac{D_{\max,m} - D_m}{D_{\max,m}} \geqslant 0 \qquad (6\text{-}16)$$

$$G_{detail,n} = \frac{D_n - D_{\min,n}}{D_{\min,n}} \geqslant 0 \qquad (6\text{-}17)$$

式中　$G_{detail,m}$——与构造要求相关的第 m 项最大值约束条件；

$G_{detail,n}$——与构造要求相关的第 n 项最小值约束条件；

$D_{\max,m}$——第 m 项构造要求的最大值；

D_m——第 m 项构造要求的设计值；

$D_{\min,m}$——第 m 项构造要求的最小值。

6.2　优化算法

6.2.1　最优解决策

1. 单目标优化

对于无约束的优化问题，其决策空间仅由自变量的取值范围决定，采用一般性的迭代计算，即可逐步实现结果的优化。而大多数的实际优化问题均是包含约束条件的，对于这类问题，在进行优化目标迭代分析的同时，尚需判定解是否满足约束条件。若不对约束条件加以处理，易在迭代过程中进入非可行域，从而求得无效解，使优化过程失去意义。罚函数（Penalty Function）法[323] 是有约束优化问题的一种重要处理方法，其通过引入辅助函数将有约束问题等效为无约束问题，主要分为外点法、内点法和乘数法三种。外点法通过引入一个惩罚项，将约束条件转化为约束惩罚，从而使得约束条件在整个优化过程中保持有效。对于最小值优化问题，惩罚项通常为一个大的正数，它在违反约束时增加目标函数的值。内点法构造一个罚函数，使得解位于可行域内时的罚函数值较小，而在可行域边界上时罚函数值趋于无穷大；通过在可行域内部进行迭代，逐渐逼近约束优化问题的最优解。乘子法通过引

入拉格朗日乘子来构造一个新的目标函数，将原始的有约束优化问题转化为等价的无约束优化问题。通过求解这个无约束问题，同时迭代更新拉格朗日乘子，最终达到约束优化问题的解。

上述方法中，外点法具有对初始值无特定限制（无需在可行域内），并可同时适用于等式与不等式约束的特点，应用较为方便。对于单目标最小值优化问题，可构造如下罚函数

$$\bar{f}(\boldsymbol{x}) = f(\boldsymbol{x}) + \sigma P(\boldsymbol{x}) \tag{6-18}$$

式中　$\bar{f}(\boldsymbol{x})$——罚函数；

　　　$f(\boldsymbol{x})$——目标函数；

　　　σ——罚因子；

　　　$P(\boldsymbol{x})$——辅助函数，即罚项。

辅助函数 $P(\boldsymbol{x})$ 的一般形式如下

$$P(\boldsymbol{x}) = \sum_{l=1}^{L} \phi(G_l(\boldsymbol{x})) + \sum_{k=1}^{K} \psi(H_k(\boldsymbol{x})) \tag{6-19}$$

且满足

$$\begin{cases} G_l(\boldsymbol{x}) \geqslant 0 \text{ 时}, \phi(G_l(\boldsymbol{x})) = 0 \\ G_l(\boldsymbol{x}) < 0 \text{ 时}, \phi(G_l(\boldsymbol{x})) > 0 \\ H_k(\boldsymbol{x}) = 0 \text{ 时}, \psi(H_k(\boldsymbol{x})) = 0 \\ H_k(\boldsymbol{x}) \neq 0 \text{ 时}, \psi(H_k(\boldsymbol{x})) > 0 \end{cases} \tag{6-20}$$

式中　$G_l(\boldsymbol{x})$——第 l 个不等式约束条件；

　　　L——不等式约束条件的数量；

　　　$H_k(\boldsymbol{x})$——第 k 个等式约束条件；

　　　K——等式约束条件的数量；

　　　ϕ——不等式约束条件的变换函数；

　　　ψ——等式约束条件的变换函数。

函数 ϕ 和 ψ 通常可如下选取

$$\begin{cases} \phi(G_l(\boldsymbol{x})) = [\max(0, -G_l(\boldsymbol{x}))]^{\alpha} \\ \psi(H_k(\boldsymbol{x})) = |H_k(\boldsymbol{x})|^{\beta} \end{cases} \tag{6-21}$$

其中，系数 α、$\beta \geqslant 1$ 为给定常数，通常可取 1 或 2。

对于混凝土构件的低碳优化设计，依据 6.1.3 节的约束条件，罚项可具体表示为

$$P(\boldsymbol{X}, \boldsymbol{Y}) = \sum_{i} \max(-G_{\text{safe},i}(\boldsymbol{X}, \boldsymbol{Y}), 0) + \sum_{j} \max(-G_{\text{serv},j}(\boldsymbol{X}, \boldsymbol{Y}), 0) +$$
$$\sum_{m} \max(-G_{\text{detail},m}(\boldsymbol{X}, \boldsymbol{Y}), 0) + \sum_{n} \max(-G_{\text{detail},n}(\boldsymbol{X}, \boldsymbol{Y}), 0) \tag{6-22}$$

若某一组解是可行解，则罚项取值为 0，罚函数值与目标函数值一致；当某一组解是非可行解时，则罚函数值大于目标函数值。显然，对于单目标优化问题来说，直接比较罚函数值即可判定解的优劣性，实现最优解的决策。

2. 多目标优化

对于多目标优化问题，通常不存在一组解，能够使所有目标均达到最优化（即绝对最优解）。因此，多目标问题常采用帕累托（Pareto）最优的概念，确定一组最优解集。帕累

托解的定义如下：对于多目标优化问题的一组解，如果不存在其他解可在优化某一目标的同时，不引起任何其他目标的劣化，则这一组解称为非支配解（Non-Dominated Solution）或帕累托解[324]。优化问题解的支配关系可如下判定

$$
\begin{cases}
\boldsymbol{X}_1 \preccurlyeq \boldsymbol{X}_2 \\
\forall p \in \{1, \cdots, M\} : f_p(\boldsymbol{X}_1) \leqslant f_p(\boldsymbol{X}_2) \\
\exists q \in \{1, \cdots, M\} : f_q(\boldsymbol{X}_1) < f_q(\boldsymbol{X}_2) \ (q \neq p)
\end{cases}
\tag{6-23}
$$

式中　$\boldsymbol{X}_1$、$\boldsymbol{X}_2$——两个可行解；

　　　　$\boldsymbol{X}_1 \preccurlyeq \boldsymbol{X}_2$——$\boldsymbol{X}_1$ 支配 $\boldsymbol{X}_2$；

　　　　M——目标函数的数量；

　　　　f_p、f_q——第 p 和 q 个目标函数。

按上述判别式，若不存在任何解支配 $\boldsymbol{X}_1$，则 $\boldsymbol{X}_1$ 为一组非支配解。此外，对于多目标优化问题，解的可行性以约束违反度（ICV）进行衡量，可行域内解的约束违反度为零，而非可行域内约束违反度为正数。约束违反度可类似罚函数中的罚项进行定义。

6.2.2　遗传算法

1. 基本概念与步骤

遗传算法（Genetic Algorithm，GA）是一种受自然界进化理论启发而来的优化算法，通常用于解决复杂的优化问题。它模拟了生物进化过程中的遗传、突变、适应度等概念，通过不断迭代、交叉及变异操作，逐步优化解的质量。遗传算法的主要实现步骤包括：

1）初始化种群。随机生成初始的个体组成种群。个体是指优化问题的解，通常用染色体来表示，染色体由基因组成，基因可看作是问题的变量或参数。

2）评估适应度。计算每个个体的适应度值。适应度用来评价个体在解空间中的优劣程度，适应度函数需根据具体问题而定，通常越优秀个体的适应度越高。

3）选择操作。采用一定的策略从当前种群中选择适应度较高的个体作为父代。

4）交叉操作。模拟基因重组过程，通过将两个父代个体的染色体部分结合，生成新的子代个体。

5）变异操作。对子代个体进行变异，增加种群的多样性；变异操作指对染色体进行局部随机修改，引入种群中的随机变化，防止算法陷入局部最优解。

6）更新种群。用新生成的子代个体替换原来的父代个体。

7）重复进化。反复进行选择、交叉和突变操作，逐步进化出更好的解。每一代种群都会根据适应度函数进行评估和调整，直至达到终止条件（如达到最大迭代次数或找到满意的解）。

2. 主要算法参数

1）种群容量，决定了每一代个体的总数量。通常，种群容量越大，算法的搜索能力越强，但计算成本也随之增加。种群容量常取 20~200。

2）交叉概率，决定了每对父代个体进行交叉的概率。交叉是产生新个体的主要机制，适当的交叉概率有助于保持种群的多样性。交叉概率常取 0.1~0.99。

3）变异概率，决定了个体基因发生变异的概率，变异有助于算法跳出局部最优解，增

加种群的多样性。变异概率常取 $0.001 \sim 0.1$。

4）最大代数，算法执行的最大迭代次数，影响算法运行的总时长。最大代数常取 $100 \sim 1000$。

3. 适应度评估

适应度评估在遗传算法中扮演着至关重要的角色，它用于评估个体（染色体）的质量，即解的优劣。适应度函数直接影响遗传算法的选择过程，决定了哪些父代个体将被保留并用于生成子代。常用的适应度评估方法如下：

（1）线性适应度函数 直接使用目标函数的简单线性变换形式作为适应度函数，通常用于数值优化问题。对于有约束优化问题，可采用罚函数替代目标函数。线性适应度函数可表示为

$$\text{fit}(\boldsymbol{X}) = \begin{cases} \text{最大值优化问题：} f(\boldsymbol{X}) \\ \text{最小值优化问题：} -f(\boldsymbol{X}) \end{cases} \tag{6-24}$$

式中 $\text{fit}(\boldsymbol{X})$——适应度函数；

$f(\boldsymbol{X})$——目标函数（无约束优化问题）或罚函数（有约束优化问题）。

（2）归一化适应度函数 将目标函数值进行归一化处理，使每个个体的适应度映射到 $[0，1]$ 区间，提高算法的稳定性和效率。归一化适应度函数可表示为

$$\text{fit}(\boldsymbol{X}) = \frac{f(\boldsymbol{X}) - f_{\min}}{f_{\max} - f_{\min}} \tag{6-25}$$

式中 $f_{\min}$——种群中所有个体的目标函数最小值；

$f_{\max}$——种群中所有个体的目标函数最大值。

（3）排名适应度分配 不直接使用目标函数值，而是根据个体在种群中的排名来分配适应度。相对于直接使用目标函数值的适应度方法，排名适应度分配法更加稳健，适用于复杂的优化问题。常见的排名适应度分配法包括线性法、指数法等。线性法中，个体的适应度与其排名是线性关系，当种群大小为 N 时，排名 r 的个体适应度可表示为

$$\text{fit}(\boldsymbol{X},r) = N - r \tag{6-26}$$

指数法中，个体的适应度随排名呈指数变化，排名 r 的个体适应度可表示为

$$\text{fit}(\boldsymbol{X},r) = \exp[-\beta(r - 1)] \tag{6-27}$$

式中 β——衰减参数。

（4）自适应适应度函数 根据种群中个体的表现或其他特定指标，自动调整适应度评估的方式，以更好地适应问题的复杂性和多样性。自适应适应度函数包括参数自适应、函数形式自适应等。参数自适应是指根据种群的统计信息，动态调整适应度函数的参数，如适应度函数中的权重或尺度参数。函数形式自适应是指根据优化过程中的收敛情况或进化特征，自动选择或调整不同形式的适应度函数，如线性、非线性、指数等形式。

4. 单目标优化的选择算子

（1）轮盘选择 最常用的选择算子之一，根据适应度值来选择个体，适应度越高的个体被选中的概率越大。轮盘选择法的具体实现步骤如下：

1）计算适应度比例。计算每个个体的适应度比例，通常是将适应度归一化为概率。

2）构建选择轮盘。将轮盘根据每个个体的适应度比例进行划分。

3）选择个体。通过随机数在轮盘上选择个体，选择频率与个体适应度成比例。

4）重复选择。重复上述步骤，直到为下一代种群选择足够数量的个体。

轮盘选择简单且易于实现，但高适应度个体可能会在种群中过度繁殖，降低多样性。

（2）锦标赛选择　另一种常用的选择算子，通过在随机生成的锦标赛子群中比较个体的适应度来进行选择。锦标赛选择相比轮盘选择更能保证种群的多样性，锦标赛规模需结合具体问题进行调优，以获得最佳性能。锦标赛法的具体实现步骤如下：

1）确定锦标赛规模。设置每次选择中参与竞争的个体数量。

2）选择参与个体。从种群中随机选择一部分个体组成一个锦标赛子群。

3）比较个体适应度。在锦标赛子群中比较个体的适应度，选取适应度最高的个体作为胜者。

4）重复选择过程。重复以上步骤 2）~3），直至选择足够数量的个体为止。

（3）排名选择　对个体按适应度进行排序，依个体的排名按一定方式分配选择概率，且排名靠前的个体具有更高的选择概率。该方法原理简单，不依赖于个体适应度的具体数据，有助于维持种群的多样性，并具有较好的鲁棒性。

（4）随机选择　选择过程完全随机，每个个体被选中的概率相同，不考虑个体的适应度。该方法实现简单，但优势个体没有更多机会传递基因，收敛速度慢。随机选择算子常与其他选择算子结合使用，如采用一定比例的随机选择来保持多样性，同时使用其他选择算子来确保优势个体能够被选中。

除上述选择算子外，也可采用随机遍历选择、玻尔兹曼选择等方法。

5. 多目标优化的选择算子

（1）非支配排序选择　多目标优化中的一种关键选择策略，常用于快速非支配排序遗传算法（Non-dominated Sorting Genetic Algorithm II，NSGA-II）[325]。非支配排序的具体实现步骤如下：

1）非支配排序。将种群中的个体根据非支配关系进行排序。第一层（或称第一前沿）由不被任何其他个体支配的个体组成，这些个体是最优的非支配解。然后，从剩余的个体中找到不被任何其他个体支配的个体，构成第二层，以此类推。同一层内非支配个体按目标函数值由低至高进行排序。

2）计算个体的"拥挤度"。在每一层内，个体根据其周围的拥挤度进行评估，拥挤度较高的个体表示其周围的解较为稀疏，应被优先选择。拥挤度可采用下式计算

$$CD_r = \begin{cases} \infty, r = 1, R \\ \dfrac{1}{M}\sum_{m=1}^{M}\dfrac{|f_{m,r+1} - f_{m,r-1}|}{f_{m,\max} - f_{m,\min}}, r = 2, \cdots, R-1 \end{cases} \tag{6-28}$$

式中　CD_r——同一层 Pareto 前沿内第 r 个个体的拥挤度；

R——同一层 Pareto 前沿内的非支配个体总数；

M——目标函数的数量；

$f_{m,r+1}$——第 $r+1$ 个个体的第 m 个目标函数值；

$f_{m,r-1}$——第 $r-1$ 个个体的第 m 个目标函数值；

$f_{m,\max}$——第 m 个目标函数的最大值；

$f_{m,\min}$——第 m 个目标函数的最小值。

3）选择个体。首先，选择具有较小 Pareto 前沿的可行解；其次，在同一 Pareto 前沿

内，选择具有较大拥挤度的可行解；最后，若可行解的数量小于种群大小，则选择具有较小约束违反度的不可行解。上述排序方法可采用以下偏序关系（$<_c$）表示

当 $X_1 <_c X_2$ 时，满足

$$(\text{ICV}(X_1) = \text{ICV}(X_2) = 0) \& (X_1 <_n X_2) \text{ or} (\text{ICV}(X_1) = 0) \& (\text{ICV}(X_2) > 0) \text{ or}$$
$$(\text{ICV}(X_1) > \text{ICV}(X_2) > 0) \tag{6-29}$$

当 $X_1 <_n X_2$ 时，满足

$$(\text{rank}(X_1) < \text{rank}(X_2)) \text{ or} (\text{rank}(X_1) = \text{rank}(X_2)) \& (\text{CD}(X_1) > \text{CD}(X_2)) \tag{6-30}$$

式中　rank——Pareto 前沿排序。

（2）Pareto 锦标赛选择　Pareto 锦标赛选择是一种基于锦标赛的选择方法，专门用于多目标优化中的 Pareto 前沿选择。Pareto 锦标赛法的主要步骤如下：

1）选择参与锦标赛的个体集合。从种群中随机选择一部分个体。

2）确定胜者。通过比较非支配关系或使用多目标优化的评价函数来选择锦标赛中的胜者。

3）重复过程。重复上述过程，直到为下一代种群选择足够数量的个体。

（3）加权和选择　用于将多个目标转化为单一的综合目标，以便在遗传算法等搜索算法中使用。这种方法通过为每个目标分配一个权重来实现，然后计算个体在所有目标上的加权和，以此作为个体的适应度。加权和法的主要步骤如下：

1）确定权重。为每个目标确定一个权重，权重可根据目标的重要性设定。

2）归一化处理。对每个个体的目标函数值进行归一化，消除不同目标函数值的量纲差异。

3）计算加权和。对每个个体按下式计算所有目标函数值的加权和

$$F_r = \sum_{m=1}^{M} \omega_m \hat{f}_{r,m} \tag{6-31}$$

式中　F_r——第 r 个个体归一化目标函数值的加权和；

$\quad\quad\ \omega_m$——第 m 个目标的权值；

$\quad\quad\ \hat{f}_{r,m}$——第 r 个个体第 m 个目标的归一化值。

4）选择个体。根据加权和采用单目标优化的选择算子进行个体选择。

（4）随机选择　在种群已具有良好多样性时，可通过简单的随机选择作为多目标优化的选择策略。

6. 交叉算子

交叉算子用于模拟生物繁殖中的杂交过程，从父代个体中产生新的子代个体。交叉算子的目的是增加种群的多样性，同时保持父代个体中有益遗传信息的传递。常用的交叉算子包括：

1）单点交叉。随机选择一个交叉点，然后交换两个父代个体在交叉点后的染色体片段，从而产生两个新的子代个体。

2）多点交叉。与单点交叉类似，但可在多个交叉点处进行染色体片段的交换，从而增加遗传多样性。

3）均匀交叉。通过逐个基因的方式从两个父代中随机选择基因，并按照一定的概率

交换。

4）算术交叉。通过父代个体的加权平均或线性组合来生成后代，适用于数值编码的个体。

7. 变异算子

变异算子用于引入种群中个体的随机变化，以增加种群的多样性，避免过早收敛到局部最优解。变异算子模拟了生物进化中的突变现象，通过随机改变个体染色体中的基因或变量产生新的个体。常用的变异算子包括：

1）单（多）点变异。随机选择个体染色体中的一（多）个基因位点，并将其值替换为一个新的随机值。

2）均匀变异。以相同的概率决定个体染色体中的每个基因是否执行变异操作。

3）高斯变异。连续型变量的变异方式，通过添加给定均值和标准差的正态分布随机扰动，在当前基因值的基础上进行变异操作。

4）非均匀变异。随着进化的进行，变异的幅度逐渐减小，有助于提高算法的全局搜索能力，在初期引入更大的随机性，而在后期逐渐收敛到更稳定的状态。

6.3 框架柱算例分析

6.3.1 模型构建

采用基于隐含碳排放和成本的双目标遗传算法对框架柱进行优化设计[184]。已知参数包括计算内力、构件长度、抗震等级、环境类别等设计资料，以及材料碳排放因子、综合单价等背景数据。设计变量包括截面尺寸、材料强度、纵筋直径与数量、箍筋直径、肢数与间距。双向偏心受压混凝土框架柱，需同时满足偏心受压承载力和受剪承载力计算要求，结构的安全性约束条件可表示为

$$G_{l,\mu} = 1 - N/(\mu_{\lim}f_{c}bh) \geqslant 0 \qquad (6\text{-}32)$$

$$G_{l,N} = N_{u}/\gamma_{0}N - 1 \geqslant 0 \qquad (6\text{-}33)$$

$$G_{l,M} = M_{u}/\gamma_{0}M - 1 \geqslant 0 \qquad (6\text{-}34)$$

$$G_{l,V} = V_{u}/\gamma_{0}V - 1 \geqslant 0 \qquad (6\text{-}35)$$

式中　　$G_{l,\mu}$——最大轴压比约束；

$G_{l,N}$——双向偏心受压承载力约束；

$G_{l,M}$——x 向或 y 向的受弯承载力约束；

$G_{l,V}$——x 向或 y 向的受剪承载力约束；

N_{u}——偏心受压承载力设计值；

M_{u}——受弯承载力设计值；

V_{u}——受剪承载力设计值；

N——轴压力设计值；

M——x 向或 y 向的弯矩设计值；

V——x 向或 y 向的剪力设计值；

μ_{lim}——轴压比限值（抗震等级为一至四级时，框架结构的柱轴压比限值分别为 0.65、0.75、0.85 和 0.9，框架剪力墙结构和筒体结构的柱轴压比限值分别为 0.75、0.85、0.90 和 0.95）；

b——混凝土截面宽度；

h——混凝土截面高度；

f_c——混凝土抗压强度设计值。

需要注意的是，有抗震设防要求时，上述约束方程需计入承载力抗震调整系数。此外，框架柱的优化尚应满足构造设计要求。依据 GB/T 50010—2010《混凝土结构设计标准》和 GB 55008—2021《混凝土结构通用规范》[326]，混凝土框架柱设计时需满足截面尺寸、纵筋配置、箍筋配置等构造要求，主要包括：

（1）截面尺寸　四级抗震等级与非抗震设计时，柱截面宽度与高度均不小于 300mm；一至三级抗震等级且层数超过 2 层时，柱截面宽度与高度不宜小于 400mm；柱剪跨比（$H_n/2h_0$）宜大于 2.0，截面长边与短边的边长比不宜大于 3。

（2）纵筋间距　纵筋净间距不应小于 50mm 且不宜大于 300mm；抗震设计时纵筋间距不宜大于 200mm。

（3）纵筋配筋率　采用 500MPa 纵向钢筋时最小配筋率为 0.5%，400MPa 时最小配筋率为 0.55%；一侧纵向钢筋的最小配筋率为 0.20%，最大配筋率为 5%；抗震设计时，框架结构中柱、边柱的全部纵筋配筋率，一至四级抗震等级分别为 1.0%、0.8%、0.7% 和 0.6%，角柱的配筋率增加 0.1%。采用 400MPa 钢筋时增加 0.05%。一级抗震等级且剪跨比不大于 2 时，每侧纵筋配筋率不宜大于 1.2%。

（4）非加密区箍筋　直径不小于 6mm 和 $d/4$（d 为纵筋直径），间距不应大于 400mm 及构件截面短边尺寸，且非抗震、三四级抗震等级时不应大于 $15d$；一二级抗震等级时箍筋间距不应大于 $10d$；截面短边尺寸大于 400mm 且各边纵筋多于 3 根，或截面短边尺寸不大于 400mm 且各边纵筋多于 4 根时，采用复合箍筋。纵筋配筋率大于 3% 时，箍筋直径不应小于 8mm，间距不应大于 $10d$，且不应大于 200mm。

（5）加密区箍筋　加密区长度应取柱截面长边尺寸、柱净高的 1/6 和 500mm 中的最大值，加密区箍筋的最大间距和最小值按 GB 55008—2021《混凝土结构通用规范》表 4.4.9-2 取用；剪跨比不大于 2 的框架柱应在柱全高范围内加密箍筋，且箍筋间距应符合一级抗震等级的要求；一级抗震等级框架柱的箍筋直径大于 12mm 且箍筋肢距小于 150mm 及二级抗震等级框架柱的箍筋直径不小于 10mm 且箍筋肢距不大于 200mm 时，除底层柱下端外，箍筋间距可采用 150mm；三四级框架柱的截面尺寸不大于 400mm 时，箍筋最小直径可采用 6mm。

（6）箍筋的体积配筋率　抗震设计时，非加密区箍筋体积配筋率不小于加密区的 50%；加密区箍筋的体积配筋率应符合 GB/T 50010—2010《混凝土结构设计标准》[258] 第 11.4.17 条的相关规定；对一至四级抗震等级的柱，其箍筋加密区的体积配筋率分别不应小于 0.8%、0.6%、0.4% 和 0.4%；当剪跨比不大于 2 时，宜采用井字复合箍，其箍筋体积配筋率不应小于 1.2%；

（7）混凝土保护层厚度　环境类别为一、二 a、二 b、三 a 和三 b 时，梁、柱的混凝土保护层厚度分别不应小于 20、25、35、40 和 50mm。

考虑上述参数变量及约束条件，框架柱低碳优化设计的流程如图 6-3 所示，具体步骤如下：

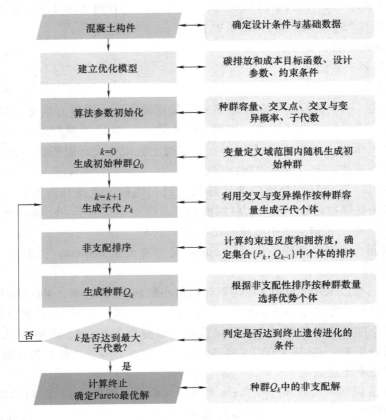

图 6-3 双目标优化设计流程

1）获取设计资料，确定设计条件与构造要求，由工程设计软件计算得到框架柱内力并进行组合。

2）建立优化模型，确定输入变量及其取值范围、目标函数和约束方程。

3）依据经验与试算，确定优化模型中主要算法参数的合理取值。

4）当子代数 $k=0$ 时，在输入变量的取值范围内，按种群容量随机生成初始种群 Q_0。

5）令 $k=k+1$，采用遗传算法的交叉与变异操作，生成子代 P_k。

6）计算 Q_{k-1} 和 P_k 内个体的成本和碳排放目标值、约束违反度、Pareto 前沿排序及拥挤度，并按第 6.2 节的方法进行非支配性排序。

7）根据种群容量，选择非支配性排序中的优势个体，作为下一代种群 Q_k。

8）重复步骤 5）~7），直至达到终止条件，最终种群中的非支配解即所求的 Pareto 最优解。

6.3.2 算例概况

1. 设计资料

选取某框架结构中柱为算例，建筑抗震设防烈度为 7 度，抗震设防类别为丙类，实际抗震等级为三级，环境类别为一类。该框架柱的总高度为 3.3m，净高度为 3.2m，初始设计截面尺寸为 500mm×500mm，混凝土强度等级为 C30，钢筋强度等级为 HRB400。由 PKPM 软件 SATWE 模块分析得出的控制截面轴力及弯矩标准值见表 6-1，考虑以下荷载效应组合：
①$1.3G_k+1.5Q_k±1.5-0.6W_k$；②$1.3G_k±1.5W_k+1.5-0.7Q_k$；③$1.3\left(G_k+0.5Q_k\right)±1.4E_k$，并根据抗震设计要求调整框架柱的弯矩及剪力设计值。

表 6-1　框架柱的控制截面内力标准值

工况	轴力/kN	柱顶弯矩/kN·m		柱底弯矩/kN·m	
		x 向	y 向	x 向	y 向
恒荷载 G_k	1310.4	10.1	2.0	32.0	1.1
活荷载 Q_k	209.9	6.1	0.6	5.9	0.8
x 向风荷载 W_{kx}	0.9	0.4	11.3	0.4	12.7
y 向风荷载 W_{kx}	17.5	43.7	0.1	46.9	0.1
x 向地震作用 E_{kx}	10.6	5.6	86.6	6.0	94.1
y 向地震作用 E_{ky}	54.7	128.8	0.8	135.6	0.9

2. 参数设置

设计参数方面，框架柱的优化设计变量及取值范围见表 6-2。优化设计中，纵筋根数和箍筋间距根据设计条件、构造规定及承载力要求计算得出，以减少变量数目、提高计算效率。

表 6-2　设计参数的取值范围

设计参数	计量单位	取值范围
截面高度 h	mm	［300，1000］（50mm 为模数）
截面宽度 b	mm	［300，1000］（50mm 为模数）
混凝土强度等级 $f_{cu,k}$	—	C25、C30、C35、C40、C45、C50
角部纵筋直径 d_{sc}	mm	12、14、16、18、20、22、25
中部纵筋直径 d_{st}	mm	12、14、16、18、20、22、25
箍筋直径 d_{sv}	mm	6、8、10、12、14、16
纵筋屈服强度 f_y	MPa	335[①]、400、500
箍筋屈服强度 f_{yv}	MPa	300、335、400、500

① GB/T 50010—2010（2024 年版）删除了 HRB335 钢筋，本研究出于对比分析的目的，优化设计时保留了该钢筋牌号。

优化算法参数方面，变量数目为 8 个，种群容量取 50，基因交叉点个数取 2，交叉概率取 0.2，变异概率取 0.05。在上述条件下，子代数递增时，最优解的变化规律如图 6-4 所示。由图可见，优化初期的前 20 次迭代过程中，碳排放量和成本迅速向最优解收敛；随后的迭代过程中优化结果趋于平缓下降；至第 563 子代时，优化结果不再变化，判定为已获得了 Pareto 最优解。

为说明上述优化结果的稳定性，相同条件下进行了 5 次独立重复模拟，其中 4 次模拟结果可

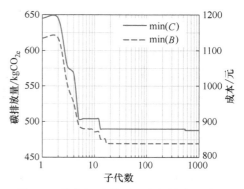

图 6-4　最优解随算法子代数的变化曲线

获得一致的最优解集，1 次模拟中碳排放最优解有 0.4% 的误差，各次模拟中的有效子代数为 94～619。因此，后续分析中取最大子代数为 1000，以在满足算例分析精度要求的同时，减小时间成本。

6.3.3　优化设计结果

根据上述设计资料及基本设计参数，采用基于离散变量的双目标遗传算法进行优化分析，得到了 3 组 Pareto 最优解，相应优化结果见表 6-3。框架柱算例的最优物化碳排放量为 487.7kgCO$_{2e}$，其中钢筋、混凝土及模板分项工程的贡献率分别为 45.5%、48.2% 和 6.3%；最优成本为 838.3 元，各分项工程的贡献率分别为 42.8%、38.8% 和 19.4%。与 Pareto 最优解 S3 相比，最优解 S1 的成本增加 61.4 元（7.3%），但碳排放量降低了 4.8kgCO$_{2e}$（1.0%）。

表 6-3　算例最优解的分析结果

参数	分项工程	计量单位	Pareto 最优解		
			S1	S2	S3
工程量	纵筋	kg	52.8	50.9	50.9
	箍筋	kg	33.7	24.9	26.0
	混凝土	m^3	0.69	0.55	0.55
	模板	m^2	6.24	5.54	5.54
碳排放量	纵筋	kgCO$_{2e}$	136.8	131.0	131.0
	箍筋	kgCO$_{2e}$	85.0	62.8	65.6
	混凝土	kgCO$_{2e}$	235.0	268.3	268.3
	模板	kgCO$_{2e}$	30.9	27.5	27.5
	合计	kgCO$_{2e}$	487.7	489.7	492.5
成本	纵筋	元	253.0	238.1	238.1
	箍筋	元	156.6	122.7	120.9
	混凝土	元	307.4	316.8	316.8
	模板	元	182.8	162.5	162.5
	合计	元	899.7	840.1	838.3

6.3.4　材料强度的影响

1. 混凝土强度

混凝土强度等级对框架柱优化设计结果的影响如图 6-5 所示。随着混凝土强度等级提高，碳排放量呈折线形，而成本呈下降趋势。当混凝土强度等级较低时，受轴压比限值影响，构件截面尺寸的优化结果为（500～550）mm×400mm，相应的碳排放量及成本均较高。当混凝土强度为 C30 时，碳排放量达到最优，但此时的成本仍处于较高水平。当混凝土强度等级达到 C40 时，最优截面尺寸突变为 400mm×400mm，导致构件用钢量明显提高，碳排放量出现局部峰值。而当混凝土强度等级提高至 C50 时，尽管混凝土的碳排放因子增大，但构件配筋降低使得钢筋分项工程的碳排放量随之下降，故碳排放量及成本均可获得较优结果。混凝土强度在 C25～C50 范围内变化时，最优解的碳排放量最多仅相差 3.3%，而成本相差 11.2%。仅从低碳与经济的角度考虑，可适当采用较高强度的混凝土进行框架柱设计。

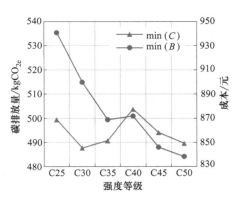

图 6-5　混凝土强度对最优解的影响

2. 钢筋强度

纵筋强度等级对框架柱优化设计结果的影响如图 6-6 所示。与采用 HRB335 纵筋的优化设计结果相比，当采用 HRB400 纵筋时，纵筋用量平均可降低 9.9%，相应的最优碳排放量及成本可分别降低 4.3% 和 1.9%；而当采用 HRB500 纵筋时，纵筋用量平均可降低 26.5%，最优碳排放量及成本可分别降低 9.2% 和 5.8%。因此，采用 GB/T 50010—2010《混凝土结构设计标准》推荐的高强钢筋作为框架柱的纵筋，兼具较好的低碳与经济效益。

箍筋强度对框架柱优化设计结果的影响如图 6-7 所示。由图可见，当采用 HPB300 箍筋时，算例可获得最优的碳排放量及成本。箍筋强度提高时，碳排放量及成本反而出现了一定的上升。产生这一现象的主要原因有以下两方面：①该算例的箍筋间距由最大间距与体积配箍率等构造要求决定，箍筋强度提高对配箍间距影响不大，而箍筋的综合碳排放指标及单价略有上升；②GB/T 50010—2010《混凝土结构设计标准》规定，箍筋受剪时取其强度设计值不大于 $360N/mm^2$，因此采用 HRB400 和 HRB500 箍筋，设计承载力无差别，而后者的材料单价更高。总体上，采用不同强度等级的箍筋时，最优碳排放量及成本的变化幅度不大于 2.5%，可适当采用高强箍筋以提高对混凝土的约束作用，增加构件延性。

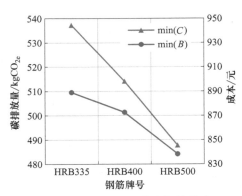

图 6-6　纵筋强度对最优解的影响

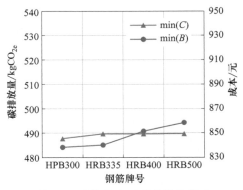

图 6-7　箍筋强度对最优解的影响

6.3.5　轴压比和偏心距的影响

实际结构中的框架柱可能处于轴心受压、大偏心受压及小偏心受压等不同状态。为研究受力状态的影响，以截面尺寸为 400mm×400mm 的框架柱为例，混凝土强度取 C30，分析轴压比 μ 分别为 0.05～0.80，计算偏心弯矩为 δM_0 时的优化结果。其中，δ 为比例系数，取值范围为 0～0.9；M_0 对应受压区高度 $x = 0.482h_0 \approx 173.5mm$、纵筋的抗压强度设计值 $f_y = 435N/mm^2$ 且配筋面积 $A_s = A'_s = 1964mm^2$ 情况下的偏心受压承载力，易计算得到 $M_0 \approx 540kN \cdot m$。

　　上述参数条件下，经分析得到碳排放量及成本最优解如图 6-8 所示。由图可见，轴压比一定时，框架柱的最优碳排放量及成本与偏心弯矩呈正相关，且偏心弯矩较大时，碳排放量及成本增长更快。当偏心弯矩一定时，若 $\delta \leq 0.2$，框架柱的最优碳排放量及成本受轴压比的影响很小，截面配筋主要由构造要求决定；而若 $\delta \geq 0.3$，随轴压比增大，框架柱的最优碳排放量及成本先减小后增大，呈 U 形分布。总体上，当轴压比为 $0.4 \sim 0.6$ 时，框架柱可获得较为低碳与经济的设计结果。

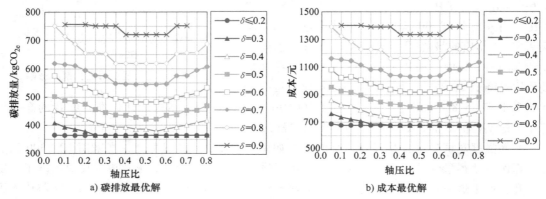

a) 碳排放最优解　　　　　　　　　　　　b) 成本最优解

图 6-8　轴压比和偏心弯矩对最优解的影响

6.3.6　抗震等级的影响

　　抗震等级提高时，框架柱的内力调整系数及配筋构造要求也更为严格。为此，对一至四级抗震等级和非抗震设计五种情况进行对比，相应的优化设计结果见表 6-4。

表 6-4　不同抗震等级时的 Pareto 最优解集

抗震等级	编号	截面尺寸	混凝土强度	纵筋	箍筋	承载力富余度（%）		碳排放量/kgCO₂e	成本/元
						偏压	受剪		
一级	S1-1	550mm×400mm	C30	4D20+6D16	A10@ 90/160（4×3）	2.7	12.4	647.7	1184.7
	S1-2	500mm×400mm	C35	10D18	B10@ 100/180（4×3）	0.2	3.8	649.4	1169.6
	S1-3	500mm×400mm	C35	10D18	A10@ 100/170（3×4）	0.2	0.9	655.5	1165.6
	S1-4	500mm×400mm	C40	10D18	A10@ 100/180（4×3）	0.6	2.7	665.8	1136.0
二级	S2-1	550mm×400mm	C30	4D18+6D14	A8@ 100/140（4×3）	5.1	23.5	541.5	993.2
	S2-2	500mm×400mm	C35	4D18+6D14	A8@ 100/140（4×3）	0.8	15.6	542.3	961.7
	S2-3	500mm×400mm	C40	4D16+6D14	A8@ 100/140（4×3）	2.0	22.2	559.7	941.8
三级	S3-1	500mm×400mm	C30	4D18+6D14	A8@ 110/210（4×3）	0.2	11.6	487.7	899.7
	S3-2	400mm×400mm	C50	4D20+4D14	B8@ 110/210（3×3）	0.9	7.7	489.7	840.1
	S3-3	400mm×400mm	C50	4D20+4D14	A8@ 100/210（3×3）	0.9	3.3	492.5	838.3
四级	S4-1	450mm×400mm	C35	4D18+4D14	C6@ 80/210（3×3）	0.6	10.2	425.9	768.4
	S4-2	450mm×400mm	C40	4D16+4D12	C6@ 80/180（3×3）	3.4	25.2	431.8	733.2
非抗震	S0-1	450mm×300mm	C50	4D14+2D12	A6@ 180/180（3×2）	6.5	118.6	332.2	568.7
	S0-2	500mm×300mm	C40	4D14+2D12	A6@ 180/180（3×2）	3.1	127.2	332.8	564.4

　　注：表中纵筋强度等级 "A～D" 分别代表 HPB300、HRB335、HRB400 和 HRB500。

对比可见，抗震等级对框架柱的优化设计结果具有显著影响。相较于非抗震设计的情况，抗震等级为三级时，最优碳排放量和成本分别增加 46.5% 和 48.5%；抗震等级为一级时，最优碳排放量和成本分别增加 95.0% 和 101.3%。抗震等级相同时，相较于成本最优解，碳排放最优解的框架柱截面尺寸及配筋量通常更高，但混凝土的强度等级相对较低。而随着抗震等级提高，构件的含钢率逐渐增加，从而导致钢筋工程对物化碳排放量及成本的贡献率显著提高，混凝土及模板工程的贡献率则逐渐降低。此外，由于框架柱内力调整满足"强剪弱弯"的设计要求，故对比发现箍筋贡献率的变化幅度高于纵筋。上述优化设计结果表明，在不同抗震设防地区，混凝土结构的隐含碳排放量具有显著差异性，在设置碳排放强度基准值、评估建筑结构低碳性时，应考虑设防烈度的影响。

6.4　简支梁算例分析

6.4.1　模型构建

考虑单筋矩形截面和双筋矩形截面两种形式，采用基于隐含碳排放和成本的双目标遗传算法对混凝土梁进行优化设计。已知参数包括计算内力（弯矩和剪力）、梁的计算跨度、抗震等级、环境类别等设计资料，以及材料碳排放因子、综合单价等背景数据；设计变量主要有截面尺寸、材料强度、纵向受拉钢筋直径与数量、纵向受压钢筋直径与数量、箍筋直径、肢数与间距。混凝土梁需满足正截面受弯承载力、斜截面承载力、最大裂缝宽度、挠度、配筋率及数量等要求，并以约束违反度表示不满足约束条件的情况。

1）受弯承载力的约束违反度可采用下式计算

$$\mathrm{ICV}_M = \max\left(0, \frac{M - M_u}{M}\right) \tag{6-36}$$

式中　ICV_M——受弯承载力的约束违反度；

　　　M——弯矩设计值；

　　　M_u——受弯承载力计算值。

其中，受弯承载力可按下列公式计算

$$x = \frac{f_y A_s - f_y' A_s'}{\alpha_1 f_c b}(\text{单筋截面不考虑} f_y' A_s') \tag{6-37}$$

$$M_u = \begin{cases} f_y A_s(h_0 - a_s'), x < 2a_s'(\text{适用于双筋截面}) \\ f_y' A_s'(h_0 - a_s') + \alpha_1 f_c bx(h_0 - 0.5x), 2a_s' \leq x \leq \xi_b h_0 \\ \alpha_1 f_c b h_0^2 \xi_b(1 - 0.5\xi_b), x > \xi_b h_0 \end{cases} \tag{6-38}$$

式中　x——混凝土受压区高度；

　　　f_y——受拉钢筋的抗拉强度设计值；

　　　A_s——受拉钢筋的截面面积；

　　　f_y'——受压钢筋的抗压强度设计值；

　　　A_s'——受压钢筋的截面面积；

　　　h_0——截面有效高度；

a'_s ——受压钢筋形心到截面受压边缘的距离;

α_1 ——系数,当混凝土强度等级不超过 C50 时取 1.0;

ξ_b ——相对界限受压区高度。

2) 受剪承载力的约束违反度可采用下式计算

$$\text{ICV}_V = \max\left(0, \frac{V - V_u}{V}, \frac{V - V_{\lim}}{V}\right) \tag{6-39}$$

式中 ICV_V ——受剪承载力的约束违反度;

V ——剪力设计值;

V_u ——受剪承载力计算值;

$V_{\lim}$ ——按截面限制条件确定的最大剪力值。

其中,不设置弯起钢筋时,受剪承载力可按下式计算

$$V_u = \alpha_{cv} f_t b h_0 + f_{yv} \frac{A_{sv}}{s} h_0 \tag{6-40}$$

式中 α_{cv} ——斜截面混凝土的受剪承载力系数;

f_t ——混凝土的抗拉强度设计值;

f_{yv} ——箍筋的抗拉强度设计值;

A_{sv} ——配置在同一截面内箍筋各肢的全部截面面积;

s ——沿构件纵向的箍筋间距。

3) 纵筋数量受截面宽度、布筋排数、箍筋肢数等条件的限制,纵向受拉和受压钢筋数量的约束违反度可按下列公式计算

$$\text{ICV}_{n_s} = \max\left(0, \frac{n_{s\min} - n_s}{n_{s\min}}, \frac{n_s - n_{s\max}}{n_{s\max}}\right) \tag{6-41}$$

$$\text{ICV}_{n'_s} = \max\left(0, \frac{n'_{s\min} - n'_s}{n'_{s\min}}, \frac{n'_s - n'_{s\max}}{n'_{s\max}}\right) \tag{6-42}$$

式中 ICV_{n_s} ——纵向受拉钢筋数量的约束违反度;

$n_{s\min}$ ——纵向受拉钢筋的最小数量,双肢箍取 2,四肢箍取 4;

$n_{s\max}$ ——纵向受拉钢筋的最大数量,按截面尺寸、保护层厚度、钢筋直径与间距等计算确定;

n_s ——纵向受拉钢筋的实际数量;

$\text{ICV}_{n'_s}$ ——纵向受压钢筋数量的约束违反度;

$n'_{s\min}$ ——纵向受压钢筋的最小数量;

$n'_{s\max}$ ——纵向受压钢筋的最大数量;

n'_s ——纵向受压钢筋的实际数量。

4) 配筋率限值的约束违反度可按下列公式计算

$$\text{ICV}_{\rho_s} = \max\left(0, \frac{\rho_{s\min} bh - A_s}{\rho_{s\min} bh}, \frac{A_s - \rho_{s\max} bh_0}{\rho_{s\max} bh_0}\right) \tag{6-43}$$

$$\text{ICV}_{\rho'_s} = \max\left(0, \frac{\rho'_{s\min} bh - A'_s}{\rho'_{s\min} bh}, \frac{A'_s - \rho'_{s\max} bh_0}{\rho'_{s\max} bh_0}\right) \tag{6-44}$$

$$ICV_{\rho_{sv}} = \max\left(0, \frac{\rho_{svmin}bs - A_{sv}}{\rho_{svmin}bs}\right) \qquad (6\text{-}45)$$

式中 ICV_{ρ_s}——纵向受拉钢筋配筋率的约束违反度；

    ρ_{smin}——纵向受拉钢筋的最小配筋率；

    A_s——纵向受拉钢筋的截面面积；

    ρ_{smax}——纵向受拉钢筋的界限配筋率；

    $ICV_{\rho_s'}$——纵向受压钢筋配筋率的约束违反度；

    ρ_{smin}'——纵向受拉钢筋的最小配筋率；

    A_s'——纵向受压钢筋的截面面积；

    ρ_{smax}'——纵向受压钢筋的界限配筋率；

    $ICV_{\rho_{sv}}$——箍筋配筋率的约束违反度；

    ρ_{svmin}——最小配箍率。

5）三级裂缝控制等级时，最大裂缝宽度和挠度的约束违反度可按下列公式计算

$$ICV_{\omega} = \max\left(0, \frac{\omega_{max} - \omega_{lim}}{\omega_{lim}}\right) \qquad (6\text{-}46)$$

$$ICV_f = \max\left(0, \frac{f - f_{lim}}{f_{lim}}\right) \qquad (6\text{-}47)$$

式中 ICV_{ω}——最大裂缝宽度的约束违反度；

    ω_{max}——最大裂缝宽度计算值；

    ω_{lim}——裂缝宽度限值；

    ICV_f——挠度的约束违反度；

    f——挠度计算值；

    f_{lim}——挠度限值。

6）总体约束违反度按上述各分项的线性叠加结果考虑，即

$$ICV = ICV_M + ICV_V + ICV_{n_s} + ICV_{n_s'} + ICV_{\rho_s} + ICV_{\rho_s'} + ICV_{\rho_{sv}} + ICV_{\omega} + ICV_f \quad (6\text{-}48)$$

依据上述优化目标、设计参数及约束条件，混凝土简支梁的低碳优化设计可采用图 6-3 所示的流程图，参考框架柱优化设计的多目标遗传算法实现。需要注意的是，有抗震设防要求时，约束违反度计算时需考虑抗震调整系数与构造要求的影响。

6.4.2 算例概况

（1）设计资料 梁的长度为 $L = 6000\text{mm}$，竖向荷载设计值为 50kN/m，相应控制截面的弯矩和剪力分别为 225kN·m 和 150kN，并采用单筋和双筋矩形截面进行对比优化设计[183]。需要注意的是，上述荷载效应并未包括梁自重的影响，需在优化设计时根据选定的截面尺寸进行计算。

（2）参数设置 如图 6-9 所示，混凝土矩形梁的设计变量包括：①截面尺寸，包括高度和宽度；②截面底部和顶部的纵筋直径和数量；③箍筋的直径和间距；④纵筋、箍筋和混凝土的强度等级。

依据上述设计条件和工程设计经验，表 6-5 给出了各设计变量的取值范围。需要注意的

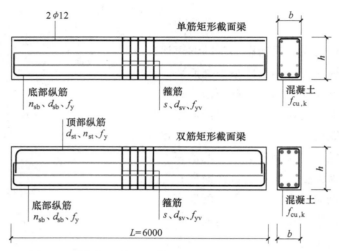

图 6-9　单筋和双筋矩形截面梁的已知参数与设计变量

是，本研究中纵筋数量和箍筋间距在优化设计过程中并非随机生成，而是按设计标准的计算要求确定。其主要原因是：①尽管在给定截面尺寸与材料强度等设计条件下，配筋数量和间距可能有多种可行方案，但结构设计师通常在实践中均会按照钢筋用量最小化的原则进行配筋设计；②通过计算确定配筋数量与间距，可减少变量数量、提高优化设计效率。此外，箍筋的肢数和钢筋的锚固长度等其他设计参数，依据 GB/T 50010—2010《混凝土结构设计标准》规定的构造要求确定。

表 6-5　梁算例的设计变量取值范围

材料	设计变量	计量单位	取值范围
混凝土	截面高度 h	mm	$300 \leqslant h \leqslant 800$，50mm 为模数
	截面宽度 b	mm	$200 \leqslant b \leqslant 500$，50mm 为模数
	强度等级 $f_{cu,k}$	MPa	$25 \leqslant f_{cu,k} \leqslant 50$，5MPa 为模数
钢筋	底部纵筋直径 d_{sb}	mm	$[14,16,18,20,22,25]$
	顶部纵筋直径 d_{st}	mm	$[14,16,18,20,22,25]$（仅用于双筋梁）
	箍筋直径 d_{sv}	mm	$[8,10,12,14,16]$
	纵筋数量（n_{sb} 和 n_{st}）	根	$[2,3,4,5,6,7,8,9,10,11,12]$
	箍筋间距 s	mm	$100 \leqslant s \leqslant 250$，10mm 为模数
	纵筋屈服强度 f_y	MPa	$[335,400,500]$
	箍筋屈服强度 f_{yv}	MPa	$[300,335,400,500]$

6.4.3　优化设计结果

依据上述算例信息对比分析了单筋和双筋截面梁的最优解。综合考虑算法的可靠性和计算效率，评估了优化结果与子代数之间的关系。如图 6-10 所示，当单筋和双筋梁的子代数分别超过 100 和 264 时，最优解的碳排放量与成本指标不再发生变化。为确保结果的可靠性，进一步进行了 5 次独立重复优化试算，最大有效子代数在 20～600 内变化，其中双筋梁一般需要更多的子代数以达到最优解。此外，除在第 4 次试算中得到的优化解集存在不同外，其他试算中的 Pareto 前沿完全相同。因此，对于本研究定义的优化设计问题，子代数最大值取 1000 即可满足设计要求。

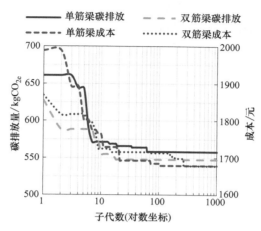

图 6-10　子代数增加时最优碳排放与成本的变化曲线

表 6-6 总结了优化结果的特征参数。对于单筋和双筋梁，分别获得了 3 个和 8 个 Pareto 解。其中，最小碳排放量分别为 558.3kgCO$_{2e}$ 和 547.6kgCO$_{2e}$，最小成本分别为 1679.0 元和 1678.5 元。对于算例梁的优化设计，梁高度为 550~600mm，宽度为 200mm 较为低碳、经济。与最小成本优化相比，最小碳排放优化更倾向于采用较低的混凝土强度和较高的箍筋强度。在大多数最优解中，纵筋强度均为 500MPa。此外，通过对承载能力和正常使用极限状态下，承载力、裂缝、挠度计算值与相应荷载效应（或限值）比值的分析表明，梁裂缝和挠度的富余度相对较高，即优化设计通常是由梁的承载能力决定的。

表 6-6　Pareto 最优解的特征参数

截面形式	高度/mm	宽度/mm	混凝土强度/MPa	纵筋强度/MPa	箍筋强度/MPa	纵筋用量/kg	箍筋用量/m³	碳排放量/kgCO$_2$	成本/元	$\dfrac{M_u}{M}$	$\dfrac{V_u}{V}$	$\dfrac{\omega_{max}}{\omega_{lim}}$	$\dfrac{f}{f_{lim}}$
单筋梁	550	200	30	500	335	92.3	33.0	558.3	1689.9	1.04	1.01	0.95	0.92
	550	200	30	500	300	92.3	36.9	567.1	1684.7	1.04	1.02	0.95	0.92
	550	200	35	500	300	92.3	33.0	589.5	1679.0	1.09	1.03	0.93	0.89
双筋梁	600	200	25	500	400	83.3	35.1	547.6	1778.5	1.01	1.07	1.00	0.91
	550	200	25	500	400	96.4	33.0	550.6	1736.2	1.09	1.01	0.97	0.94
	600	200	30	500	300	83.2	35.1	565.8	1715.6	1.03	1.03	0.97	0.88
	550	200	30	500	335	96.3	33.0	567.4	1709.3	1.13	1.01	0.95	0.91
	550	200	30	500	300	96.3	36.9	576.2	1704.0	1.13	1.03	0.95	0.91
	550	200	35	500	300	96.3	33.0	598.7	1698.4	1.16	1.03	0.93	0.88
	550	200	35	400	300	106.1	33.0	620.9	1695.4	1.00	1.03	0.93	0.86
	550	200	40	400	300	100.8	33.0	642.0	1678.5	1.00	1.09	0.91	0.85

图 6-11 展示了优化设计获得的可行解集和 Pareto 前沿。如图 6-11a 所示，不同可行解的

碳排放和成本指标存在明显差异，但可观察到两个目标之间呈现大致的线性相关性。这一结果的主要原因是隐含碳排放和成本均以钢筋、混凝土和模板分项工程的工程量为计算基础，会随材料和机械消耗量而同时变化，但由于分项工程综合碳排放指标和综合单价的差异，二者并非完全同步变化，存在一定的变异性。此外，图 6-11b 描述了最终优化设计结果的 Pareto 前沿。结果表明，单筋和双筋梁最优解的组合 Pareto 前沿中，在小幅度增加成本（5%~6%）的前提下，可降低梁的隐含碳排放量近 15%。

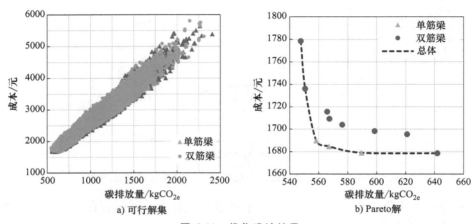

a) 可行解集   b) Pareto解

图 6-11   优化设计结果

6.4.4 设计参数的影响

（1）截面尺寸   在上述单筋和双筋梁优化设计算例的基础上，本节进一步对混凝土梁设计参数的影响进行研究。图 6-12a、b 分析了梁截面高度和宽度变化对碳排放和成本优化设计的影响。结果表明，对于单筋和双筋梁，随着梁截面高度的增加，最优解的碳排放量和成本首先呈现下降趋势；当截面高度达到 550~600mm 时，碳排放量和成本出现低点；当截面高度继续增大时，碳排放量和成本反而出现增长。此外，在下降段内，双筋截面的碳排放量与成本较低；而在上升段内，情况则完全相反。梁截面宽度的影响方面，随着截面宽度增加，两种梁截面的碳排放量及成本均持续提高，故选择较小的截面宽度具有明显的低碳与经济性。

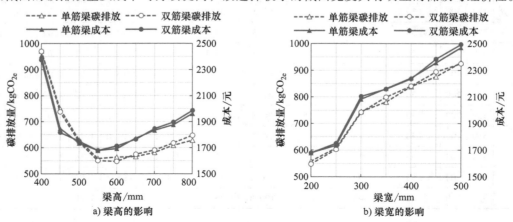

a) 梁高的影响   b) 梁宽的影响

图 6-12   截面尺寸变化时的最优碳排放和成本

（2）材料强度　图 6-13 展示了采用不同钢筋强度时的 Pareto 最优解，其中空心数据点代表单筋梁，实心数据点代表双筋梁。如图 6-13a 所示，采用高强度钢筋时的碳排放量和成本相对较低。当采用 HRB500 纵筋时，双筋梁优化后的碳排放量低于单筋梁；然而，当采用 HRB400 纵筋时，双筋梁的成本可获得最小值。与采用 HRB335 纵筋的设计情景相比，采用 HRB500 纵筋时，最优解的碳排放量和成本可分别降低 12.1% 和 7.8%。图 6-13b 比较了采用不同箍筋强度等级时的优化结果。当箍筋强度等级从 HPB300 增至 HRB400 时，最优解的碳排放量有一定的降低，但采用 400MPa 和 500MPa 箍筋时，最优碳排放量保持一致。然而，随着箍筋强度等级的提高，最优解的成本呈现上升趋势。

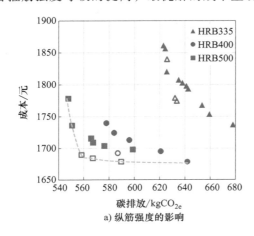
a) 纵筋强度的影响

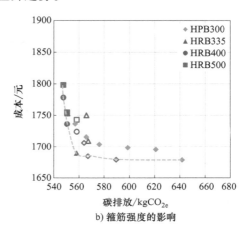
b) 箍筋强度的影响

图 6-13　钢筋强度变化时的最优碳排放和成本

此外，图 6-14 展示了混凝土强度等级变化时的碳排放量和成本优化结果。对于最小碳排放优化，单筋和双筋梁分别采用 C30 和 C25 混凝土时可得到最优解；但对于最小成本优化，混凝土强度等级分别提高至 C35 和 C40 时的结果更优。与最小成本优化相比，最小碳排放优化在增加 5.7% 成本的情况下，降低了约 14.7% 的碳排放量。进一步分析表明，采用高强度混凝土进行梁截面设计时，钢材的消耗量未发生显著变化。此外，当混凝土强度提高时，截面面积有一定的减小，但高强混凝土的碳排放因子更高，混凝土分项工程的碳排放量仍有可能增加。

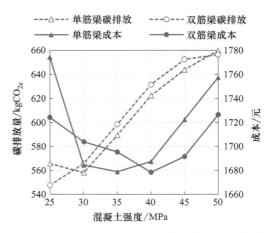

图 6-14　混凝土强度变化时的最优碳排放和成本

综合而言，对于梁类受弯构件而言，采用高强混凝土不具备显著的降碳效益，应根据构件受力情况选择适当的混凝土强度进行截面设计。

6.4.5　环境类别的影响

恶劣的环境将增加对混凝土保护层厚度及材料强度的要求。GB/T 50010—2010《混凝土结构设计标准》规定，普通钢筋混凝土结构的环境类别可分为：①一类环境，干燥的室内环境等；②二 a 类环境，潮湿的室内环境或非寒冷地区的露天环境等；③二 b 类环境，干湿交替环境或寒冷地区的露天环境等；④三 a 类环境，海风环境等；⑤三 b 类环境，海岸环境等。表 6-7 总结了环境类别变化时最优解的情况。

　　对于最小碳排放优化，当环境从一类变化至三 b 类时，相应的混凝土截面高度和材料强度随之增加，而纵筋强度等级则呈下降趋势。相比之下，对于最小成本优化，所有环境类别下的最优解中混凝土强度等级均为 C35 或 C40。优化设计结果表明，当环境变得更恶劣时，构件的隐含碳排放量和成本均呈现增长趋势。此外，在相对恶劣的环境条件下，本算例的最优解中，双筋梁比单筋梁的碳排放量和成本更高。

表 6-7　环境类别变化时的最优解

截面形式	环境类别	最小碳排放优化						最小成本优化					
		高度/mm	混凝土强度/MPa	纵筋强度/MPa	钢筋用量/kg	碳排放量/kgCO$_{2e}$	成本/元	高度/mm	混凝土强度/MPa	纵筋强度/MPa	钢筋用量/kg	碳排放量/kgCO$_{2e}$	成本/元
单筋梁	1	550	30	500	125.3	558.3	1689.9	550	35	500	125.2	589.5	1679.0
	2a	550	30	400	145.5	603.7	1796.1	550	40	400	146.2	669.4	1754.7
	2b	650	30	335	148.2	658.0	1857.1	600	35	335	146.1	663.3	1793.9
	3a	650	35	335	151.3	703.3	1880.8	650	35	335	151.3	703.3	1880.8
	3b	700	40	335	153.0	776.4	1980.7	700	40	335	153.0	776.4	1980.7
双筋梁	1	600	25	500	118.3	547.6	1778.5	550	40	400	133.8	642.0	1678.5
	2a	550	25	400	152.3	602.1	1832.9	550	35	335	150.1	678.1	1736.9
	2b	650	30	335	152.2	667.1	1876.1	600	35	335	150.1	672.4	1812.9
	3a	650	35	335	155.3	712.3	1899.8	650	35	335	155.3	712.3	1899.8
	3b	700	40	400	157.1	785.7	2035.8	700	40	335	161.6	795.9	2021.2

注：所有最优解的梁截面宽度均为 200mm。

6.4.6　碳排放因子的影响

　　上述优化设计与影响因素分析中，碳排放因子按定值考虑。然而，由于生产技术进步、清洁能源及再生材料利用等因素，钢筋等材料的碳排放因子存在一定的变异性和动态变化。为此，本节将碳排放因子视为变量进一步研究碳排放因子（EF$_s$）变化对优化设计的影响。考虑不同生产技术水平及钢材回收率，假设 EF$_s$ 的取值在 0～5000kgCO$_{2e}$/t 内变化，相应的优化设计结果如图 6-15 所示。

　　考虑不同碳排放因子情况下的最优解碳排

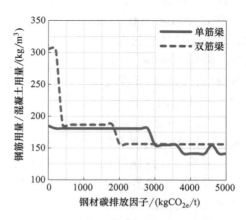

图 6-15　钢材碳排放因子变化时的优化结果

放量不具有数值上的可比性，图 6-15 采用单位体积混凝土的含钢量对优化设计结果进行对比分析。当 EF_s 大致在 $1750 \sim 3000 kgCO_{2e}/t$ 时，双筋梁最优解的含钢量低于单筋梁；否则，双筋梁的含钢量更高。随着 EF_s 的增加，最优解倾向于选择更大的截面高度，以减少用钢量。然而，用钢量随碳排放因子呈阶梯形变化而非连续变化。这一结果表明梁的低碳优化设计对碳排放因子变化具有一定的鲁棒性，当 EF_s 出现小幅波动时，不会对最优设计产生显著影响。

6.4.7　荷载效应的影响

在上述分析中，算例梁承担的荷载设计值假定为 $50kN/m$。图 6-16 展示了荷载效应变化时，单筋梁的最小碳排放量和成本优化设计结果。如图 6-16a、b 所示，随着荷载增加，碳排放量和成本的优化结果呈增长趋势。对于最小碳排放优化，采用 HRB500 纵筋的优化效果最佳；而对于最小成本优化，当荷载很小且以自重为主时，采用不同强度等级钢筋的成本十分接近，但低强度钢筋的成本有微弱优势；随着荷载增加，采用 HRB500 纵筋时的成本优势逐渐增大。此外，图 6-16c 和 d 表明，随着荷载增加，最优解的混凝土强度逐渐增加，但对于最小碳排放量和成本优化，最优解所采用的混凝土强度并非完全一致。此外，双筋梁的优化设计也可得到相似的结果。但当梁承受较高的荷载时，采用双筋梁比单筋梁更低碳与经济。

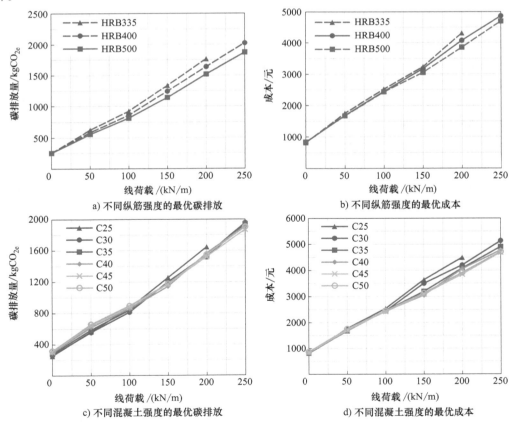

图 6-16　荷载效应变化时单筋梁截面的最小碳排放和成本优化

6.5 连续梁算例分析

6.5.1 模型构建

第 6.3~6.4 节的算例将碳排放因子按定值考虑，实现了混凝土框架柱与简支梁的优化设计。然而，对于构件的低碳设计，碳排放因子的数据不确定性会导致目标函数值的变异性，从而影响构件的优化设计决策。尽管第 6.4.6 节及其他相关研究[179] 分析了碳排放因子变化对结构构件优化设计的潜在影响，但仍需要基于统计学视角对设计参数的变化规律做深入论证。为此，本节以隐含碳排放量为优化目标，采用基于离散变量的单目标遗传算法，实现混凝土连续梁的低碳优化设计[327]。这一优化设计问题可表示为

$$
\begin{cases}
\text{已知参数}: \boldsymbol{Y} = \{y_j\}, j = 1, 2, \cdots, M \\
\text{随机变量}: \boldsymbol{F} = \{F_m\}, F_m \in [F_m^L, F_m^U], m = 1, 2, \cdots, K \\
\text{设计变量}: \boldsymbol{X} = \{x_i\}, x_i \in \{x_i^1, x_i^2, \cdots, x_i^{k_i}\}, i = 1, 2, \cdots, N \\
\text{目标函数}: f(\boldsymbol{X} \mid \boldsymbol{F}, \boldsymbol{Y}) = \min(C(\boldsymbol{X} \mid \boldsymbol{F}, \boldsymbol{Y})) \\
\text{约束方程}: G_l(\boldsymbol{X}, \boldsymbol{Y}) \geqslant 0, l = 1, 2, \cdots, L
\end{cases}
\tag{6-49}
$$

式中　$\boldsymbol{F}$ ——碳排放因子集合，按随机变量考虑；

F_m ——第 m 种材料的碳排放因子。

在上述模型中，混凝土连续梁设计需满足的约束条件可参考相关规范、标准及第 6.4 节的内容。对连续梁设计而言，涉及多个控制截面（包含跨中截面、支座截面等）的约束条件定义。所求目标函数值为某一碳排放因子随机取值条件下的隐含碳排放量。通过对碳排放因子进行随机抽样，将获得对应的目标函数最优值，并利用统计学方法完成碳排放因子数据不确定性对优化设计结果的影响分析。为实现优化设计过程中考虑碳排放因子的不确定性，采用蒙特卡洛模拟法来生成随机数据样本。本研究假定碳排放因子服从经验三角分布，该分布能考虑原始数据的主要统计特征，如端点 $[a, b]$（取值范围）和似然值 c（样本均值、中位数或其他推荐值）。经验三角分布函数可采用下式表示

$$
P(F_m; a, b) = \begin{cases}
\dfrac{2(F_m - a)}{(b - a)(c - a)}, & a < F_m < c \\[3mm]
\dfrac{2(b - F_m)}{(b - a)(c - a)}, & c < F_m < b
\end{cases}
\tag{6-50}
$$

基于遗传算法和蒙特卡洛模拟，本研究提出了一种低碳优化设计的混合方法，即嵌套循环算法。图 6-17 展示了该方法的分析框架，主要流程可分为以下 9 个步骤：

1）优化设计问题定义，描述目标函数、设计变量和约束条件。

2）对于第 i 次模拟，依据材料、运输和能源碳排放因子分布特性，采用蒙特卡洛模拟方法随机生成一组碳排放因子样本。

3）依据上述碳排放因子，采用第 2 章的方法计算考虑生产、运输和施工过程的钢筋、混凝土与模板分项工程综合碳排放指标。

4）在结构设计变量的定义域内随机生成初始种群。

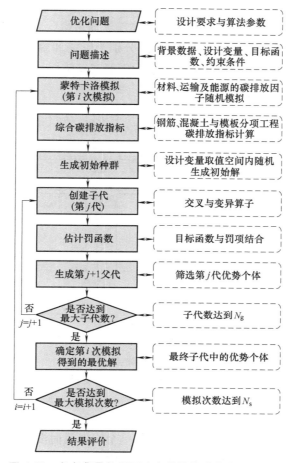

图 6-17　考虑背景数据不确定性的低碳优化设计框架

5）使用交叉和变异算子，依据父代解生成第 j 代的子代解。

6）将父代和子代解集合并，并根据目标函数值和约束违反度估计罚函数值。

7）基于个体的罚函数值采用一定的选择算子对当前种群中的优势个体进行决策，并将其作为下一代（$j + 1$）的父代解。

8）重复步骤 5）~7），直至达到最大子代数 N_g 时，获得第 i 次模拟的最优解。

9）重复步骤 2）~8），直至达到最大模拟数 N_s 时，优化设计终止，并对最终结果进行分析。

6.5.2　算例概况

1. 设计资料

为分析碳排放因子变化对优化设计的影响，本研究选取某四层抗震框架结构中的混凝土连续梁作为算例，该连续梁的内力采用 PKPM 结构设计软件进行分析。图 6-18 展示了连续梁算例的控制截面内力、尺寸特性和钢筋布置情况。图中，M_{dt} 和 M_{qt} 分别代表截面上部弯矩设计值和准永久值，M_{db} 和 M_{qb} 分别代表截面底部的弯矩设计值和准永久值，V_d 代表剪力设计值，h_c 为框架柱截面高度，l_{n1}、l_{n2} 和 l_{n3} 分别为连续梁第 1~3 跨的净跨度，c 为混凝土保护层厚度，d_{st} 和 d_{sb} 为顶部和底部纵筋直径，n_{st1}、n_{st2}、n_{st3} 和 n_{st4} 分别为梁第 1~4 支座的顶部纵筋根数，n_{sb1}、n_{sb2} 和 n_{sb3} 分别为梁底部纵筋根数，d_{sv} 为箍筋直径，s_1、s_2 和 s_3 分别为第 1~3 跨的非加密区箍筋间距，f_y 和 f_{yv} 分别为纵筋和箍筋强度，h_b 和 b_b 分别为连续梁的截面高度和宽度，f_c 为混凝土强度，l_{aE} 为钢筋抗震锚固长度。

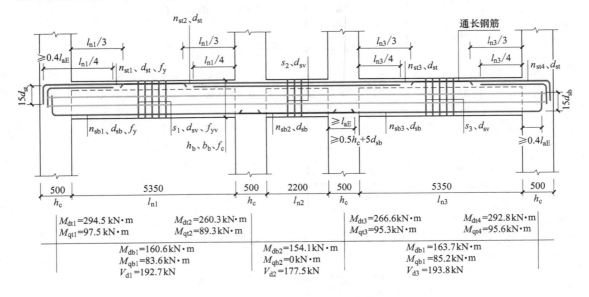

图 6-18 已知参数与设计变量

需要注意的是，本研究以连续梁为低碳优化设计的对象，以分析各种设计参数对隐含碳排放量的影响，分析中没有考虑整体结构内力与单个构件截面设计的交互关系，即假设控制截面的内力为固定值。然而，对于框架结构的整体优化，若梁的截面设计变量发生变化，结构的内力也会随梁、柱的相对刚度比而变化。此时，优化过程需要考虑结构内力重分布的影响。

2. 参数设置

如图 6-18 所示，矩形截面梁的设计变量包括：描述梁截面高度和宽度的 2 个变量，描述混凝土、纵筋和箍筋强度等级的 3 个变量，描述梁截面顶部和底部纵筋直径和数量的 9 个变量，以及描述箍筋直径和间距的 4 个变量。根据已知条件和工程经验，设计变量的取值范围定义如下：梁高度为 300~800mm，梁宽度为 200~500mm，且二者以 50mm 为模数。纵筋数量为 2~10 根，不同跨度的纵筋数量可独立设计。箍筋间距取值范围为 100~250mm，并以 10mm 为模数。梁底部和顶部纵筋的直径（mm）从离散集合 {14, 16, 18, 20, 22, 25} 中选取，箍筋直径（mm）从离散集合 {8, 10, 12, 14, 16} 中选取。混凝土强度等级的范围为 C30、C35、C40、C45 和 C50。纵筋的强度等级包含 HRB335、HRB400 和 HRB500，箍筋的强度等级包含 HPB300、HRB335、HRB400 和 HRB500。此外，根据相关设计标准的要求，优化设计中也考虑了箍筋肢数、梁端加密区箍筋间距及纵向钢筋锚固长度等其他设计参数。

一般而言，对于现浇钢筋混凝土梁，截面上部纵筋由梁端弯矩决定，并按矩形截面梁进行配筋设计；而梁截面的底部纵筋一般由梁跨中弯矩决定，且考虑了板作为梁受压区翼缘，按 T 形截面进行设计。受剪承载力可根据混凝土截面和箍筋的综合贡献进行计算。对于正常使用极限状态，需依据荷载效应的准永久组合进行裂缝宽度验算。有关裂缝宽度验算方法的详细规定，可参考 GB/T 50010—2010《混凝土结构设计标准》。此外，优化设计中未考虑正常使用极限状态的梁挠度验算，其主要原因如下：首先，连续梁的最大跨度仅为 5350mm，且截面高度的取值范围已限制在 300~800mm，可避免产生过大变形；其次，在变形不满足设计要求的情况下，可依据相关设计标准和工程实践做法，通过设置预拱来抵消梁的挠度。

需要注意的是，根据本算例定义的设计变量及其取值范围，预计可随机生成 1.63×10^{16} 个潜在设计方案。为加快优化过程，根据给定的设计条件和随机生成的设计变量（主要包括材料强度、钢筋直径和截面尺寸），考虑承载能力和正常使用极限状态的设计要求，通过计算确定纵筋数量和箍筋间距。因此，纵筋数量和箍筋间距不作为变量进行优化，设计变量的数量相应减少到 8 个。在这种情况下，潜在设计方案的数量缩减至 8.32×10^5 个。此外，通过试算估计了遗传算法的算法参数取值。其中，种群容量取 30，基因交叉点个数取 2，交叉概率假设为 0.5；变异概率假设为设计变量数量的倒数。

6.5.3 基准情景优化设计结果

碳排放因子经验概率分布的分布参数按表 2-1~表 2-4 确定。本研究首先以表中"碳排放因子推荐值"为基准情景，进行连续梁算例的低碳优化设计。设定基准情景的原因是：确定后续随机模拟中遗传算法的最大代数，并为考虑碳排放因子变异性的设计情景提供对比基础。

为确定最大代数，将每一代中最优个体的碳排放量与同一代中所有个体的平均碳排放量进行比较。如图 6-19 所示，当代数超过 50 时，上述两个指标不再变化且趋于一致。取最大代数为 500，通过对基准情景的优化分析，表 6-8 给出了主要设计变量的取值，图 6-20 给出了优化后的连续梁截面配筋图。优化设计后梁的隐含碳排放量为 1529.2kgCO$_{2e}$，其中生产阶段贡献了近 95%。钢筋、混凝土和模板分项工程的隐含碳排放量分别为 842.7kgCO$_{2e}$、618.2kgCO$_{2e}$ 和 68.2kgCO$_{2e}$。

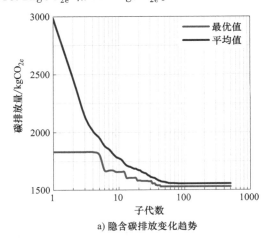

a) 隐含碳排放变化趋势

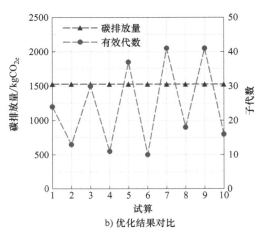

b) 优化结果对比

图 6-19 子代数与确定性分析结果的相关性

表 6-8　基准情景最优解的主要设计变量取值

分项	设计变量	取值	消耗量
混凝土截面	h_b	600mm	1.815m³
	b_b	200mm	
	f_c	C30	
底部纵筋	n_{sb1}	3	0.112t
	n_{sb2}	3	
	n_{sb3}	3	
	d_{sb}	18mm	
	f_y	HRB500	
顶部纵筋	n_{st1}	6	0.148t
	n_{st2}	5	
	n_{st3}	6	
	n_{st4}	6	
	d_{st}	18mm	
	f_y	HRB500	
箍筋	s_1	240mm	0.052t
	s_2	250mm	
	s_3	230mm	
	d_{sv}	8mm	
	f_{yv}	HRB400	

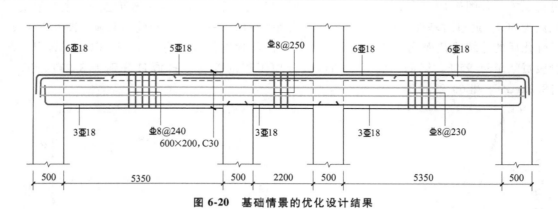

图 6-20　基础情景的优化设计结果

　　此外，为验证上述结果的可靠性，进行了 10 次独立优化试算。10 次试算得到的最优解一致，最大有效代数为 11~41，平均约为 25 代。因此，在后续基于随机模拟的优化设计中，最大代数取 50 次，以在满足精度要求的前提下，提高优化设计效率。

6.5.4　考虑不确定性的优化结果

　　基于本研究提出的方法，考虑碳排放因子的随机性完成了 2000 次蒙特卡洛模拟。如图 6-21a 所示，优化后的隐含碳排放量取值范围为 513.8~2622.91kgCO$_{2e}$，样本均值为 1526.4kgCO$_{2e}$，

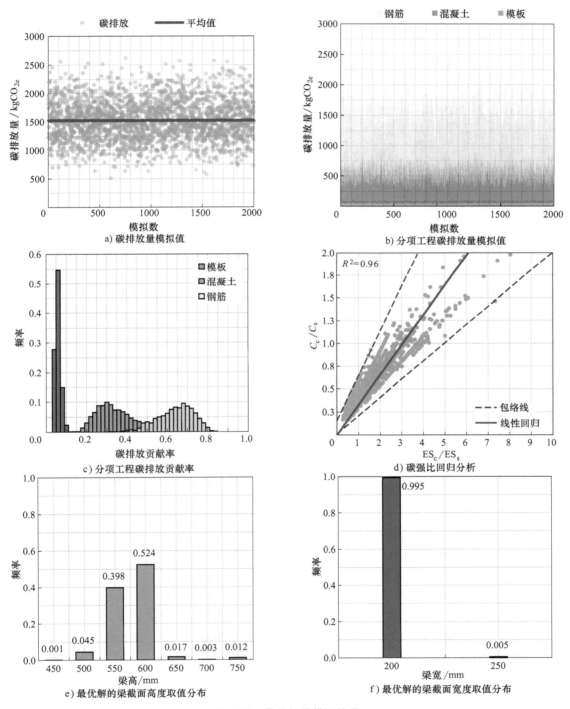

图 6-21 最优解的模拟结果

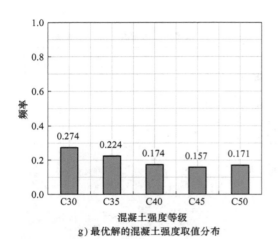

g) 最优解的混凝土强度取值分布

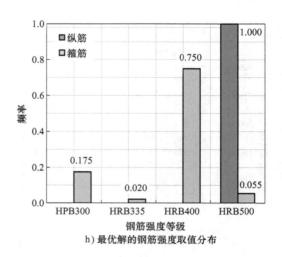

h) 最优解的钢筋强度取值分布

图 6-21　最优解的模拟结果 （续）

与基准情景一致。样本标准差和变异系数分别为 368.9kgCO$_{2e}$ 和 0.242，四分位数区间估计为 [1262.2, 1774.9] kgCO$_{2e}$。图 6-21a~d 进一步对钢筋、混凝土和模板分项工程的隐含碳排放贡献进行了模拟分析。结果表明，三者的平均贡献分别为 62.8%、32.3% 和 4.9%。所有模拟中，三者对隐含碳排放贡献的范围分别为 [18.9%，82.5%]、[13.8%，74.7%] 和 [2.1%，12.3%]。考虑钢筋和混凝土是主要碳排放源，已有研究定义了"CS 因子"来检验钢筋和混凝土碳排放因子比值对优化结果的影响[180]。本研究中，采用材料强度比对上述因子做进一步修正，即

$$R_{cs} = \frac{ES_c}{ES_s} = \frac{e_c}{f_c} \cdot \frac{f_s}{e_s} \qquad (6-51)$$

式中　R_{cs}——混凝土与钢筋的碳强比；

　　　ES_c——混凝土碳排放因子与材料强度比值；

　　　ES_s——钢筋碳排放因子与材料强度比值；

　　　e_c——混凝土的碳排放因子；

　　　e_s——钢筋的碳排放因子；

　　　f_c——混凝土的强度等级；

　　　f_s——钢筋的强度等级。

需要注意的是，由于直径和强度等级差异，纵筋和箍筋的碳排放因子并不相同；因此，分析中采用了 ES_s 的平均值。如图 6-21d 所示，钢筋和混凝土的碳排放之比与碳强比 R_{cs} 之间近似符合线性相关性。

图 6-21e~h 展示了最优解中主要设计变量取值的概率分布，其主要特征如下：①梁高 600mm 的概率最高，达 52.4%，梁高 550mm 的概率为 39.8%；②梁宽为 200mm 的概率超过 99%；③混凝土强度等级从 C30 到 C50 不等，但概率呈下降趋势；④箍筋强度等级倾向于采用 HRB400 和 HPB300，而纵筋强度等级在所有模拟中始终为 HRB500。与基准情景相比，

梁的截面尺寸和钢筋强度等级基本一致，而混凝土强度等级具有明显的变异性。

此外，本研究分析了各模拟中最优解的约束满足情况，对比了受弯承载力、受剪承载力及裂缝宽度与相应限值，统计结果见表6-9。分析表明，所有最优解均满足约束条件，且考虑约束的富余度可发现，设计变量取值主要由承载能力而非裂缝宽度决定。

表 6-9　最优解约束条件的统计结果

统计指标	受弯承载力与弯矩设计值的比值	受剪承载力与剪力设计值的比值	裂缝宽度与限值的比例
平均值	1.098	1.056	0.767
最小值	1.000	1.000	0.404
最大值	1.251	1.776	0.969
标准差	0.061	0.072	0.079

6.5.5　设计参数分析

为检验设计变量对混凝土梁最优解的影响，进一步通过参数分析研究了纵筋强度、混凝土强度和截面尺寸（高度和宽度）的影响。具体来说，首先，随机生成了2000组碳排放因子样本；其次，依次轮换某一特定设计变量的取值；然后，在特定取值条件下通过模拟分析进行优化设计；最后，根据统计特性比较最终优化设计结果。

采用HRB335、HRB400和HRB500强度等级的纵筋时，2000次模拟中最优解的平均碳排放量分别为 $1770.5kgCO_{2e}$、$1626.4kgCO_{2e}$ 和 $1525.9kgCO_{2e}$，相应的标准差分别为 $431.7kgCO_{2e}$、$400.1kgCO_{2e}$ 和 $368.9kgCO_{2e}$。此外，图6-22比较了纵筋强度等级变化时的最优碳排放量。"HRB400～500"代表采用HRB400和HRB500强度等级钢筋的对比结果；"HRB335～500"代表采用HRB335和HRB500强度等级钢筋的对比结果。分析表明，在各次模拟中随着钢筋强度等级的提高，最优解的碳排放量均大致呈现降低趋势。与采用HRB500纵筋的情况相比，采用HRB335和HRB400纵筋时的平均碳排放量分

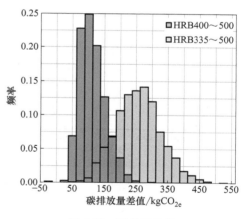

图 6-22　碳排放差值

别增加了 $244.6kgCO_{2e}$ 和 $100.5kgCO_{2e}$，相应的四分位数区间分别为 $[196.4, 289.7]$ kg-CO_{2e} 和 $[70.8, 124.8]$ $kgCO_{2e}$。

表6-10总结了混凝土强度变化时最优解碳排放量的统计特征。基于基准情景和随机模拟结果，随着混凝土强度等级提高，优化解的碳排放量呈现一定的增加趋势。然而，模拟分析得到的样本均值高于基准情景的分析结果，特别是在采用较低混凝土强度等级的情况下。产生上述结果的主要原因包括：①基准情景采用的混凝土分项工程综合碳排放指标推荐值与随机样本的均值不同，从而导致了碳排放量的差异；②采用较低混凝土强度等级时，综合碳排放指标的较大差异导致随机模拟得到的最优碳排放量更高。

表 6-10　混凝土强度变化时优化结果的统计特征

混凝土强度	混凝土分项工程综合碳排放指标/(kgCO_{2e}/m³)		隐含碳排放统计指标/kgCO_{2e}				
	基准情景	随机模拟均值	基准情景	随机模拟均值	标准差	范围	四分位数
C30	340.6	387.0	1529.2	1717.1	406.8	[571.7, 3073.4]	[1429.9, 1990.9]
C35	386.8	400.9	1610.4	1743.7	403.1	[638.2, 2958.4]	[1447.4, 2024.5]
C40	434.6	417.4	1693.5	1781.8	418.3	[611.5, 2992.8]	[1491.1, 2065.8]
C45	465.5	428.5	1744.3	1797.1	417.1	[513.8, 2997.8]	[1511.0, 2063.3]
C50	488.5	437.3	1763.1	1790.0	403.6	[724.0, 2935.4]	[1498.4, 2061.1]

图 6-23 展示了梁高变化时优化结果的统计特征。当梁高为 300mm 时，未获得可行解；如图 6-23a 所示，随着截面高度的增加，随机模拟中隐含碳排放量的样本均值先降低后提高。此外，图 6-23b 比较了钢筋和混凝土分项的碳排放量。结果表明，当截面高度超过 500mm 时，前者呈下降趋势，而后者呈上升趋势。根据混凝土和钢筋分项的最低碳排放量，最优截面高度分别为 500mm 和 800mm；而从降低总隐含碳排放量的角度来看，600mm 的截面高度可能更加低碳。因此，在混凝土梁的设计中，以降低钢材用量为单一目标并不一定是最低碳的解决方案。

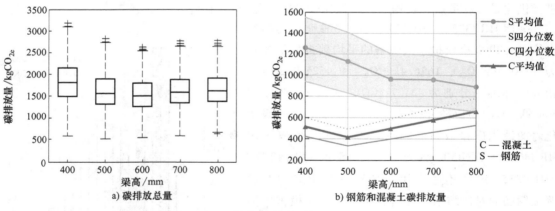

图 6-23　隐含碳排放随梁截面高度的变化

图 6-24 展示了梁宽变化时优化结果的统计特征。如图 6-24a 所示，随机模拟中隐含碳排放量随着梁截面宽度增加而呈现上升趋势。图 6-24b 表明，钢筋和混凝土分项的最优碳排放量与梁宽呈正相关。此外，当宽度从 250mm 增加至 300mm 时，钢筋分项的碳排放量因箍筋肢数变化而显著增加。当宽度超过 300mm 时，混凝土分项的碳排放量呈线性增加，其原因是此时的梁高保持 400mm 不变（图 6-24a）。

6.5.6　优化设计建议

本研究提出的方法适用于考虑碳排放因子不确定性的混凝土梁低碳优化设计。根据算例分析与讨论提出以下设计建议：

首先，混凝土梁优化设计时应充分考虑碳排放因子变异性的影响。算例分析表明，优化

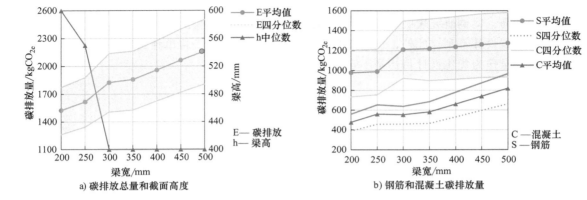

图 6-24　隐含碳排放随梁截面宽度的变化

设计时若采用不同的碳排放因子，最优解的隐含碳排放量和相应设计变量（截面尺寸和材料强度）将出现明显变化。基于随机生成的碳排放因子样本，可从低碳视角评估混凝土构件主要设计变量的合理范围。此外，通过参数分析可识别主要碳排放源，助力降碳策略的制定。在本算例中，钢筋是隐含碳排放的主要来源。从消费端来看，为减少材料使用、降低碳排放，建议连续梁算例的截面高度采用 550~600mm，宽度采用 200mm，纵筋采用 HRB500级，箍筋采用 HRB400 级。值得注意的是，上述低碳设计参数受荷载效应、计算跨度和抗震等级等设计条件的影响。一般来说，当设计条件更严苛时，结构构件的碳排放量将会随之增加。此外，从生产端来看，开发和利用低碳材料（如再生骨料混凝土、水泥替代物和再生钢筋）和降低材料碳排放因子等，也是有效的降碳策略。

其次，多数已有研究在优化设计中仅考虑了材料生产阶段的碳排放。为评估这一简化计算边界的可靠性，进一步对仅包含钢筋和混凝土材料生产碳排放的简化情景进行了优化设计，并与本节的研究结果进行了对比。在这一简化情景下，优化解的碳排放量样本均值为 1357.9kgCO$_{2e}$，比采用完整系统边界的计算结果低近 11%。然而，两种方法下最优解的主要设计变量取值和分布相似。因此，简化方法可用于混凝土构件的低碳优化设计，但在分析中应仔细处理隐含碳排放量被低估的问题。

最后，根据设计参数分析，本研究从低碳视角提出了混凝土梁优化设计的建议，具体如下：

1）钢筋方面，基于样本均值，采用 HRB500 纵筋的最优解可分别比采用 HRB400 和 HRB335 纵筋的解决方案降低 8.5% 和 13.7% 的钢材消耗。因此，建议混凝土梁采用高强度纵筋以实现低碳设计。

2）混凝土方面，尽管混凝土强度等级从 C30 提高至 C50 时，混凝土消耗量的样本均值减少了 4.5%，但由于碳排放因子的增加，优化解的碳排放量反而呈现增长趋势。然而，碳排放量与混凝土强度等级的正相关性并不具有统计显著性。在实际设计条件下，应综合荷载效应和碳排放因子取值情况确定合适的混凝土强度。

3）截面尺寸方面，梁截面尺寸与荷载效应的大小显著相关。基于低碳视角，建议混凝土梁采用较小的截面宽度，其优点包括：①可减少单肢箍筋的长度；②与增加截面宽度相比，增加截面高度对提高混凝土受弯构件的承载力更为有效，截面面积一定时，适当减小截面宽度、增加截面高度可获得更高的承载力。需要注意的是，梁宽还应考虑钢筋布置的合理性。对于梁高，案例研究表明，考虑钢筋和混凝土分项碳排放量的权衡，过大或过小的截面高度均对低碳设计不利。此外，从降低构件碳排放总量的角度，将单独钢筋分项或混凝土分项的碳排放量作为优化设计目标是不合理的。

本章小结

　　本章以混凝土结构构件的低碳优化设计为对象，提出了基于隐含碳排放量和成本的双目标优化设计模型，形成了目标函数和约束条件的数学表达式，并以遗传算法为主要手段实现上述优化问题的求解，系统地介绍了最优解决策方法、适应度函数选取、选择算子、交叉算子及变异算子等。在此基础上，以框架柱、简支梁的双目标优化设计为算例，对理论模型进行了实例化，并研究了材料强度、截面尺寸、轴压比、抗震等级、环境类别、荷载大小等设计参数对混凝土梁、柱构件低碳设计的影响；以连续梁的单目标优化设计为算例，在考虑背景数据不确定性的情况下，结合蒙特卡洛模拟算法，从统计分析角度论证了碳排放因子变异性对优化设计结果的影响，并给出了构件低碳优化设计的建议。本章建立的优化模型及算例分析结果可为构件层面的优化设计与建造提供方法指导与数据参考。

第7章

混凝土结构的低碳设计

本章导读

    第 4 章和第 5 章分别以混凝土材料和混凝土构件为对象，研究了相应的低碳设计方法。对于整体结构而言，其由多种材料和大量构件按一定设计原则组合而成，既需要满足整体结构设计的可靠性、功能性、经济性等指标，又要与其他建筑设计专业相互配合与协调。为此，混凝土结构设计中进一步考虑碳排放指标的影响后，其设计问题将变得十分复杂。目前，对比设计和优化设计是实现建筑结构方案低碳优化的两种主要方法。其中，对比设计法通过分析几种典型设计方案的综合性能指标，为低碳结构方案比选提供建议；而优化设计法将碳排放量最小化融入结构设计过程，通过迭代优化达成低碳设计方案。本章以混凝土结构的低碳设计为对象，基于上述思想建立对比设计和优化设计两类方法。在此基础上，采用对比设计法分析混凝土结构与其他常用结构体系的碳排放与结构性能等指标，采用贡献度分析、敏感性分析和不确定性分析等多种方法论证对比结果的可靠性与影响因素，为结构方案的设计与选择提供参考。另一方面，结合结构整体分析与关键构件降碳设计建立低碳设计的混合式优化框架，并基于遗传算法与和声搜索法分别实现混凝土框架结构算例的单目标与双目标优化，验证混合式方法与优化设计结果的可靠性。本章内容的组织框架如图 7-1 所示。

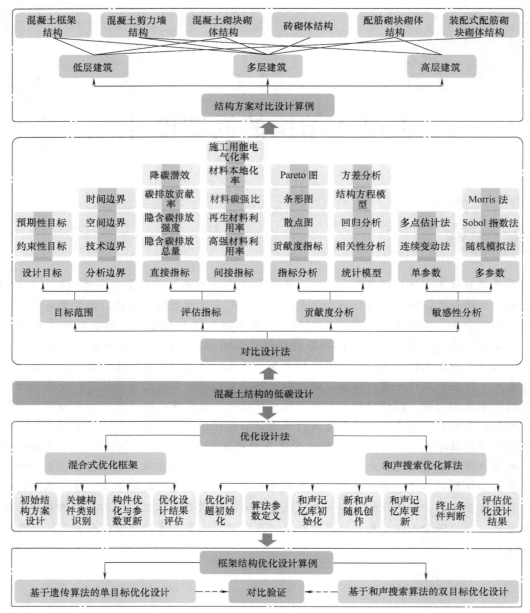

图 7-1 本章内容组织框架

7.1 对比设计法

7.1.1 基本步骤

对比设计法是最简单、常用的一种设计方案决策方法,其依据一定的准则或指标对不同设计方案进行评价,从而找出表现最佳的方案。对比设计的一般步骤如下:

1) 明确目标和边界,确定设计方案的主要目标和计算边界。

2）确定备选方案，在给定建筑设计条件下，通过不同材料选择、结构布置与施工方式等的组合，提供多种备选的结构设计方案。

3）定义评估指标，确定用于评估各方案优劣性的量化指标，如建筑功能、碳排放量、经济成本等。

4）数据收集与整理，采用现场调研、资料分析等方式收集必要的数据或信息来支持方案对比，包括建筑的基本设计信息、结构计算结果与设计细节、工程量及能耗数据、碳排放因子数据等。

5）对比分析和决策，采用统一的准则和指标对备选方案进行评估与比较，选择最优的设计方案。

6）验证与反馈，通过贡献度分析、敏感性分析、不确定性分析等方法进一步评估设计方案的影响因素，为持续改进设计方案提供指导。

7.1.2 目标范围

设计目标可分为约束性目标和预期性目标。约束性目标是受特定限制的目标，如混凝土结构设计须满足的可靠性与功能要求；预期性目标是指可通过优化和创新，依据实际情况进行调整的目标，如经济成本、碳排放量等。混凝土结构的低碳设计应在满足基本的可靠性与功能要求前提下，尽可能通过改善设计方案实现成本与碳排放指标的最小化。

在确定目标时常需明确计算分析的时间、空间与技术边界。时间边界指碳排放指标计算所包含的生命周期阶段，对于建筑结构常采用"摇篮到大门""摇篮到现场"和"摇篮到坟墓"三种时间边界，可根据具体设计要求选用。一般来说，混凝土结构的碳排放指标对比可采用"摇篮到现场"的边界，即考虑结构的物化阶段；考虑材料消耗是物化阶段的主要碳排放源，也有研究对比碳排放指标时仅考虑材料生产过程，即采用"摇篮到大门"的边界；而需分析结构方案对运行阶段碳排放的影响，或考虑不同方案在处置阶段材料回收再利用的降碳效益时，则应采用"摇篮到坟墓"的边界。

空间边界指碳排放指标计算所覆盖的空间范围。当需比较不同设计方案优劣时，可仅对各方案有差异的空间部位进行比较；而需获得方案的整体碳排放指标时，则需采用建筑物的完整空间边界。

技术边界即碳排放计算时所包含的技术内容。若不考虑结构设计方案对建筑功能性与运行阶段能耗的影响时，可仅对比由承重结构构件组成的主体结构体系的碳排放指标；而考虑结构设计与建筑设计的耦合时，需额外评估装饰装修、保温隔热等其他技术体系的碳排放指标。

7.1.3 评估指标

混凝土结构设计方案的对比一般需考虑建筑功能、碳排放和经济成本等指标。建筑功能性可通过空间利用率、结构可靠性等进行评价，经济成本可采用建造成本或全生命周期成本。这些指标在现有结构设计中已相对成熟，故本研究以碳排放评估指标为分析重点。碳排放评估指标可分为直接指标和间接指标两大类。直接指标指能够直接反映碳排放量值或构成的指标；而间接指标指不直接体现碳排放量值，但对碳排放水平有显著影响的设计特征或参数。

1. 直接指标

1）隐含碳排放总量指标，反映混凝土结构方案的碳排放总体水平，可依据对比分析所

定义的计算边界采用第 2 章介绍的方法计算。采用三种不同时间边界时，隐含碳排放量可如下表示

"摇篮到大门" $$C = C_M \tag{7-1}$$

"摇篮到现场" $$C = C_M + C_T + C_C \tag{7-2}$$

"摇篮到坟墓" $$C = C_M + C_T + C_C + C_U + C_D \tag{7-3}$$

式中　C——隐含碳排放量；

　　　C_M——材料生产过程碳排放量；

　　　C_T——材料运输过程碳排放量；

　　　C_C——现场施工过程碳排放量；

　　　C_U——运行维护过程碳排放量；

　　　C_D——拆除处置过程碳排放量。

2）隐含碳排放强度指标，即混凝土结构隐含碳排放量与建筑面积的比值。采用建筑面积对隐含碳排放量做归一化处理，可用于对比不同规模混凝土结构的碳排放水平差异。该指标可按下式计算

$$CI = \frac{C}{A} \tag{7-4}$$

式中　CI——隐含碳排放强度；

　　　A——建筑面积。

3）碳排放贡献率指标，即某一环节或过程碳排放量与隐含碳排放总量的比值。通过贡献率指标可掌握哪些环节或过程对混凝土结构碳排放的影响更为显著，为优化设计与降碳措施研究和应用提供方向。该指标可按下式计算

$$CP_k = \frac{C_k}{C} \times 100\% \tag{7-5}$$

式中　CP_k——第 k 个环节或过程的隐含碳排放贡献率；

　　　C_k——第 k 个环节或过程的隐含碳排放量。

4）降碳潜效指标，即钢材和混凝土回收再利用的潜在降碳量与建筑隐含碳排放总量的比值。基于全过程视角，与直接填埋废弃材料等方式相比，材料回收再利用具有显著的节能降碳、利废环保效益，但材料回收利用发生在建筑寿命终止阶段，其量值仅表示在当前回收、再生工艺与技术条件下对未来降碳水平的预期，一般不建议在物化阶段碳排放量中直接扣除。该指标可按下式计算

$$CR = \frac{\Delta C}{C} = \frac{\Delta C_S + \Delta C_C}{C} \tag{7-6}$$

$$\Delta C_S = Q_S \varphi_S (f_S - f_{RS}) \tag{7-7}$$

$$\Delta C_C = Q_C \varphi_C (f_{RA} - f_{NA}) \tag{7-8}$$

式中　CR——材料回收再利用的降碳潜效；

　　　ΔC——钢材和混凝土回收再利用的潜在降碳量；

　　　ΔC_S——钢材回收再利用的潜在降碳量；

　　　ΔC_C——混凝土回收再利用的潜在降碳量；

　　　Q_S——钢材用量；

φ_{S}——钢材的有效回收率；

f_{S}——原生钢的碳排放因子；

f_{RS}——再生钢的碳排放因子；

Q_{C}——混凝土用量；

φ_{C}——骨料的有效再生率；

f_{RA}——再生骨料的碳排放因子；

f_{NA}——天然骨料的碳排放因子。

2. 间接指标

1）高强钢筋利用率指标，即 400MPa 以上高强钢筋用量占结构钢材总用量的比例。由第 5 章的混凝土构件优化设计结果可知，采用高强钢筋具有降碳与节约成本的优势。GB/T 50378—2019《绿色建筑评价标准》中也将高强钢筋利用率作为资源节约指标的评分项之一。该指标可按下式计算

$$R_{\mathrm{HS}} = \frac{Q_{\mathrm{HS}}}{Q_{\mathrm{S}}} \times 100\% \qquad (7\text{-}9)$$

式中　R_{HS}——高强钢筋利用率；

Q_{HS}——400MPa 以上高强钢筋用量。

2）竖向承重结构高强混凝土利用率指标，即竖向承重构件（一般指混凝土墙、柱、支撑等）中 C50 以上高强混凝土用量占结构混凝土总用量的比例。由第 5 章的框架柱算例可知，合理地提高混凝土强度可明显降低构件的建造成本，并具有一定的低碳优势，GB/T 50378—2019《绿色建筑评价标准》也将其作为评分项之一。该指标可按下式计算

$$R_{\mathrm{HC}} = \frac{Q_{\mathrm{HCV}}}{Q_{\mathrm{CV}}} \times 100\% \qquad (7\text{-}10)$$

式中　R_{HC}——竖向承重结构高强混凝土利用率；

Q_{HCV}——竖向承重结构中 C50 以上高强混凝土用量；

Q_{CV}——竖向承重结构的混凝土总用量。

3）再生材料利用率指标，即再生材料用量占材料总用量的比例。混凝土结构中混凝土和钢材是最主要的两种基本建材，使用再生材料可显著降低其隐含碳排放水平。需注意，该指标与降碳潜效指标所表达的"再生"概念并不相同。该指标指在建造过程中使用再生材料，而后者指建筑拆除后对其组成材料进行回收利用，用于其他工程或项目建设。该指标可按下式计算

$$R_{\mathrm{RM}} = \min\left(\frac{Q_{\mathrm{RS}}}{Q_{\mathrm{S}}}, \frac{Q_{\mathrm{RC}}}{Q_{\mathrm{C}}}\right) \qquad (7\text{-}11)$$

式中　R_{RM}——再生材料利用率；

Q_{RS}——再生钢用量；

Q_{RC}——再生混凝土用量。

4）材料碳强比指标，即碳排放因子与材料强度设计值的比值。该指标表示产生单位碳排放时材料可提供的强度，反映了材料的低碳属性，其取值越高代表材料的低碳性越好。该指标定义由强重比（比强度）衍生而来，强重比指材料强度与密度的比值，反映了材料的轻质高强特性。该指标可按下式计算

$$R_{FS} = \frac{f_M}{f_d} \qquad (7-12)$$

式中 R_{FS}——材料碳强比;

f_M——材料碳排放因子;

f_d——材料强度设计值,混凝土可取抗压强度,钢筋可取抗拉强度。

5)材料本地化率指标,即建设地点 500km 辐射半径范围内建筑材料供应量与总用量的比值。材料的运输距离会显著影响运输过程碳排放量,合理化利用本地材料具有减少环境影响、节约时间与经济成本、降低运输损耗与风险等优势。该指标可按下式计算

$$R_{LM} = \frac{\sum\limits_{i} Q_{LM,i}}{\sum\limits_{i} Q_{M,i}} \times 100\% \qquad (7-13)$$

式中 R_{LM}——材料本地化率;

$Q_{LM,i}$——供应自建设地点 500km 辐射半径范围内第 i 种材料的重量;

$Q_{M,i}$——第 i 种材料的总重量。

6)施工用能电气化率指标,即施工现场用电量与能源消耗总量的比值。随着太阳能光伏、风能、水能等清洁能源发电技术的日渐应用与成熟,我国电力碳排放因子不断降低,提高施工电气化率对降低现场环境影响,实现绿色施工具有重要作用。该指标可按下式计算

$$R_{ME} = \frac{Q_E}{\sum\limits_{j} Q_j} \times 100\% \qquad (7-14)$$

式中 R_{ME}——施工用能电气化率;

Q_E——以标准煤计的施工现场总用电量;

Q_j——以标准煤计的施工现场对第 j 种能源的总消耗量。

7.1.4 贡献度分析

在混凝土结构的碳排放分析中,贡献度分析是评估不同因素对碳排放量影响程度的方法。简单的贡献度分析可采用第 7.1.3 节提到的贡献率指标实现,并以散点图、条形图、Pareto 图等方式进行可视化呈现。该方法适用于分析碳排放的构成从而识别高碳环节或过程,如材料生产过程对隐含碳排放总量的贡献、某种材料对生产过程碳排放的贡献等。该方法既可用于单一项目案例的贡献度评估,也可用于基于案例集的贡献度统计分析。第 3 章已对这一方法进行了详细介绍,相应的贡献率指标也可参考表 3-1。

有些情况下,需要掌握不同特征因素对隐含碳排放量的影响程度时,可采用统计或计量经济学模型进行贡献度分析。这一方法通常需要基于一定量的案例样本实现,具体步骤如下:

1)确定目标变量,明确分析的目标变量及其边界范围。

2)识别影响因素,列出可能影响目标变量的因素。隐含碳排放分析中,主要指活动数据与碳排放因子;而间接因素包括影响活动数据与碳排放因子的建筑条件或设计参数,如建设地点、结构体系、材料强度等。

3)收集数据,收集并整理贡献度分析所需的基础数据。

4)选择分析方法,对于数值型因素可采用相关性分析、回归分析、结构方程模型等方

法研究不同因素对目标变量的影响；对于分类型变量，可采用直接对比法、方差分析等研究对目标变量的影响。

5）建立分析模型。以线性回归分析为例，各影响因素与目标变量间的线性回归模型可表示为

$$C = \sum_i k_i x_i + b \tag{7-15}$$

式中　x_i——第 i 个影响因素；

$\quad\quad k_i$——第 i 个影响因素的回归系数；

$\quad\quad b$——模型的截距项。

有时，也会采用变量对数化的处理方式，对上述线性回归进行变换[244]，此时的模型可表示为

$$C = \sum_i k_i \ln x_i + b \tag{7-16}$$

$$\ln C = \sum_i k_i x_i + b \tag{7-17}$$

$$\ln C = \sum_i k_i \ln x_i + b \tag{7-18}$$

6）分析不同因素的贡献度。式（7-15）中影响因素的回归系数表示该因素值发生变化 Δx_i 时，目标变量的变化值 ΔC，即 $\Delta C = k_i \Delta x_i$；式（7-16）中回归系数表示影响因素发生比例变化 $\Delta P_i = \Delta x_i / x_i$ 时，目标变量的变化值 ΔC，即 $\Delta C = k_i \Delta P_i$；式（7-17）中回归系数表示影响因素值发生变化 Δx_i 时，目标变量的变化比例 $\Delta P_C = \Delta C / C$，即 $\Delta P_C = k_i \Delta x_i$；式（7-18）中回归系数表示影响因素发生比例变化 ΔP_i 时，目标变量的变化比例 ΔP_C，即 $\Delta P_C = k_i \Delta P_i$，此时 k_i 也称为 C 对 x_i 的弹性。

7）结果评估。在上述回归模型中，回归系数越高，其对目标变量的贡献（或影响）越高。通过比较回归系数大小，即可分析不同因素对目标变量的贡献度（或相对重要性）。

实际上，混凝土结构的隐含碳排放量本身即可由不同环节或过程的碳排放量线性叠加得到，而每一环节或过程的碳排放量又可依据排放因子法表示为活动数据与碳排放因子的乘积。因此。一般情况下，碳排放量和活动数据（或碳排放因子）天然满足线性模型的基本形式。因此，对于单一项目案例，上述方法仍适用，但在步骤5）中模型不通过统计学方法对案例样本进行回归分析得到，而是通过碳排放量与活动数据、碳排放因子的数量依存关系直接建立。当对碳排放因子做贡献度分析时，将不同活动的碳排放因子作为模型的自变量 x_i，对应活动数据作为模型中的系数 k_i；而对活动数据做贡献度分析时，将活动数据作为自变量 x_i，其系数由涉及该数据的所有活动的碳排放因子叠加得到。例如，当以混凝土用量作为影响因素进行分析时，其系数值不单指混凝土的碳排放因子，其原因是混凝土用量不仅影响材料生产过程的碳排放，同时会影响运输、施工机械、拆除处置活动的碳排放，故相应系数应综合考虑对上述所有活动的影响。

7.1.5　敏感性分析

敏感性分析用于评估模型输入变量对输出结果的影响程度[328]。尽管贡献度分析和敏感性分析均涉及对输入变量影响的评估，但二者仍有一定的区别。首先，贡献度分析关注因素

对结果的直接贡献，而敏感性分析关注模型输出对输入参数变化的敏感性；其次，贡献度分析常用于识别和量化影响结果的关键因素，敏感性分析则常用于评估模型在不同条件下的稳定性和可靠性；最后，贡献度分析通常是局部的、基于单个变量的分析；而敏感性分析可全局性、综合考虑输入变量相互作用或其组合变化对目标变量的影响。敏感性分析可分为单参数敏感性分析和多参数敏感性分析两大类。

1. 单参数敏感性分析

单参数敏感性分析通过改变模型中的一个输入参数，观察其对目标变量的影响，从而评估该参数对目标变量的敏感程度。该方法通常用于评估目标变量在不同参数值下的变化趋势。单参数敏感性分析不需要复杂的数学模型，可识别关键参数及其不确定性，但其忽略了参数之间的相互关系，不能反映多参数的联合作用，且结果可能受参数选择范围的影响。单参数敏感性分析的一般实现步骤如下：

1）确定分析的参数和范围。选择要进行敏感性分析的参数，并确定其可能的取值范围。

2）设置参数的基线值。为所选参数设定一个参考值或基线值。

3）设定分析方法。常用方法包括连续变动法和多点估计法等。连续变动法是指以基线值为参照逐步改变参数值，观察输出结果的变化；多点估计法是指选择多个代表性的参数取值点进行分析，以探索参数变化对结果的影响。

4）数据分析。分析不同参数设定下的目标变量值，观察参数变化对结果的影响程度。

5）结果解释。根据分析结果，评估参数的敏感性，并解释其对目标变量的影响。参数的敏感性可采用敏感性系数（Sensitivity Coefficient，SC）进行评估，其通常定义为目标变量的变化率与输入参数的变化率之比。在碳排放的敏感性分析中，对于连续型和离散型变化的参数，敏感性系数可分别如下计算

连续型
$$SC = \frac{\partial C}{\partial x_i} \frac{x_i}{C} \tag{7-19}$$

离散型
$$SC = \frac{\Delta C}{C} \frac{x_i}{\Delta x_i} \tag{7-20}$$

2. 多参数敏感性分析

多参数敏感性分析旨在评估目标变量对多个输入参数的敏感程度，该方法通过系统地改变多个参数取值，考虑这些参数同时变化对目标变量的综合影响。多参数敏感性分析能捕捉多个参数间的复杂交互影响，提供更全面的目标变量响应情况，但其计算复杂度较高，需要大量数据支撑参数分析，结果解释更为复杂且难以可视化。多参数敏感性分析常采用随机模拟法、Sobol 指数法和 Morris 法等。

（1）随机模拟法　通过参数空间内随机抽样评估对目标变量的影响，适用于复杂参数空间和不确定性较高的情况，能够提供全面的参数影响信息，但随机模拟分析的计算成本较高。常用随机模拟方法有蒙特卡洛模拟和拉丁超立方抽样等，前者在实际分析中应用较多。蒙特卡洛模拟法的主要实现步骤包括：

1）确定参数的概率分布或取值范围。

2）随机生成大量的参数组合。

3）对每个参数组合运行模型，记录输出结果。

4）分析输出结果的分布，评估参数对输出的影响程度。

（2）Sobol 指数法　基于方差分解的全局敏感性分析方法，通过计算输入参数对输出方差的贡献度来评估参数的重要性，能够量化单个参数和参数间交互作用的影响。该方法的主要实现步骤包括：

1）定义参数空间，确定输入变量及其分布。

2）生成输入变量的样本，使用 Sobol 序列或拉丁超立方体抽样等方法生成输入变量的样本点，这些样本点应均匀覆盖输入变量的参数空间。

3）对于每个输入变量的样本点，计算对应的目标变量值。

4）计算目标变量的总方差，即所有输入变量影响的总效果；该方差可按下式进行分解

$$V = \sum_{i=1}^{M} V_i + \sum_{1 \leq i < j \leq M} V_{ij} + \cdots + V_{1,2,\cdots,M} \tag{7-21}$$

式中　V——目标变量 Y 的总方差；

V_i——第 i 个参数独立影响下目标变量 Y 的条件方差；

V_{ij}——第 i 和 j 两个参数的交互影响下目标变量 Y 的条件方差；

$V_{1,2,\cdots,M}$——M 个参数交互影响下目标变量 Y 的条件方差。

5）计算 Sobol 指数，常用指数包括一阶指数、高阶指数和总效应指数，可采用下列公式计算

一阶 Sobol 指数
$$S_i = \frac{V_i}{V} \tag{7-22}$$

二阶 Sobol 指数
$$S_{ij} = \frac{V_{ij} - V_i - V_j}{V} \tag{7-23}$$

Sobol 总效应指数
$$T_i = 1 - \frac{V_{\sim i}}{V} \tag{7-24}$$

式中　$V_{\sim i}$——在不考虑第 i 个参数的情况下，目标变量 Y 的条件方差。

6）根据 Sobol 指数分析各参数对模型输出的影响程度。其中，一阶 Sobol 指数表示单个输入变量对目标变量 Y 的独立影响；二阶 Sobol 指数表示两个输入变量交互效应对目标变量 Y 的联合影响；Sobol 总效应指数综合评估了某一输入变量的一阶效应及高阶效应影响。

（3）Morris 法　通过在输入参数的不同值处进行局部变化，实现全局敏感性分析的方法。该方法不需要评估所有可能的参数组合，而是通过对每个参数进行小的增量变化来估计参数对输出的影响程度，其主要实现步骤包括：

1）确定每个参数的取值空间。

2）使用拉丁超立方抽样等方法生成参数样本。

3）对于每个样本点，计算目标变量值。

4）对于每个参数，围绕当前样本点按一定扰动步长进行正向或负向增量变化。

5）对于每个参数扰动，计算目标变量的变化，即元效果（Elementary Effect，EE）

$$\text{EE}_{i,k} = \frac{Y(x_{i,1},\cdots,x_{i,k-1},x_{i,k}+\Delta_k,x_{i,k+1},\cdots,x_{i,n}) - Y(x_{i,1},x_{i,2},\cdots,x_{i,n})}{\Delta_k} \tag{7-25}$$

式中　$\text{EE}_{i,k}$——第 i 个样本点中第 k 个参数的元效果；

$x_{i,k}$——第 i 个样本点中第 k 个参数的取值；

Δ_k——第 k 个参数的扰动步长。

6）通过统计分析，计算每个参数元效果的平均值和标准差，较大的均值和较小的标准差表明参数对目标变量的影响较大。

7.2 结构体系对比实例

7.2.1 低层建筑结构

1. 案例基本信息

本案例为二层乡村建筑[329-330]，建筑平面图及主要构造做法如图 7-2 所示。该房屋的总建筑面积为 $188.78m^2$，其中一层面积为 $101.32m^2$，二层面积为 $87.46m^2$。建筑层高为 3m，采用坡屋顶及水泥瓦屋面，屋脊至室外地面高度为 7.45m。建筑抗震设防烈度为 6 度，抗震设防类别为丙类。

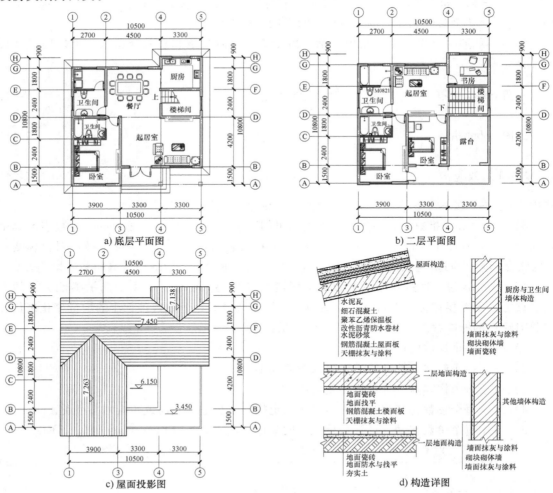

a) 底层平面图   b) 二层平面图   c) 屋面投影图   d) 构造详图

图 7-2 低层建筑设计概况

2. 结构设计概况

本案例采用砌块砌体结构、混凝土框架结构及装配式结构三种方案进行设计，以对比不同乡村建筑结构方案的碳排放水平，为低碳设计与评价提供参考。框架结构方案中，框架梁、柱采用 C25 混凝土和 HRB400 钢筋设计，主要截面尺寸分别为 300mm×300mm 和 200mm×400mm。柱下采用钢筋混凝土独立基础，基础尺寸为 800mm×800mm。框架填充墙采用轻集料混凝土小型空心砌块砌筑。砌块砌体结构方案中，承重墙厚度为 190mm，采用 MU10 混凝土小型空心砌块和 Mb5 砂浆砌筑。墙体转角及纵横墙交接处等关键位置设有钢筋混凝土芯柱，芯柱混凝土强度等级为 C20。墙下采用钢筋混凝土条形基础，基础宽度为 600mm。预制墙体结构方案中，考虑乡村建筑所受荷载较小，若采用 PC（预制混凝土）结构，成本较高。为此，采用配筋砌块砌体结构进行装配式方案的设计。该方案所用材料及性能与砌体方案相同。区别之处是，将墙体划分为预制构件，并在现场安装阶段采用连接柱连接。此外，该方案中也采用混凝土预制楼板和预制楼梯。依据上述结构设计方案，对主要分部分项工程的工程量进行估计，结果见表 7-1。

表 7-1　不同分项工程的工程量对比

编号	分项工程	单项工程	计量单位	工程量		
				框架结构	砌块砌体结构	装配式结构
1	土石方工程	土石方开采	m³	28.2	35.0	35.0
		场地平整	m³	134.0	134.0	134.0
		混凝土垫层 C15	m³	2.7	4.7	4.7
		混凝土基础 C25	m³	12.7	11.1	11.1
		组合木模板	m²	104.8	12.8	12.8
		基础配筋 HRB400	t	0.98	0.28	0.28
2.1	承重结构工程	现浇混凝土 C25	m³	48.9	36.5	31.9
		组合木模板	m²	516.6	269.1	264.8
		钢筋 HRB400	t	5.66	2.49	2.99
		木栏杆	m	6.2	6.2	6.2
		预制空心楼板	m³	0	0	12.5
		预制楼梯	m³	0	0	1.2
2.2	砌体工程	砌块砌体墙	m³	60.5	79.4	0
		混凝土芯柱	m³	2.5	9.5	3.1
		墙体配筋 HRB400	t	0.33	1.05	0.22
		混凝土圈梁	m³	0	6.7	6.7
		混凝土过梁	m³	0.47	0.47	0
		梁配筋 HRB400	t	0.05	0.64	0.59
		预制砌体墙	m³	0	0	68.0
2.3	其他次要构件	灰土垫层	m³	4.2	4.2	4.2
		混凝土台阶与散水 C20	m³	4.7	4.7	4.7
		混凝土女儿墙 C20	m³	0.7	0.7	0.7

（续）

编号	分项工程	单项工程	计量单位	工程量		
				框架结构	砌块砌体结构	装配式结构
2.3	其他次要构件	组合木模板	m²	1.9	1.9	1.9
		钢筋 HRB300	t	0.07	0.07	0.07
3.1	装饰装修工程	地面找平与瓷砖	m²	164.8	164.8	164.8
		防水砂浆抹灰	m²	27.3	27.3	27.3
		外墙找平与涂料	m²	272.0	272.0	272.0
		内墙找平与涂料	m²	489.4	491.4	491.4
		墙面瓷砖	m²	120.7	120.7	120.7
		天棚抹灰与涂料	m²	196.7	196.7	196.7
3.2	屋面工程	坡屋面防水与保温	m²	112.1	112.1	112.1
		平屋面防水与保温	m²	13.6	13.6	13.6
3.3	门窗工程	铝合金窗	m²	38.5	38.5	38.5
		铝合金门	m²	4.5	4.5	4.5
		木门	m²	20.5	20.5	20.5
4	施工辅助活动	脚手架	m²	188.8	188.8	188.8
		垂直运输	m²	188.8	188.8	188.8
		起重机	台班	0	0	3.17

3. 碳排放对比

表 7-2 对比了三种结构方案的隐含碳排放量，详细的碳排放量计算结果见表 7-3。考虑基础工程、上部结构、功能与装饰及施工辅助活动四个分项，混凝土框架结构、砌块砌体结构和装配式配筋砌块砌体结构的隐含碳排放量分别为 88.02tCO₂e、83.25tCO₂e 和 84.76tCO₂e。砌块砌体结构的碳排放量最低，而框架结构由于用钢量和混凝土用量更高，其隐含碳排放量增加约 6%。该少层乡村建筑算例施工中未使用大型机具设备，因此施工碳排放占比仅为物化碳排放总量的 1%~2%，可忽略不计。隐含碳排放量的主要来源是建材生产环节，约占总量的 90% 以上。值得注意的是，材料运输距离对碳排放总量及构成有明显影响。如大宗材料采用外地购入，平均运输 500km 以上，则运输碳排放将提高 9 倍之多，对隐含碳排放量的贡献也将增至约 30%。

表 7-2 不同结构方案的碳排放量对比 （计量单位：tCO₂e）

编号	分项工程	混凝土框架结构				砌块砌体结构				装配式配筋砌块砌体结构			
		生产	运输	施工	合计	生产	运输	施工	合计	生产	运输	施工	合计
一	基础工程	6.66	0.53	0.09	7.28	4.87	0.53	0.05	5.45	4.87	0.53	0.05	5.45
1.1	土石方	0	0	0.01	0.01	0	0	0.01	0.01	0	0	0.01	0.01
1.2	基础	6.66	0.53	0.08	7.27	4.87	0.53	0.05	5.45	4.87	0.53	0.05	5.45
二	上部结构	46.12	2.85	0.52	49.49	42.81	3.49	0.3	46.6	44.03	3.44	0.36	47.83
2.1	钢筋混凝土	29.39	1.75	0.48	31.63	15.54	1.05	0.22	16.82	21.39	1.42	0.31	23.12

（续）

编号	分项工程	混凝土框架结构				砌块砌体结构				装配式配筋砌块砌体结构			
		生产	运输	施工	合计	生产	运输	施工	合计	生产	运输	施工	合计
2.2	砌体	13.98	0.8	0.02	14.8	24.52	2.13	0.06	26.72	19.9	1.71	0.04	21.65
2.3	其他构件	2.75	0.3	0.02	3.07	2.75	0.3	0.02	3.07	2.75	0.3	0.02	3.07
三	功能与装饰	29.41	1.29	0.05	30.74	29.36	1.28	0.05	30.69	29.36	1.28	0.05	30.69
3.1	装饰工程	14.97	0.75	0.04	15.75	14.92	0.74	0.04	15.7	14.92	0.74	0.04	15.7
3.2	屋面工程	8.36	0.35	0.01	8.72	8.36	0.35	0.01	8.72	8.36	0.35	0.01	8.72
3.3	门窗工程	6.08	0.19	0	6.28	6.08	0.19	0	6.28	6.08	0.19	0	6.28
四	辅助活动	0.34	0	0.16	0.51	0.34	0	0.16	0.51	0.34	0	0.45	0.79
4.1	围护与脚手架	0.34	0	0.03	0.37	0.34	0	0.03	0.37	0.34	0	0.03	0.37
4.2	垂直运输	0	0	0.13	0.13	0	0	0.13	0.13	0	0	0.41	0.41
五	总碳排放量	82.53	4.67	0.82	88.02	77.38	5.3	0.57	83.25	78.61	5.25	0.91	84.76

表 7-3　不同结构方案的碳排放量对比

分项	名称、规格、型号	计量单位	框架结构		砌体结构		装配式结构	
			消耗量	碳排放量/kgCO$_{2e}$	消耗量	碳排放量/kgCO$_{2e}$	消耗量	碳排放量/kgCO$_{2e}$
土石方	电	kW·h	8.4	7	10.5	8	10.5	8
基础	HRB400 钢筋	t	1.0	2154	0.3	625	0.3	625
	镀锌钢丝	kg	6.5	15	1.1	3	1.1	3
	钢支撑与脚手架	kg	31.6	68	0.3	1	0.3	1
	塑料薄膜	m²	45.2	12	38.9	10	38.9	10
	尼龙帽	个	148.1	31	22.7	5	22.7	5
	圆钉	kg	9.0	17	6.0	11	6.0	11
	复合硅酸盐水泥 P·C 32.5R	kg	7.3	5	3.3	2	3.3	2
	普通硅酸盐水泥 P·O 42.5	kg	4940.3	3998	4908.8	3972	4908.8	3972
	净砂	t	12.3	256	12.8	267	12.8	267
	碎石	t	18.3	340	18.8	349	18.8	349
	隔离剂	kg	10.5	18	4.7	8	4.7	8
	草板纸 80#	张	29.1	17	10.6	6	10.6	6
	水	m³	7.6	2	6.9	1	6.9	1
	木板材、木模板	m³	0.3	168	0.2	109	0.2	109
	焊条	kg	4.2	86	1.5	31	1.5	31
	汽油	kg	4.0	12	1.5	4	1.5	4
	柴油	kg	0.4	1	0.0	0	0.0	0
	电	kW·h	91.2	70	53.9	42	53.9	42

（续）

分项	名称、规格、型号	计量单位	框架结构		砌体结构		装配式结构	
			消耗量	碳排放量/kgCO₂ₑ	消耗量	碳排放量/kgCO₂ₑ	消耗量	碳排放量/kgCO₂ₑ
柱	HRB400 钢筋	t	1.8	3899	0.1	215	1.5	3253
	镀锌钢丝	kg	11.0	26	0.7	2	9.2	22
	钢支撑与脚手架	kg	131.1	282	7.9	17	89.4	193
	塑料薄膜	m²	1.1	0	0.1	0	1.2	0
	圆钉	kg	20.9	39	1.3	2	14.2	26
	普通硅酸盐水泥 P·O 42.5	kg	4124.4	3337	251.5	204	4282.0	3465
	净砂	t	9.5	198	0.6	12	9.9	206
	碎石	t	14.6	272	0.9	17	15.2	282
	隔离剂	kg	15.6	26	0.9	2	10.6	18
	草板纸 80#	张	46.8	27	2.8	2	31.9	18
	水	m³	16.6	3	1.0	0	17.2	4
	木板材、木模板	m³	0.7	367	0.1	25	0.5	253
	焊条	kg	5.6	115	0.3	6	4.8	98
	汽油	kg	13.1	38	0.8	2	8.9	26
	柴油	kg	2.6	8	0.2	0	1.8	6
	电	kW·h	119.6	92	6.8	5	104.3	81
梁	HRB400 钢筋	t	2.1	4524	0.6	1206	0.6	1206
	镀锌钢丝	kg	10.9	26	2.3	5	2.3	5
	钢支撑与脚手架	kg	195.6	421	42.1	91	42.1	91
	塑料薄膜	m²	48.4	12	10.5	3	10.5	3
	尼龙帽	个	59.5	13	12.8	3	12.8	3
	圆钉	kg	23.2	43	5.0	9	5.0	9
	复合硅酸盐水泥 P·C 32.5R	kg	11.3	7	2.4	1	2.4	1
	普通硅酸盐水泥 P·O 42.5	kg	4493.3	3636	972.4	787	972.4	787
	净砂	t	10.4	217	2.3	47	2.3	47
	碎石	t	15.9	296	3.4	64	3.4	64
	隔离剂	kg	16.1	27	3.5	6	3.5	6
	草板纸 80#	张	48.3	28	10.4	6	10.4	6
	水	m³	6.9	1	1.5	0	1.5	0
	木板材、木模板	m³	0.9	456	0.2	99	0.2	99
	焊条	kg	8.4	173	2.3	47	2.3	47
	汽油	kg	20.3	60	4.4	13	4.4	13
	柴油	kg	4.6	14	1.0	3	1.0	3
	电	kW·h	153.2	118	37.1	29	37.1	29

（续）

分项	名称、规格、型号	计量单位	框架结构		砌体结构		装配式结构	
			消耗量	碳排放量/kgCO$_{2e}$	消耗量	碳排放量/kgCO$_{2e}$	消耗量	碳排放量/kgCO$_{2e}$
板	HRB400 钢筋	t	1.8	3791	1.8	3791	1.0	2133
	镀锌钢丝	kg	10.1	24	10.1	24	5.7	13
	钢支撑与脚手架	kg	192.2	414	218.4	470	296.9	640
	塑料薄膜	m^2	172.0	44	195.1	50	126.8	32
	圆钉	kg	21.5	40	24.4	45	14.3	27
	复合硅酸盐水泥 P·C 32.5R	kg	3.8	2	4.3	3	2.5	2
	普通硅酸盐水泥 P·O 42.5	kg	7375.7	5968	8363.6	6768	5438.2	4401
	净砂	t	17.1	355	19.3	402	12.6	261
	碎石	t	26.1	486	29.6	551	19.3	358
	隔离剂	kg	18.7	32	21.3	36	13.1	22
	草板纸 80#	张	56.2	32	63.8	36	37.1	21
	水	m^3	14.3	3	16.2	3	10.6	2
	木板材、木模板	m^3	0.9	466	1.1	525	0.8	391
	焊条	kg	0.0	0	0.0	0	4.6	94
	塑料粘胶带 20mm×50m	卷	0.0	0	0.0	0	0.4	2
	铁件	kg	0.0	0	0.0	0	2.4	5
	汽油	kg	18.7	55	21.3	62	13.0	38
	柴油	kg	3.9	12	4.5	14	2.7	8
	电	kW·h	89.7	69	99.3	77	103.6	80
	预制楼板	m^3	0.0	0	0.0	0	7.2	3272
楼梯	HRB400 钢筋	t	0.1	259	0.1	259	0.0	0
	镀锌钢丝	kg	0.5	1	0.5	1	0.0	0
	塑料薄膜	m^2	8.6	2	8.6	2	0.0	0
	沉头木螺钉	个	276.0	1	276.0	1	0.0	0
	圆钉	kg	0.3	1	0.3	1	0.0	0
	铁件	kg	16.8	33	16.8	33	2.2	4
	普通硅酸盐水泥 P·O 42.5	kg	550.2	445	550.2	445	6.9	6
	净砂	t	1.3	26	1.3	26	0.0	1
	碎石	t	2.0	36	2.0	36	0.0	0
	木栏杆 40mm	m	30.4	50	30.4	50	0.0	0
	木扶手 60mm	m	6.3	34	6.3	34	0.0	0
	隔离剂	kg	2.4	4	2.4	4	0.0	0
	塑料粘胶带 20mm×50m	卷	0.9	4	0.9	4	0.0	0
	钢支撑与脚手架	kg	8.0	17	8.0	17	0.0	0
	水	m^3	2.8	1	2.8	1	0.0	0

（续）

分项	名称、规格、型号	计量单位	框架结构		砌体结构		装配式结构	
			消耗量	碳排放量/kgCO$_{2e}$	消耗量	碳排放量/kgCO$_{2e}$	消耗量	碳排放量/kgCO$_{2e}$
楼梯	木板材、木模板	m³	0.2	89	0.2	89	0.0	0
	焊条	kg	0.5	9	0.5	9	0.0	0
	汽油	kg	3.1	9	3.1	9	0.0	0
	电	kW·h	10.7	8	10.7	8	0.0	0
	预制楼梯	m³	0.0	0	0.0	0	1.2	935
砌体	镀锌钢丝	kg	1.6	4	11.7	28	7.3	17
	HPB300 钢筋	t	0.4	840	1.7	3727	0.8	1766
	塑料薄膜	m²	3.4	1	48.9	12	45.1	12
	圆钉	kg	0.5	1	0.5	1	0.0	0
	复合硅酸盐水泥 P·C 32.5R	kg	0.2	0	0.2	0	0.0	0
	普通硅酸盐水泥 P·O 42.5	kg	2381.2	1927	7421.2	6005	3726.4	3015
	净砂	t	12.4	257	26.1	544	8.2	170
	碎石	t	3.5	65	19.8	368	11.7	217
	轻集料混凝土实心砖 190mm×90mm×53mm	千块	7.9	2537	0.0	0	0.0	0
	轻集料混凝土小型砌块 390mm×190mm×190mm	m³	48.4	9117	0.0	0	0.0	0
	混凝土实心砖 190mm×90mm×53mm	m³	0.0	0	10.4	3435	0.0	0
	混凝土小型砌块 390mm×190mm×190mm	m³	0.0	0	63.4	12500	0.0	0
	嵌缝料	kg	0.8	1	0.8	1	0.0	0
	隔离剂	kg	0.8	1	0.8	1	0.0	0
	水	m³	4.0	1	12.4	3	6.0	1
	木板材、木模板	m³	0.1	30	0.1	30	0.1	40
	铁件	kg	0.0	0	0.0	0	245.7	475
	钢支撑与脚手架	kg	0.0	0	0.0	0	167.8	362
	PE 棒	m	0.0	0	0.0	0	276.9	107
	汽油	kg	0.3	1	0.3	1	0.0	0
	电	kW·h	25.8	20	79.2	61	33.4	26
	预制砌体墙	m³	0.0	0	0.0	0	68.0	15440
附属构件	镀锌钢丝	kg	0.6	1	0.6	1	0.6	1
	HPB300 钢筋	t	0.1	151	0.1	151	0.1	151
	钢支撑与脚手架	kg	15.4	33	15.4	33	15.4	33
	塑料薄膜	m²	36.5	9	36.5	9	36.5	9
	尼龙帽	个	8.2	2	8.2	2	8.2	2
	六角带帽螺栓	kg	0.7	2	0.7	2	0.7	2

（续）

分项	名称、规格、型号	计量单位	框架结构		砌体结构		装配式结构	
			消耗量	碳排放量/kgCO$_{2e}$	消耗量	碳排放量/kgCO$_{2e}$	消耗量	碳排放量/kgCO$_{2e}$
附属构件	圆钉	kg	2.8	5	2.8	5	2.8	5
	复合硅酸盐水泥 P·C 32.5R	kg	0.1	0	0.1	0	0.1	0
	普通硅酸盐水泥 P·O 42.5	kg	1528.6	1237	1528.6	1237	1528.6	1237
	净砂	t	4.6	96	4.6	96	4.6	96
	碎石	t	6.2	115	6.2	115	6.2	115
	生石灰	kg	1035.5	1247	1035.5	1247	1035.5	1247
	黏土	m³	4.9	115	4.9	115	4.9	115
	隔离剂	kg	1.9	3	1.9	3	1.9	3
	草板纸 80#	张	5.7	3	5.7	3	5.7	3
	水	m³	4.1	1	4.1	1	4.1	1
	木板材、木模板	m³	0.1	30	0.1	30	0.1	30
	汽油	kg	1.2	4	1.2	4	1.2	4
	柴油	kg	0.3	1	0.3	1	0.3	1
	电	kW·h	15.7	12	15.7	12	15.7	12
装饰装修	棉纱	kg	2.9	10	2.9	10	2.9	10
	木砂纸	张	137.2	30	137.6	30	137.6	30
	石料切割锯片	片	0.9	9	0.9	9	0.9	9
	普通硅酸盐水泥 P·O 42.5	kg	9592.2	7762	9528.5	7710	9528.5	7710
	白色硅酸盐水泥 425#	kg	41.4	37	41.4	37	41.4	37
	净砂	t	33.3	693	33.1	687	33.1	687
	碎石	t	5.7	106	5.7	106	5.7	106
	石膏粉	kg	2453.2	343	2453.2	343	2453.2	343
	瓷砖 500mm×500mm	m²	124.4	2397	124.4	2397	124.4	2397
	地砖 300mm×300mm	m²	159.5	3067	159.5	3067	159.5	3067
	乳胶漆	kg	197.9	818	198.4	820	198.4	820
	聚氨酯丙烯酸外墙涂料	kg	125.1	440	125.1	440	125.1	440
	水	m³	21.3	4	21.1	4	21.1	4
	电	kW·h	47.5	37	47.2	36	47.2	36
屋面	塑料薄膜	m²	264.0	68	264.0	68	264.0	68
	水泥钉	kg	6.2	14	6.2	14	6.2	14
	普通硅酸盐水泥 P·O 42.5	kg	2356.3	1907	2356.3	1907	2356.3	1907
	净砂	t	7.3	152	7.3	152	7.3	152
	碎石	t	6.3	117	6.3	117	6.3	117
	聚合物粘结砂浆	kg	184.7	201	184.7	201	184.7	201

（续）

分项	名称、规格、型号	计量单位	框架结构		砌体结构		装配式结构	
			消耗量	碳排放量/kgCO₂e	消耗量	碳排放量/kgCO₂e	消耗量	碳排放量/kgCO₂e
屋面	膨胀玻化微珠保温浆料	m³	0.8	428	0.8	428	0.8	428
	自粘改性沥青防水卷材 2mm	m²	143.3	82	143.3	82	143.3	82
	冷底子油	kg	61.0	122	61.0	122	61.0	122
	聚苯乙烯泡沫板 50mm	m²	128.2	1515	128.2	1515	128.2	1515
	水	m³	31.5	7	31.5	7	31.5	7
	木板材、木模板	m³	0.1	45	0.1	45	0.1	45
	彩色水泥瓦 420mm×330mm	千张	1.3	4057	1.3	4057	1.3	4057
	电	kW·h	6.8	5	6.8	5	6.8	5
门窗	枪钉	盒	1.1	3	1.1	3	1.1	3
	木板材、木模板	m³	1.0	510	1.0	510	1.0	510
	铝合金门	m²	4.4	1069	4.4	1069	4.4	1069
	塑钢门窗	m²	36.5	3780	36.5	3780	36.5	3780
	聚醋酸乙烯乳液	kg	17.9	36	17.9	36	17.9	36
	玻璃胶 335g	支	2.0	7	2.0	7	2.0	7
	硅酮耐候密封胶	kg	36.4	470	36.4	470	36.4	470
	聚氨酯发泡密封胶 750mL	支	54.6	395	54.6	395	54.6	395
	电	kW·h	6.0	5	6.0	5	6.0	5
脚手架	镀锌钢丝	kg	7.3	17	7.3	17	7.3	17
	铁件	kg	1.6	3	1.6	3	1.6	3
	红丹防锈漆	kg	3.0	7	3.0	7	3.0	7
	溶剂油	kg	0.3	0	0.3	0	0.3	0
	安全网	m²	13.0	48	13.0	48	13.0	48
	钢支撑与脚手架	kg	106.1	229	106.1	229	106.1	229
	竹脚手片	m²	21.5	38	21.5	38	21.5	38
	汽油	kg	10.9	32	10.9	32	10.9	32
垂直运输	柴油	kg	0.0	0	0.0	0	93.3	290
	电	kW·h	169.6	131	169.6	131	161.5	125

分析表明，包含基础、上部承重结构和非承重墙体的主体结构部分（分项一和分项二）对隐含碳排放总量的贡献为62.5%～64.5%。为此，进一步对不同类型构件的碳排放贡献进行了分析，结果如图7-3所示。砌块砌体结构和装配式配筋砌块砌体结构中，砌体墙作为承重构件使用；而框架结构中，尽管砌体墙为非承重构件，但其仍起到分隔空间布局的作用。因此，砌体墙在三种结构方案中均为主体结构碳排放的主要来源，在乡村建筑结构的设计中应予以重视。三种结构方案相比，砌块砌体结构和装配式配筋砌块砌体结构的竖向构件（墙和柱）碳排放水平相近，混凝土框架结构中基础及梁、柱构件的碳排放量高于其他两种

结构体系，而三种方案的板、楼梯及其他构件碳排放量差异较小。

4. 敏感性分析

采用敏感性分析方法研究材料碳排放因子变化对不同结构方案隐含碳排放量对比结果的影响。通过计算关键材料（钢筋、混凝土及砌块）的敏感性系数可得，不同结构方案的碳排放差异与材料碳排放因子变化的关系可采用下列公式表示

$$E_{\text{CF-BM}} = 4.77 + 5.61\Delta f_{\text{steel}} + 1.17\Delta f_{\text{cement}} - 3.47\Delta f_{\text{block}} \quad (7\text{-}26)$$

$$E_{\text{PM-BM}} = 1.51 + 0.17\Delta f_{\text{steel}} + 1.52\Delta f_{\text{cement}} - 2.10\Delta f_{\text{block}} \quad (7\text{-}27)$$

式中 $E_{\text{CF-BM}}$——混凝土框架结构与砌块砌体结构的碳排放量差值；

$E_{\text{PM-BM}}$——装配式配筋砌块砌体结构与砌块砌体结构的碳排放量差值；

Δf_{steel}——钢筋碳排放因子的百分比变化；

Δf_{cement}——水泥碳排放因子的百分比变化；

Δf_{block}——砌块碳排放因子的百分比变化。

上述公式中，令 $E_{\text{CF-BM}}$ 和 $E_{\text{PM-BM}}$ 等于零时，可得到图 7-4 所示的临界面。具体而言，在临界面一侧，$E_{\text{CF-BM}}$ 和 $E_{\text{PM-BM}}$ 取正值，而另一侧则结果相反。结果表明，未来在材料碳排放因子发生变化时，不同结构方案隐含碳排放量的对比关系也可能随之变化，影响低碳结构的设计策略。

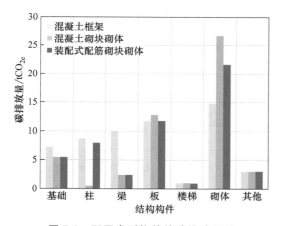

图 7-3 不同类型构件的碳排放贡献

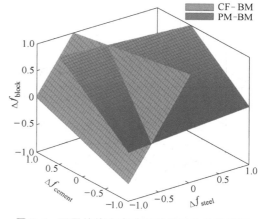

图 7-4 不同结构方案碳排放量对比的临界面

7.2.2 多层建筑结构

1. 案例基本信息

本工程为多层住宅建筑[152]，平面布局如图 7-5 所示。该住宅工程共 7 层，建筑总高度为 20.87m，标准层层高为 2.8m。工程总建筑面积 3647m²，标准层平面每层 2 个单元，共计 28 户。该建筑工程所在城市的建筑气候分区为严寒地区 A 区，设计使用年限为 50 年。

在保证建筑方案、平面与立面布局完全一致的情况下，该多层建筑实例分别采用现浇混凝土框架结构、混凝土剪力墙结构、砖砌体结构、混凝土空心砌块砌体结构及配筋砌块砌体结构进行设计。不同结构方案的主要设计参数见表 7-4。

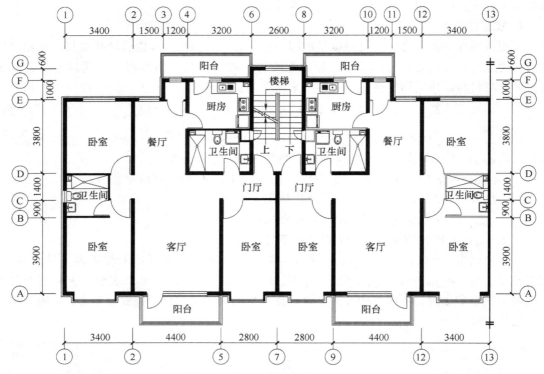

图 7-5　多层建筑标准层平面布局

表 7-4　不同结构方案的主要设计参数

结构体系	基础形式	主要结构构件尺寸/mm	主要结构材料强度
混凝土框架结构（RF）	独立基础	框架柱截面 350×350～400×400 框架梁截面 250×（400～500）	框架梁、柱采用 C30 混凝土
混凝土剪力墙结构（RW）	条形基础	剪力墙厚度 200 连梁截面 200×400	剪力墙采用 C25 混凝土
砖砌体结构（BM）	条形基础	承重墙厚度 240～370 圈梁兼过梁高度 220～400	圈梁、构造柱采用 C25 混凝土 承重墙采用 M10 实心砖和 M10 砂浆
混凝土空心砌块砌体结构（HM）	条形基础	承重墙厚度 190 圈梁兼过梁高度 220～400	圈梁、构造柱采用 C25 混凝土 承重墙采用 MU10 砌块和 Mb10 砂浆
配筋砌块砌体结构（RM）	条形基础	承重墙厚度 190 连梁截面 190×400	灌芯混凝土采用 C30，其他采用 C25 承重墙采用 MU15 砌块和 Mb15 砂浆

2. 结构性能对比

依据 GB/T 50010—2010《混凝土结构设计标准》和 GB 50003—2011《砌体结构设计规范》[331]，采用 PKPM 软件完成各结构方案设计，主要性能指标对比见表 7-5。结构自重方面，砖砌体结构最大，达 4590t；其他四种结构的自重与砖砌体结构相比分别降低了 16.5%、4.7%、9.5% 和 12.7%。抗侧刚度方面，框架结构最小，剪力墙结构最大，配筋砌块砌体结构与剪力墙结构接近。而底部受剪承载力和受压承载力储备方面，混凝土结构与配筋砌块砌体结构明显高于无筋砌体结构，安全储备显著提高。

表 7-5 不同方案的整体结构性能

结构形式	结构自重/t	底部受剪承载力/kN		最大层间位移角	最大轴压比
		x 向	y 向		
混凝土框架结构	3834	6384	6368	1/1472	0.69
混凝土剪力墙结构	4374	5580	9569	1/6196	0.35
砖砌体结构	4590	1671	1660	1/2193	0.82
混凝土砌块砌体结构	4152	1110	1103	1/3535	0.78
配筋砌块砌体结构	4007	4860	8142	1/5794	0.48

注:对于无筋砌体结构,"最大轴压比"一项表示墙肢轴力设计值与受压承载力的比值。

3. 使用面积对比

由于竖向承重构件截面尺寸的不同,采用不同结构体系时的建筑使用面积存在一定的差异。如图 7-6 所示,砖混结构由于墙体较厚,套内使用面积最小;配筋砌块砌体结构的墙体厚度仅为 190mm,使用面积最大;框架结构的柱会突出墙面,相比于墙承重体系而言使用较为不便,且占用了一部分有效面积。总体而言,相较于砖砌体结构,其他几种结构体系可增加使用面积约 5%。

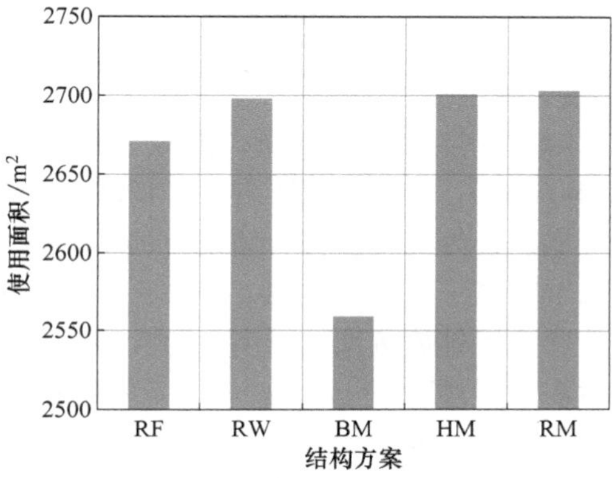

图 7-6 建筑使用面积对比

4. 碳排放对比

本多层建筑实例考虑主体结构、装饰装修、防水保温和辅助活动四个分项,对比了五种结构方案的工程成本。各分项的主要工作内容如下:①主体结构包括钢筋混凝土和砌体工程;②防水保温包括屋面及外墙防水保温工程;③装饰装修包括抹灰、瓷砖、涂料和门窗工程;④辅助活动包含垂直运输、防护工程、场地照明和施工现场其他临时活动等。依据各分项工程的工程量,采用第 2.2 节的方法,基于物料消耗对比不同结构方案的隐含碳排放量,结果如图 7-7~图 7-10 所示,详细计算数据见表 7-6。

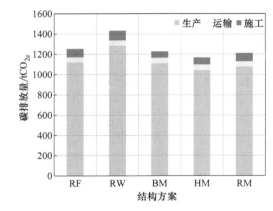

图 7-7 不同过程的隐含碳排放量对比

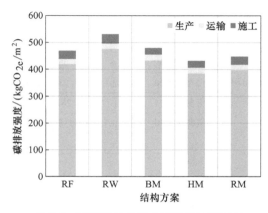

图 7-8 不同过程的隐含碳排放强度对比

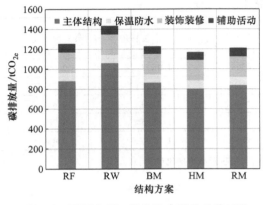

图 7-9　不同分项工程的隐含碳排放量对比

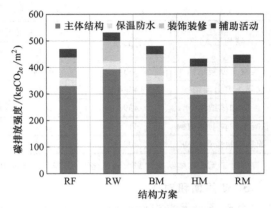

图 7-10　不同分项工程的隐含碳排放强度对比

　　隐含碳排放总量方面，混凝土剪力墙结构达到 $1433.8tCO_{2e}$，其次为混凝土框架结构（$1254.3tCO_{2e}$）和砖砌体结构（$1228.8tCO_{2e}$）。混凝土小型空心砌块砌体结构的隐含碳排放量最低，仅为混凝土剪力墙结构的 81.4%。对比发现，混凝土小型空心砌块砌体结构的工程成本略高于砖砌体结构，但黏土砖烧制需消耗大量能源，其碳排放因子较高，故砖砌体结构的隐含碳排放量反而更高。隐含碳排放强度方面，五种结构方案的单位建筑面积碳排放强度为 $320\sim390kgCO_{2e}/m^2$。考虑不同结构方案可提供的建筑使用面积有明显差异，进一步以使用面积为功能单位对比隐含碳排放强度指标，其结果与隐含碳排放量的对比相近，但由于砖砌体结构的使用面积小，其隐含碳排放强度仅低于混凝土剪力墙结构，而高于其他结构方案。

表 7-6　不同方案的碳排放量计算

分项工程	材料名称	单位	消耗量					碳排放量/tCO_{2e}				
			RF	RW	BM	HM	RM	RF	RW	BM	HM	RM
主体结构	钢筋	t	139.75	204.72	85.61	96.43	118.17	299.06	438.09	183.20	206.35	252.88
	铁钉铁线	t	2.30	2.28	3.22	2.19	1.93	4.41	4.37	6.18	4.20	3.71
	普通黏土砖	m^3	0.00	0.00	817.54	0.00	0.00	0.00	0.00	241.17	0.00	0.00
	混凝土砌块	m^3	664.86	365.19	77.02	896.30	758.02	119.67	65.73	13.86	161.33	136.44
	水泥砂浆 M15	m^3	0.00	0.00	0.00	0.00	35.72	0.00	0.00	0.00	0.00	8.29
	水泥砂浆 M10	m^3	0.00	0.00	243.57	68.11	0.00	0.00	0.00	48.71	13.62	0.00
	混合砂浆 M5	m^3	58.65	32.11	6.59	11.33	31.21	13.84	7.58	1.56	2.67	7.36
	混凝土 C20	m^3	43.53	41.07	41.85	39.10	41.07	11.54	10.88	11.09	10.36	10.88
	混凝土 C25	m^3	5.38	1392.32	948.38	1090.89	773.98	1.58	407.95	277.87	319.63	226.77
	混凝土 C30	m^3	1043.85	0.00	0.00	0.00	314.76	329.86	0.00	0.00	0.00	99.46
	水	m^3	152.35	284.77	203.04	158.70	177.34	0.05	0.09	0.06	0.05	0.05
	钢模板	t	12.57	18.19	6.40	5.99	9.05	26.89	38.93	13.69	12.82	19.37
	木模板	m^3	39.83	36.60	37.75	27.22	30.42	7.09	6.51	6.72	4.84	5.41
	TC-1 改性剂	万元	0.15	0.09	0.02	0.24	0.19	0.47	0.27	0.06	0.73	0.59
	其他金属制品	万元	0.60	0.72	0.58	0.45	0.50	1.99	2.39	1.93	1.51	1.68

（续）

分项工程	材料名称	单位	消耗量					碳排放量/tCO₂ₑ				
			RF	RW	BM	HM	RM	RF	RW	BM	HM	RM
主体结构	其他塑料制品	万元	0.15	0.17	0.15	0.14	0.14	0.38	0.42	0.37	0.35	0.36
	电	MW·h	16.32	25.29	7.12	12.46	15.09	17.69	27.42	7.72	13.51	16.36
	柴油	t	0.00	0.00	0.00	0.00	0.00	0.00	0.00	0.00	0.00	0.00
	汽油	t	1.19	1.70	0.77	0.68	0.94	3.48	5.00	2.26	2.01	2.77
	维修费	万元	0.48	0.69	0.31	0.34	0.41	1.26	1.81	0.82	0.89	1.09
	折旧费	万元	0.46	0.66	0.30	0.32	0.39	1.04	1.50	0.68	0.71	0.89
	公路运输	kt·km	141.24	142.55	160.55	161.49	150.66	40.11	40.48	45.60	45.86	42.79
	铁路运输	kt·km	90.84	133.06	55.64	62.68	76.81	0.83	1.21	0.51	0.57	0.70
	运输服务	万元	0.05	0.05	0.04	0.04	0.04	0.11	0.12	0.09	0.10	0.10
保温防水	挤塑苯板	t	7.71	7.71	7.71	7.71	7.71	47.17	47.17	47.17	47.17	47.17
	水泥砂浆 M10	m³	16.22	16.22	16.22	16.22	16.22	3.24	3.24	3.24	3.24	3.24
	SBS 防水卷材	m²	695.65	695.65	695.65	695.65	695.65	0.38	0.38	0.38	0.38	0.38
	商品混凝土 C20	m³	21.63	21.63	21.63	21.63	21.63	5.73	5.73	5.73	5.73	5.73
	水泥	t	0.68	0.68	0.68	0.68	0.68	0.43	0.43	0.43	0.43	0.43
	水	m³	46.69	46.69	46.69	46.69	46.69	0.01	0.01	0.01	0.01	0.01
	木材	m³	7.06	7.06	7.06	7.06	7.06	1.26	1.26	1.26	1.26	1.26
	胶粘剂	万元	5.14	5.14	5.14	5.14	5.14	15.78	15.78	15.78	15.78	15.78
	化学纤维制品	万元	0.36	0.36	0.36	0.36	0.36	1.08	1.08	1.08	1.08	1.08
	石油沥青	万元	2.42	2.42	2.42	2.42	2.42	5.36	5.36	5.36	5.36	5.36
	水泥制品	万元	0.09	0.09	0.09	0.09	0.09	0.52	0.52	0.52	0.52	0.52
	电	MW·h	0.09	0.09	0.09	0.09	0.09	0.10	0.10	0.10	0.10	0.10
	柴油	t	0.00	0.00	0.00	0.00	0.00	0.00	0.00	0.00	0.00	0.00
	汽油	t	0.00	0.00	0.00	0.00	0.00	0.00	0.00	0.00	0.00	0.00
	维修费	万元	0.01	0.01	0.01	0.01	0.01	0.03	0.03	0.03	0.03	0.03
	折旧费	万元	0.06	0.06	0.06	0.06	0.06	0.14	0.14	0.14	0.14	0.14
	公路运输	kt·km	2.88	2.88	2.88	2.88	2.88	0.82	0.82	0.82	0.82	0.82
	铁路运输	kt·km	0.00	0.00	0.00	0.00	0.00	0.00	0.00	0.00	0.00	0.00
	运输服务	万元	0.40	0.40	0.40	0.40	0.40	0.97	0.97	0.97	0.97	0.97
装饰装修	铁钉铁线	t	0.30	0.30	0.28	0.30	0.30	0.57	0.58	0.53	0.58	0.58
	水泥	t	38.15	38.15	38.15	38.15	38.15	24.07	24.07	24.07	24.07	24.07
	水泥砂浆 M10	m³	307.16	307.16	307.16	307.16	307.16	61.43	61.43	61.43	61.43	61.43
	混合砂浆 M5	m³	58.09	58.09	58.09	58.09	58.09	13.71	13.71	13.71	13.71	13.71
	砂（净中砂）	m³	0.09	0.09	0.09	0.09	0.09	0.00	0.00	0.00	0.00	0.00
	松厚板	m³	5.76	5.76	5.76	5.76	5.76	1.03	1.03	1.03	1.03	1.03
	石膏粉	t	6.57	6.57	6.57	6.57	6.57	0.83	0.83	0.83	0.83	0.83

（续）

分项工程	材料名称	单位	消耗量					碳排放量/tCO$_{2e}$				
			RF	RW	BM	HM	RM	RF	RW	BM	HM	RM
装饰装修	大白粉	t	17.49	17.49	17.49	17.49	17.49	3.06	3.06	3.06	3.06	3.06
	外墙涂料	t	3.82	3.82	3.82	3.82	3.82	13.37	13.37	13.37	13.37	13.37
	钢制防火门	m^2	93.20	93.20	93.20	93.20	93.20	5.69	5.69	5.69	5.69	5.69
	塑钢门窗	m^2	1260.90	1260.90	1260.90	1260.90	1260.90	40.35	40.35	40.35	40.35	40.35
	实木门	m^2	364.60	364.60	364.60	364.60	364.60	1.62	1.62	1.62	1.62	1.62
	实木地板	m^2	1955.73	1984.08	1838.13	1987.23	1989.33	5.67	5.75	5.33	5.76	5.77
	陶瓷地砖	t	11.74	11.74	11.74	11.74	11.74	7.05	7.05	7.05	7.05	7.05
	水	m^3	217.45	217.45	217.45	217.45	217.45	0.07	0.07	0.07	0.07	0.07
	其他金属制品	万元	4.57	4.57	4.57	4.57	4.57	15.24	15.24	15.24	15.24	15.24
	其他水泥制品	万元	0.15	0.15	0.15	0.15	0.15	0.89	0.89	0.89	0.89	0.89
	胶	万元	0.45	0.46	0.35	0.46	0.46	1.39	1.41	1.08	1.41	1.41
	油漆溶剂	万元	0.29	0.29	0.29	0.29	0.29	0.65	0.65	0.65	0.65	0.65
	其他塑料制品	万元	0.14	0.14	0.14	0.14	0.14	0.36	0.36	0.36	0.36	0.36
	布	万元	0.02	0.02	0.02	0.02	0.02	0.05	0.05	0.03	0.05	0.05
	电	MW·h	0.15	0.15	0.15	0.15	0.15	0.17	0.17	0.17	0.17	0.17
	柴油	t	0.00	0.00	0.00	0.00	0.00	0.00	0.00	0.00	0.00	0.00
	汽油	t	0.00	0.00	0.00	0.00	0.00	0.00	0.00	0.00	0.00	0.00
	维修费	万元	0.02	0.02	0.02	0.02	0.02	0.06	0.06	0.06	0.06	0.06
	折旧费	万元	0.19	0.19	0.19	0.19	0.19	0.43	0.43	0.43	0.43	0.43
	公路运输	kt·km	23.76	23.77	23.75	23.77	23.77	6.75	6.75	6.74	6.75	6.75
	铁路运输	kt·km	0.00	0.00	0.00	0.00	0.00	0.00	0.00	0.00	0.00	0.00
	运输服务	万元	0.28	0.28	0.28	0.28	0.28	0.68	0.68	0.67	0.68	0.68
辅助活动	钢筋	t	0.41	0.41	0.41	0.41	0.41	0.88	0.88	0.88	0.88	0.88
	铁钉铁线	t	0.77	0.77	0.77	0.77	0.77	1.48	1.48	1.48	1.48	1.48
	水泥425#	t	3.27	3.27	3.27	3.27	3.27	2.60	2.60	2.60	2.60	2.60
	混砂	m^3	5.82	5.82	5.82	5.82	5.82	0.04	0.04	0.04	0.04	0.04
	石子	m^3	9.20	9.20	9.20	9.20	9.20	0.04	0.04	0.04	0.04	0.04
	石灰	t	1.84	1.84	1.84	1.84	1.84	2.19	2.19	2.19	2.19	2.19
	防锈漆	t	0.21	0.21	0.21	0.21	0.21	0.75	0.75	0.75	0.75	0.75
	钢管	t	2.41	2.41	2.41	2.41	2.41	5.15	5.15	5.15	5.15	5.15
	扣件	t	0.82	0.82	0.82	0.82	0.82	1.75	1.75	1.75	1.75	1.75
	脚手板	m^3	5.62	5.62	5.62	5.62	5.62	1.00	1.00	1.00	1.00	1.00
	油漆溶剂油	万元	0.02	0.02	0.02	0.02	0.02	0.04	0.04	0.04	0.04	0.04
	安全网	万元	3.07	3.07	3.07	3.07	3.07	9.21	9.21	9.21	9.21	9.21
	电	MW·h	43.79	43.79	37.98	37.98	43.79	47.47	47.47	41.17	41.17	47.47

（续）

分项工程	材料名称	单位	消耗量					碳排放量/tCO$_{2e}$				
			RF	RW	BM	HM	RM	RF	RW	BM	HM	RM
辅助活动	柴油	t	0.84	0.84	0.84	0.84	0.84	2.60	2.60	2.60	2.60	2.60
	汽油	t	0.00	0.00	0.00	0.00	0.00	0.00	0.00	0.00	0.00	0.00
	维修费	万元	1.87	1.87	1.60	1.60	1.87	4.94	4.94	4.22	4.22	4.94
	折旧费	万元	1.72	1.72	1.48	1.48	1.72	3.90	3.90	3.34	3.34	3.90
	公路运输	kt·km	1.24	1.24	1.24	1.24	1.24	0.35	0.35	0.35	0.35	0.35
	铁路运输	kt·km	0.27	0.27	0.27	0.27	0.27	0.00	0.00	0.00	0.00	0.00
	运输服务	万元	0.15	0.15	0.15	0.15	0.15	0.37	0.37	0.37	0.37	0.37

不同过程的碳排放量对比方面，材料生产过程是各结构方案隐含碳排放量的主要来源，而材料运输和施工过程的平均贡献仅分别为4.3%和6.2%。表7-7对比了不同类型材料的隐含碳排放。结果表明，结构材料是材料生产过程的主要碳排放源，且水泥的贡献最高。五种结构方案的用钢量按砖砌体结构、混凝土小型空心砌块砌体结构、配筋砌块砌体结构、混凝土框架结构和混凝土剪力墙结构的顺序增长，而砖与砌块的用量按上述顺序降低。值得注意的是，本例运输碳排放量计算时，材料运输距离根据供应商与施工现场位置按30~100km考虑。当运输距离增加时，相应运输过程的碳排放贡献度也会显著增加。

不同分项工程的碳排放量对比方面，材料生产过程是主体结构、防水保温及装饰装修工程的主要碳排放源。然而，由于垂直运输与临时活动能耗等的影响，现场施工过程是辅助活动分项的主要碳排放源。四类分项工程中，主体结构工程的碳排放贡献度最高，为68.7%~74.0%，平均为70.5%。此外，其他分项工程的工程量与碳排放量水平接近，主体结构工程也是五种结构方案碳排放差异的主要来源。这一结果表明，不同结构方案隐含碳排放指标对比时，可忽略对其他分项工程的影响，以简化计算分析。

表 7-7 不同类型材料隐含碳排放对比

指标	材料	结构方案				
		RF	RW	BM	HM	RM
碳排放量	钢材	299.9	439	184.1	207.2	253.8
	水泥及其制品	468	537.6	450.5	457.5	464
	砖与砌块	119.7	65.7	255	161.3	136.4
	装饰材料	41.7	41.7	43.1	41.6	41.1
	功能材料	129.2	140.6	115.6	112.9	120
	其他	61.5	61.8	60.7	61.3	61.3
	合计	1120.0	1286.4	1109.0	1041.8	1076.6
碳排放贡献度	钢材	26.8%	34.1%	16.6%	19.9%	23.6%
	水泥及其制品	41.8%	41.8%	40.6%	43.9%	43.1%
	砖与砌块	10.7%	5.1%	23.0%	15.5%	12.7%
	装饰材料	3.7%	3.2%	3.9%	4.0%	3.8%
	功能材料	11.5%	10.9%	10.4%	10.8%	11.1%
	其他	5.5%	4.8%	5.5%	5.9%	5.7%

5. 不确定性分析

为验证不同结构方案碳排放对比结果的可靠性，进一步采用随机模拟方法进行了不确定性分析。基于第 2.4 节的经验分布函数法，利用已有研究[209] 给出的碳排放因子取值范围和推荐值建立经验三角分布，并通过蒙特卡洛模拟生成 10000 组样本进行碳排放量随机分析，结果如图 7-11 和图 7-12 所示，相应统计指标见表 7-8。由于随机模拟时采用的三角分布函数为非对称分布，随机模拟结果的均值与上述确定性分析的结果并不相同。

尽管随机模拟的碳排放量偏高 17%～22%，但不同结构方案的碳排放水平对比结果相近。混凝土小型空心砌块砌体结构和混凝土剪力墙结构的隐含排放样本均值分别是所有方案中最低和最高的。每一随机样本的模拟结果分布在样本均值的 65%～145% 范围内，变异系数为 0.070～0.088。此外，混凝土剪力墙结构与框架结构的对比表明，在 10000 次模拟中，8916 个样本表明前者的隐含碳排放量更高，碳排放差异的平均值为 262.7tCO$_{2e}$（18.6%），25% 和 75% 分位数分别为 113.7tCO$_{2e}$（7.6%）和 409.5tCO$_{2e}$（28.7%）。总体而言，与混凝土剪力墙方案相比，该多层住宅建筑算例中框架结构方案的隐含碳排放水平较低。

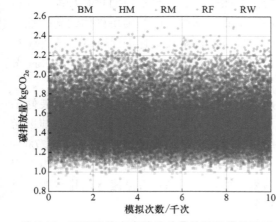

图 7-11　不同结构方案碳排放量的随机模拟结果

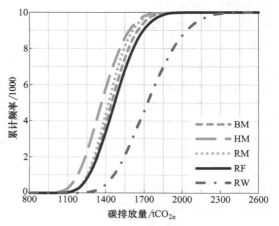

图 7-12　随机模拟结果的频数分布

表 7-8　随机模拟结果的统计指标

统计指标	碳排放量/tCO$_{2e}$					碳排放强度/(tCO$_{2e}$/m^2)				
	BM	HM	RM	RF	RW	BM	HM	RM	RF	RW
最小值	1034.3	881.4	935.5	990.7	1127.6	404.2	326.3	346.1	370.9	417.9
平均值	1451.0	1373.9	1426.0	1475.7	1738.4	567.0	508.6	527.6	552.5	644.3
最大值	2021.5	1965.6	1968.2	2061.9	2496.1	790.0	727.7	728.2	772.0	925.2
标准差	148.7	155.6	137.8	163.0	218.8	58.1	57.6	51.0	61.0	81.1
变异系数	0.074	0.079	0.070	0.079	0.088	0.074	0.079	0.070	0.079	0.088
相对误差①	18.1%	17.7%	17.8%	17.7%	21.2%	18.1%	17.7%	17.8%	17.7%	21.2%

① 相对误差代表随机模拟样本均值与确定性分析结果的百分比差异。

7.2.3　高层建筑结构

1. 案例基本信息

某高层住宅建筑建设于 2009 年，标准层平面图如图 7-13 所示。总建筑面积为 17559m^2，

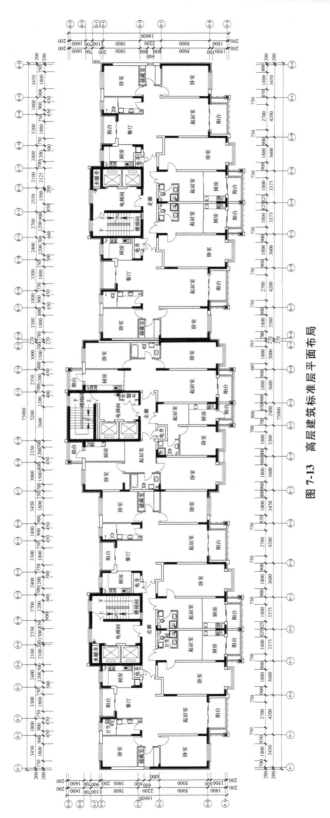

图 7-13　高层建筑标准层平面布局

地上部分建筑面积为 16492m², 地上 16 层, 地下 1 层, 标准层层高 3m, 建筑总高度为 49.2m。建筑设计工作年限为 50 年, 抗震设防烈度为 7 度。该建筑采用混凝土剪力墙结构和配筋砌块砌体结构进行对比设计[42]。

混凝土剪力墙结构方案中, 基础采用直径为 400mm 的预应力混凝土管桩, 混凝土强度等级为 C30。剪力墙厚度为 200mm, 1~11 层混凝土强度等级为 C35, 12~16 层混凝土强度等级为 C30。梁板混凝土强度等级采用 C30, 标准层板厚为 100mm, 屋面板厚为 150mm, 梁截面宽度为 200mm, 高度为 300~600mm。填充墙采用陶粒混凝土空心砌块砌体, 墙厚为 90mm 或 190mm。

配筋砌块砌体结构方案中, 基础同样采用预应力混凝土管桩, 混凝土强度等级为 C30。配筋砌块砌体剪力墙厚度为 190mm, 砌块强度等级 1~9 层为 MU20, 10~13 层为 MU15, 14~16 层为 MU10; 砂浆强度等级 1~3 层为 Mb20, 4~13 层为 Mb15, 14~16 层为 Mb10; 灌芯混凝土强度等级 1~3 层为 Cb40, 4~13 层为 Cb30, 14~16 层为 Cb25。

2. 结构性能对比

采用混凝土剪力墙结构与配筋砌块砌体结构方案时, 风荷载作用下的最大楼层位移角分别为 1/1868 和 1/3980; 地震作用下的结构第一阶自振周期分别为 1.43s 和 1.22s, 最大楼层位移角分别为 1/3237 和 1/5461, 底层抗剪承载力分别为 18610kN 和 22500kN。此外, 两种结构方案的抗倾覆承载力与倾覆力矩的比值分别为 15.9 和 18.9, 刚重比分别为 8.3 和 11.6。总体而言, 两种方案的整体结构性能相近, 但配筋砌块砌体结构方案的抗侧承载力、抗倾覆承载力和稳定性略优于混凝土剪力墙结构。

3. 碳排放量对比

采用第 2.3 节的方法, 以分部分项工程为基本单元, 对两种结构方案的物化阶段隐含碳排放量进行计算, 结果见表 7-9。

表 7-9　两种结构方案的隐含碳排放量对比　　　　　　　　　　（计量单位: tCO₂ₑ）

分部分项工程	剪力墙结构	配筋砌块砌体结构	差额
土石方工程	74	74	0
基础工程	1009	1009	0
主体混凝土结构工程	4415	3584	831
砌筑工程	444	714	−270
室内装饰工程	564	472	92
屋面工程	96	96	0
外墙装饰保温工程	419	419	0
门窗工程	512	512	0
垂直运输工程	370	370	0
脚手架工程	94	94	0
模板工程	98	53	45
其他工程	60	60	0
场外运输	351	313	38
碳排放量合计	8506	7771	735
单位建筑面积(m²)的碳排放强度	0.484	0.443	0.041

混凝土剪力墙结构与配筋砌块砌体结构的生产建造过程碳排放总量分别为 8506.2tCO$_{2e}$ 和 7771.2tCO$_{2e}$，单位建筑面积的碳排放量分别为 484.4kgCO$_{2e}$/m^2 和 442.6kgCO$_{2e}$/m^2。与混凝土剪力墙结构相比，配筋砌块砌体结构在材料生产、材料运输和建筑施工过程的碳排放量可分别降低 38.1kgCO$_{2e}$/m^2（9.1%）、2.2kgCO$_{2e}$/m^2（10.8%）和 1.6kgCO$_{2e}$/m^2（3.4%），物化阶段碳排放总量可降低 735tCO$_{2e}$（8.6%）。与混凝土剪力墙结构相比，配筋砌块砌体结构的主体混凝土结构工程碳排放量相对较低，而砌体工程碳排放量相对较高。地基基础部分未考虑两种结构体系的差异，按相同方案进行设计与碳排放计算。上部承重结构方面，配筋砌块砌体结构方案的碳排放量降低了 560.6tCO$_{2e}$（11.5%）。模板与脚手架工程方面，由于配筋砌块砌体结构中，芯柱混凝土直接在砌块的孔洞内灌注，承重墙体施工无需模板，相应碳排放量可降低 44.1tCO$_{2e}$（23.1%）。

为验证上述碳排放量对比结果的可靠性，采用第 2.4 节的随机模拟方法对降碳量的不确定性做进一步评估。10000 次蒙特卡洛模拟分析的结果表明，配筋砌块砌体结构降碳量的样本均值为 729tCO$_{2e}$，与确定性分析的结果基本一致；降碳量的 90% 置信区间为 ［385，1060］tCO$_{2e}$，相应的降碳比例为 4.5%~12.4%，表明配筋砌块砌体结构确有降低隐含碳排放量的优势。

7.3　优化设计法

7.3.1　混合式优化框架

考虑结构层次优化设计问题的复杂度与构件层次优化设计的便利性，本研究结合整体结构分析与局部构件优化，建立了混凝土结构低碳优化设计的混合式框架。该混合式优化框架主要包括初始结构方案设计、关键构件类别识别、构件优化与参数更新、优化设计结果评估四个主要阶段，具体流程如图 7-14 所示。

1. 初始结构方案设计

根据建筑设计条件确定初始结构方案。一般步骤如下：①依据建筑设计方案确定所采用的混凝土结构体系与基本布局；②依据结构布局、荷载条件与设计经验，预估主要结构构件的材料强度和截面尺寸；③采用计算机辅助设计软件进行结构三维建模与内力分析；④对结构布置方案与构件截面进行调整，使得构件布置与受力合理；⑤依据内力计算结果进行构件截面配筋设计，绘制施工设计图并估算工程量。

2. 关键构件类别识别

依据设计图与工程量清单，采用第 2 章的方法对初始结构设计方案的隐含碳排放量进行计算分析。进一步地，以分部分项工程为基本单元对不同类型构件的碳排放量进行估计，按贡献度对构件进行排序，并将高碳排放构件识别为关键构件类别，作为下一阶段的优化设计对象。一般的混凝土结构设计中，构件类别常包括墙、柱、梁、板、基础、楼梯及非承重构件（如隔墙）等。

3. 构件优化与参数更新

以关键构件类别为优化对象，确定设计变量、目标函数与约束条件。需注意，考虑设计与施工的便捷性，同种类型的不同构件在优化设计时，部分设计变量与参数条件可能是相同的，而部分设计变量可能是有差异的。例如，结构设计时，同一楼层的混凝土梁会根据其平面布局与荷载条件进行归并设计，且所有梁常采用相同的混凝土与钢筋强度等级，以减少模板与钢筋型号，方便施工。因此，这一阶段需对多个构件同时进行优化，而非对每个构件进行逐一优化。相比于第 6 章介绍的单构件优化设计而言，设计变量与约束条件更多，目标函数计算更复杂。

当对目标构件类别进行优化设计后，构件设计参数可能发生变化。此时，若构件截面尺寸等参数变化会引起结构整体分析中内力的变化，则需在结构设计模型中更新构件参数重新进行内力与碳排放计算，并再次做关键构件类别的优化设计，直至优化设计变量的改变不再影响整体结构的内力计算结果。

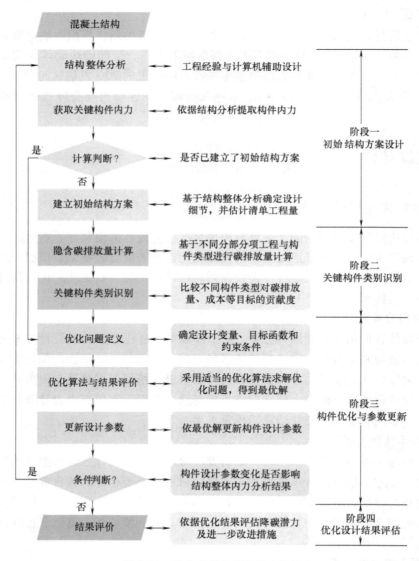

图 7-14　混合式优化框架的主要流程

此外，有些情况下，关键构件的优化设计可能会引起其他类型构件的碳排放量变化。例如，当梁作为关键构件经优化后其截面高度减小时，梁下隔墙的高度则会相应增加，隔墙部分施工的隐含碳排放量也将随之变化。此时，降碳量计算需额外考虑对其他类型构件的影响。

4. 优化设计结果评估

通过混合式方法得到最优解（集）后，对比初始结构设计方案完成对降碳量与降碳比例的评估，相应计算公式如下

$$CR = \sum_n CR_n = \sum_n (C_{opt,n} - C_{0,n}) \tag{7-28}$$

$$RP_n = \frac{CR_n}{C_{0,n}} \times 100\% \tag{7-29}$$

$$RP = \frac{CR}{\sum_n C_{0,n}} \times 100\% \tag{7-30}$$

式中　CR——混凝土结构优化设计后的总体降碳量；

　　　CR_n——第 n 种类型构件的碳排放量变化值（负值代表降碳）；

　　　$C_{opt,n}$——优化设计后第 n 种类型构件的碳排放量；

　　　$C_{0,n}$——初始结构设计方案中第 n 种类型构件的碳排放量；

　　　RP_n——优化设计后第 n 种类型构件的碳排放变化率；

　　　RP——优化设计后的降碳比例。

7.3.2　优化算法

混凝土结构低碳优化设计的混合式框架中，构件的优化设计可采用第 6 章提出的遗传算法实现。本章进一步引入了和声搜索（Harmony Search）算法[332]，以体现低碳优化设计问题求解算法的多样性。和声搜索法是借鉴音乐和弦创作提出的一种元启发式随机搜索方法。和声搜索法具有概念简单、参数少、易实现等特点，可广泛应用于各类优化问题。与其他优化算法相比，该方法具有以下优点：

1）限制条件宽松，既可用于非连续变量，也可用于连续变量，且不需要设定初始值。

2）采用随机搜索的方式代替梯度搜索，更为灵活。

3）基于所有当前解生成新解，具有较好的全局搜索能力。

和声搜索法的实现包含三个关键步骤，即初始化解空间、随机生产新解和更新和声记忆库。对于混凝土结构低碳设计的多目标约束优化问题，结合和声搜索法、约束违反度、非支配性排序和 Pareto 最优解的概念与原理，可采用图 7-15 所示的流程实现优化设计，具体步骤如下：

步骤 1：初始优化设计问题，定义输入变量、目标函数和约束条件，并根据每一变量的定义域生成优化设计的决策空间。

步骤 2：定义和声搜索的算法参数[333]。其中，和声记忆库容量（HMS）表示和声记忆库中解的数量，优化过程中保持不变；和声保留参数（HMCR）和音调调节参数（PAR）是算法控制参数，取值范围为 [0,1]，决定了生成和调整新和声时的路径；最大创作次数（NI）决定了算法的终止准则。

步骤 3：在决策空间内，随机初始化和声记忆库

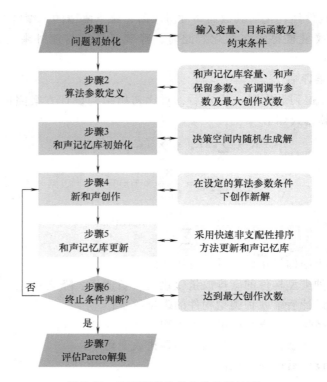

图 7-15　和声搜索法的优化设计流程

$$\mathbf{HM}_0 = \{X_j\} \quad j = 1, 2, \cdots, HMS \tag{7-31}$$

式中　$\mathbf{HM}_0$——初始和声记忆库;

$\quad\quad X_j$——和声记忆库中的第 j 组解, $X_j = \{x_{ij}\}$, $i = 1, 2, \cdots, N$, 其中 x_{ij} 为第 j 组解中第 i 个输入变量的取值, N 为输入变量总数。

初始和声记忆库中每一组解的输入变量取值在决策空间内随机生成, 离散变量可随机取 $x_{ij} \in \Phi_i$, 其中 Φ_i 为第 i 个自变量的取值空间; 连续变量可取 $x_{ij} = x_i^L + \text{rand} \times (x_i^U - x_i^L)$, 其中 rand 代表 (0, 1) 范围内的均匀分布随机数, x_i^U 和 x_i^L 分别代表 x_i 的上、下界。

步骤 4: 根据和声保留参数、音调调节参数和随机生成规则即兴创作新的和声记忆库 $\mathbf{HM}_{\text{new}}$[334]。随机新解中的变量 x'_{ij} 既可在上一次创作的和声记忆库 $\mathbf{HM}$ 的基础上按一定的规则生成, 也可随机在全局决策空间 $\boldsymbol{\Omega}$ 内选择。参数 HMCR 决定了新解生成自 $\mathbf{HM}$ 的概率, 即 $x'_{ij} \in \{x_{i1}, \cdots, x_{iHMS}\}$ 的概率为 HMCR, 而 $x'_{ij} \in \Phi_i$ 的概率为 (1-HMCR)。HMCR 对优化过程的收敛速度和结果有重要影响, HMCR 较小时, 可相对获得较好的优化结果, 但收敛速度较慢; 而 HMCR 较大时, 收敛速度快, 但缺少对解多样性的考虑, 容易收敛于局部最优解。x'_{ij} 从 $\mathbf{HM}$ 中选择的情况下, 需判断 x'_{ij} 是否需要执行音调调节。离散变量将以概率 PAR 进行音调调节, 此时 x_{ij} 将被替换为其定义域内的邻近值; 而连续变量将以概率 PAR 调整为 $x'_{ij} \pm \text{rand} \times \text{BW}$, 其中 BW 为音调微调带宽。值得注意的是, 参数 HMCR、PAR 和 BW 在优化过程中可动态变化[335-337], 以提高算法性能。

步骤 5: 参考多目标优化的快速非支配排序 (NSGA-II) 方法, 通过比较 $\mathbf{HM}$ 和 $\mathbf{HM}_{\text{new}}$

对和声记忆库进行更新，具体如下：

1）整合 **HM** 和 **HM**$_{new}$ 构建容量为 2HMS 的辅助空间 **HM**$_{sum}$。

2）对 **HM**$_{sum}$ 中的每一组解，计算约束违反度。

3）对约束违反度等于 0 的解（即可行解），估计目标函数值、Pareto 前沿排序和拥挤度指标。

4）通过非支配排序选取 HMS 组解更新 **HM**，排序的优先级如下：首先选择具有较小 Pareto 前沿的可行解；其次，同一 Pareto 前沿内，选择具有较大拥挤度的可行解；最后，在不可行解中选择具有较小约束违反度的解。

步骤 6：重复步骤 4 和 5，直到即兴创作次数达到 NI。

步骤 7：在最终的和声记忆库 **HM** 中识别 Pareto 最优解集作为优化设计结果。

7.4 框架结构优化算例

7.4.1 设计资料

本研究以多层公寓建筑为案例进行优化设计[338-339]，该建筑共有 4 层，层高为 3.3m，总建筑面积为 2693.9m^2，总高度为 13.65m。建筑采用混凝土框架结构，抗震设防烈度为 7 度，设计工作年限为 50 年，初始结构方案由经验丰富的结构工程师采用 PKPM 进行设计，主要建筑与结构设计如图 7-16～图 7-21 所示。

结构设计方面，框架结构和基础的混凝土强度等级为 C30，钢筋强度等级为 HRB400。考虑建筑功能与美学要求，梁的截面高度为 500～600mm，梁的截面宽度统一设计为 200mm，与墙体厚度相同。底部两层矩形柱的边长为 500mm，上部两层的截面边长减少至 400mm。考虑承载力和允许变形要求，混凝土板的厚度设计为 100～130mm。此外，根据柱网平面布置与荷载大小，现浇混凝土基础采用柱下独立基础和联合基础。为评估建筑隐含碳排放量和成本，建立了各分部分项工程的工程量清单，估算了相应的材料消耗量和机械台班，并根据施工现场和供应商位置估算了材料的运输距离。表 7-10 列出了初始设计方案的工程量清单。

7.4.2 初始结构方案碳排放分析

依据初始结构设计方案的工程量清单，对初始设计方案的隐含碳排放量和成本进行分析，结果见表 7-11，各分项工程的详细碳排放量计算结果见表 7-12。分析表明，建筑物化阶段的碳排放量估计为 1270.91tCO$_{2e}$，即 0.47tCO$_{2e}$/m^2。其中，材料生产是碳排放量的主要来源（占 88.4%），而运输和施工过程仅分别贡献了 4% 和 7.6%。从分项工程的角度，承重结构（包括基础和框架结构）对隐含碳排放量的贡献最大（45.7%），其次是保温和装饰（35.3%）。项目成本约为 437 万，其中材料费和人工费分别占 46.2% 和 18.9%。从分项工程的角度，承重结构贡献了总成本的 37.3%，而保温和装饰对成本的贡献最高（44.8%）。其主要原因是保温和装饰分项工程的人工费和其他税费成本较高，这些内容在碳排放评估中并未予以考虑。

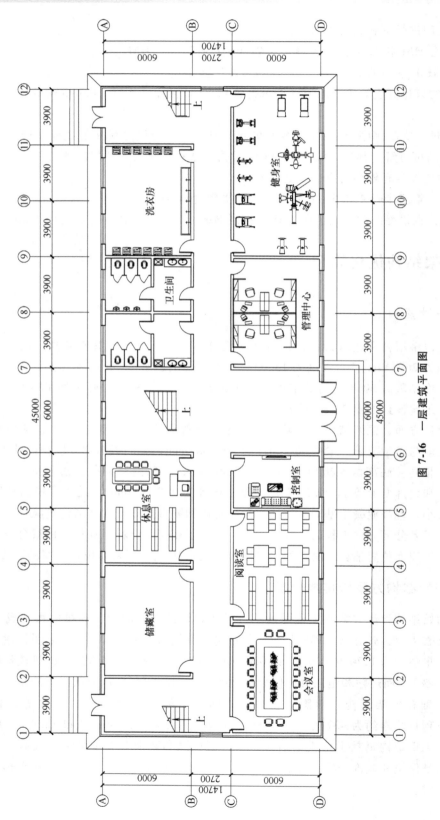

图 7-16　一层建筑平面图

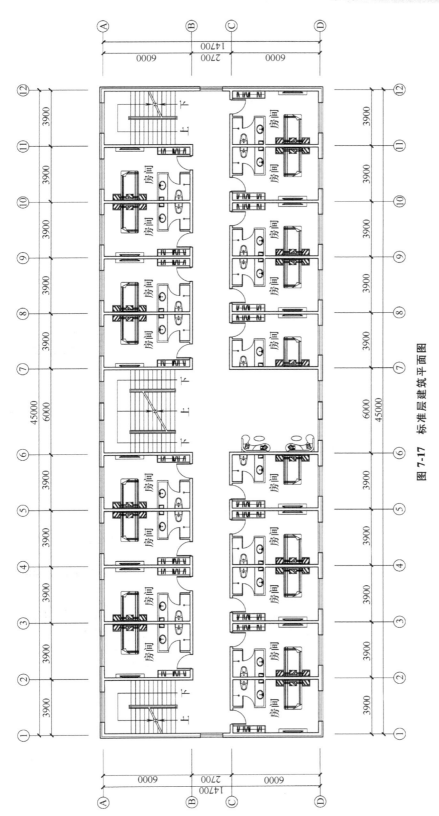

图 7-17　标准层建筑平面图

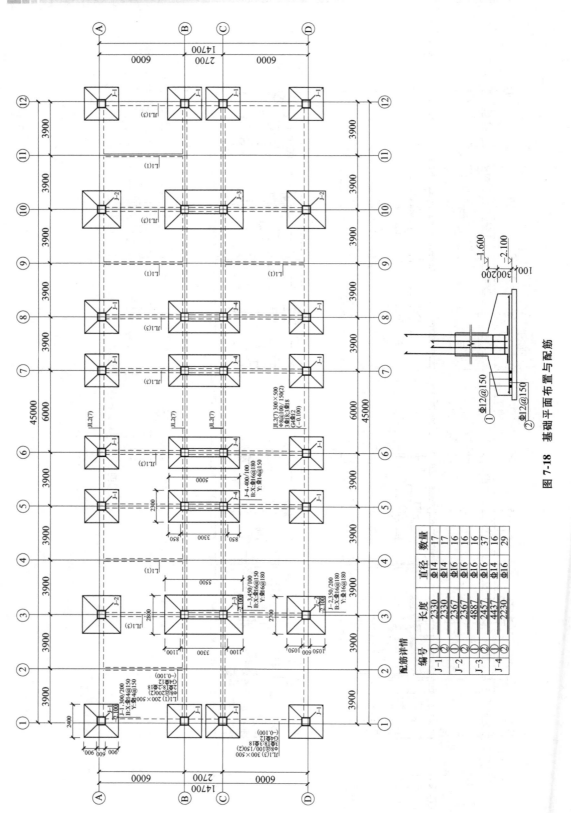

图 7-18　基础平面布置与配筋

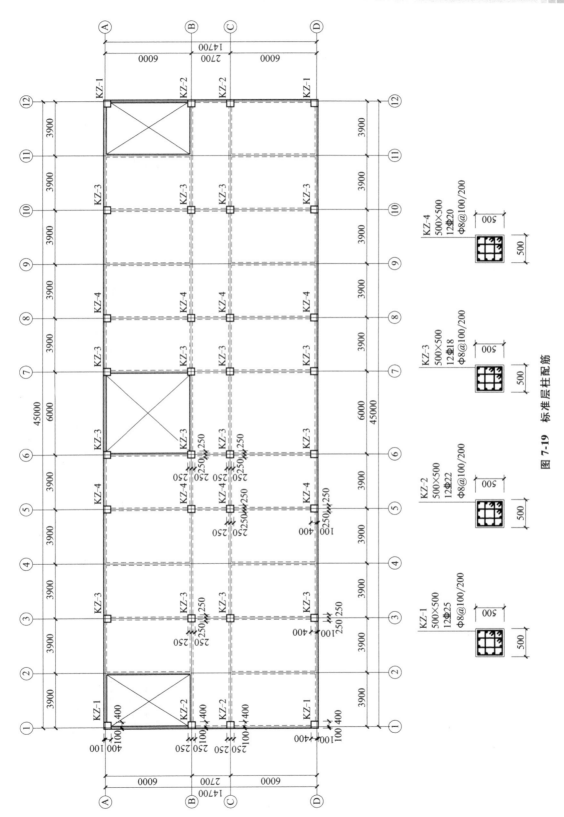

图 7-19　标准层柱配筋

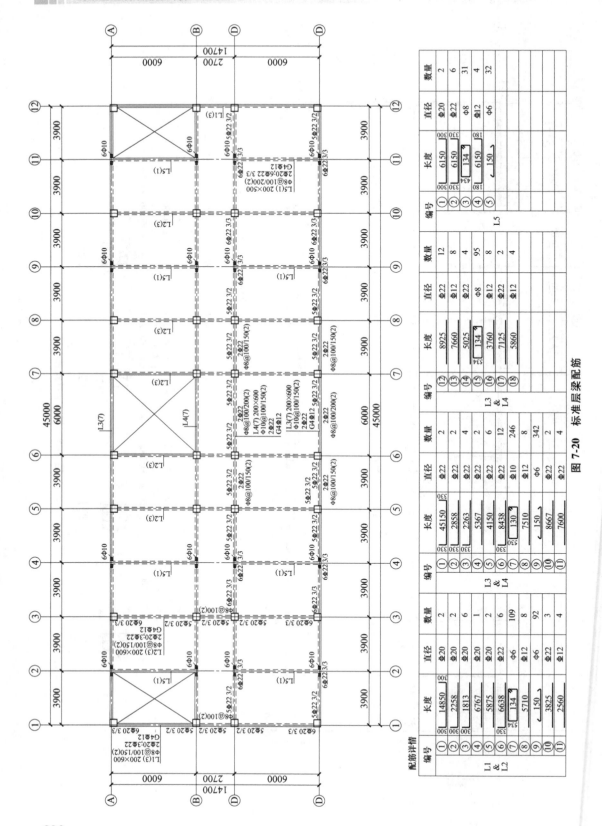

图 7-20 标准层梁配筋

混凝土建筑碳排放计算与低碳设计

236

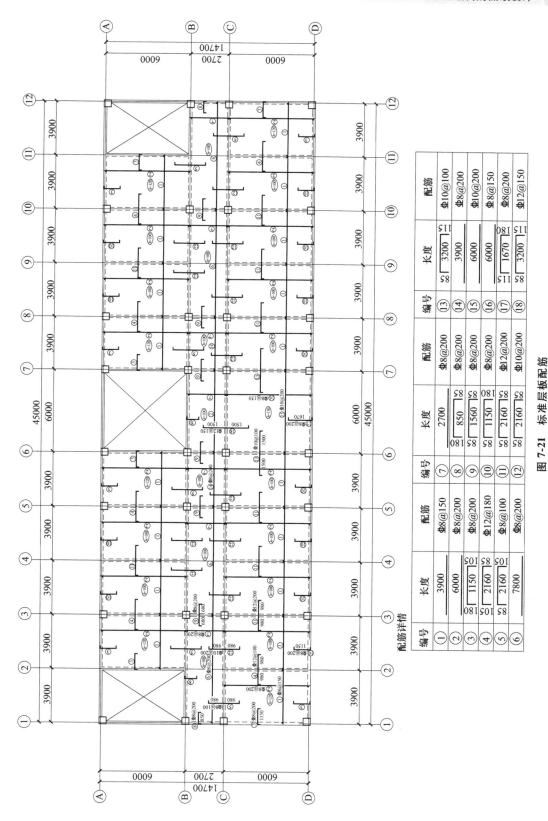

图 7-21 标准层板配筋

表 7-10   初始设计方案的工程量清单

分项工程	内容	工程量	分项工程	内容	工程量
基础工程	场地平整	929.9m²	框架结构	混凝土柱浇筑与养护	100.8m³
	机械挖土方	1054.2m²		柱钢筋加工	19.1t
	人工挖土方	105.4m²		柱模板	862.1m²
	场地回填	624.1m³		混凝土梁浇筑与养护	151.0m³
	混凝土垫层浇筑与养护	64.7m³		梁钢筋加工	48.2t
	混凝土基础浇筑与养护	196.9m³		梁模板	1487.4m²
	基础钢筋加工	15.3t		混凝土板浇筑与养护	254.7m³
	垫层模板	41.9m²		板钢筋加工	22.2t
	基础模板	486.5m²		板模板	2192.2m²
砌体墙	混凝土砌块砌体（200mm）	444.1m³		混凝土楼梯浇筑与养护	62.0m³
	混凝土砌块砌体（100mm）	59.0m³		楼梯钢筋加工	3.9t
	构造柱浇筑与养护	25.2m³		楼梯模板（投影面积）	473.6m²
	墙体钢筋加工	6.4t		其他混凝土构件浇筑与养护	41.5m³
	构造柱模板	313.1m²		其他混凝土构件钢筋加工	3.0t
室内装饰	楼地面找平与抹灰	2693.9m²		其他构件模板	465.7m²
	地面保温（EPS 保温板）	188.6m³	外墙装饰	外墙表面抹灰与涂料	1170.0m²
	混凝土柱抹灰与涂料	862.1m²		外墙保温（EPS 保温板）	1170.0m²
	砌体墙抹灰与涂料	5486.1m²	门窗	塑钢窗安装	354.2m²
	混凝土梁抹灰与涂料	1004.1m²		防火门安装	160.7m²
	顶棚抹灰与涂料	3664.24m²		木门安装	86.4m²
屋面防水保温	屋面找坡（最薄处 20mm）	673.5m²	措施项目	塔式起重机安装	1 次
	屋面保温（EPS 保温板）	94.3m³		塔式起重机基础	36.0m³
	屋面保温（膨胀珍珠岩）	70.7m³		垂直运输	2693.9m²
	三层 SBS 卷材防水	673.5m²		脚手架	2693.9m²
	细石混凝土浇筑与养护	27.2m³		建筑防护与安全网	1640.7m²
	隔离与保护层	673.5m²		施工照明等临时用电	5.0MWh

表 7-11   初始设计方案的隐含碳排放量与成本

目标	过程	分项工程					
		基础	框架结构	砌体墙	保温装饰	措施项目	合计
碳排放量/tCO₂ₑ	生产	110.16	426.99	120.94	433.56	32.14	1123.80
	运输	5.72	14.78	14.85	14.42	0.92	50.69
	施工	8.80	14.38	0.74	1.14	71.36	96.42
	小计	124.68	456.16	136.53	449.12	104.42	1270.91
成本/万元	人工	7.52	25.29	11.34	79.77	2.82	126.74
	材料	26.14	99.48	41.48	143.42	0.06	310.57

（续）

目标	过程	分项工程					
		基础	框架结构	砌体墙	保温装饰	措施项目	合计
成本/万元	机械	4.15	2.58	0.15	0.38	4.57	11.85
	其他	3.95	44.23	3.98	5.92	44.09	102.18
	规费与税金	6.38	30.55	9.06	71.22	3.15	120.37
	小计	48.15	202.14	66.02	300.71	54.69	671.71

表 7-12　不同分项工程的隐含碳排放量

分项工程	过程	内容	单位	工程量	碳排放量/kgCO$_{2e}$
基础	生产	钢筋	t	15.6	33298
		镀锌铁线	kg	212.1	499
		铁件	kg	125.2	240
		C30 混凝土	m^3	196.9	62299
		C15 混凝土	m^3	64.7	11504
		焊条	kg	15.8	325
		水	m^3	49.6	10
		木模板	m^3	3.1	551
		钢模板	kg	547	1170
		其他材料			259
	运输	铁路	t·km	10114	92
		公路	t·km	19771.2	5615
		其他			12
	施工	电	kW·h	632.3	685
		载重汽车 6t	工日	1.3	159
		卷扬机 5t	工日	4	169
		混凝土泵 60m^3/h	工日	1.3	647
		混凝土振捣器	工日	21.2	214
		木工圆锯机	工日	0.3	8
		钢筋切断机 ϕ40	工日	1.8	67
		钢筋弯曲机 ϕ40	工日	5.4	94
		电焊机 32kW	工日	1.9	190
		电动夯实机	工日	37.7	769
		推土机 75kW	工日	2.5	552
		挖掘机 0.8m^3	工日	1.9	517
		挖掘机 1m^3	工日	2.8	899
		汽车式起重机 5t	工日	1.5	165
		平板拖车 40t	工日	1	360
		自卸汽车 12t	工日	15.4	3306

（续）

分项工程	过程	内容	单位	工程量	碳排放量/kgCO$_{2e}$
框架结构	生产	钢筋	t	98.3	210328
		镀锌铁线	kg	1217.8	2862
		铁件	kg	1177.3	2260
		C20 混凝土	m³	23.7	6273
		C30 混凝土	m³	577.3	182647
		焊条	kg	110.4	2264
		钢模板	kg	4180.5	8946
		木模板	m³	34.3	9365
		水	m³	68.5	14
		其他材料			2033
	运输	铁路	t·km	63884.6	583
		公路	t·km	49748.3	14129
		其他			72
	施工	汽车式起重机 5t	工日	6.9	782
		载重汽车 6t	工日	15.8	2000
		卷扬机 5t	工日	22.7	962
		混凝土泵 60m³/h	工日	3.4	1679
		电	kW·h	3971.3	4305
		混凝土振捣器	工日	133	1343
		木工圆锯机	工日	38.4	1045
		钢筋切断机 φ40	工日	10.4	399
		钢筋弯曲机 φ40	工日	35.7	618
		电焊机 32kW	工日	12.2	1248
砌体墙	生产	钢筋	t	6.5	13987
		镀锌铁线	kg	354.3	833
		铁件	kg	39.4	76
		C25 混凝土	m³	25.2	7376
		M10 水泥砂浆	m³	5	991
		M7.5 水泥砂浆	m³	38.6	7005
		混凝土砌块	m³	493.9	88895
		焊条	kg	3.4	69
		水	m³	3.5	1
		木模板	m³	3.3	849
		其他材料			863
	运输	铁路	t·km	4248.4	39
		公路	t·km	52035.5	14778
		其他			34

（续）

分项工程	过程	内容	单位	工程量	碳排放量/kgCO$_{2e}$
砌体墙	施工	载重汽车 6t	工日	0.4	52
		卷扬机 5t	工日	2.9	126
		混凝土泵 60m^3/h	工日	0.1	62
		电	kW·h	272.3	295
		混凝土振捣器	工日	4.1	41
		木工圆锯机	工日	1.7	46
		石材切割机	工日	5.5	29
		钢筋切断机 ϕ40	工日	1.4	53
		钢筋弯曲机 ϕ40	工日	0.5	9
		电焊机 32kW	工日	0.2	24
室内装饰	生产	EPS 保温板	m^3	192.346	45355
		M10 水泥砂浆	m^3	291.636	58298
		M5 混合砂浆	m^3	83.178	19630
		C20 混凝土	m^3	122.843	32517
		水泥浆	m^3	17.743	16896
		砂子	m^3	0.092	1
		石膏粉	kg	8488.268	1065
		滑石粉	kg	22615.917	3958
		涂料	kg	3063.708	12622
		水	m^3	235.211	49
		模板	m^3	0.954	170
		沥青	kg	21998.1	18918
		其他材料			56272
	运输	铁路	t·km	0	0
		公路	t·km	32515.2	9234
		其他			1790
	施工	混凝土振捣器	工日	9.7	65
		电	kW·h	137.97	150
外墙装饰	生产	M10 水泥砂浆	m^3	27.028	5403
		水泥浆	m^3	1.287	1226
		涂料	kg	1170.034	4095
		EPS 保温板	m^3	110.107	25963
		水	m^3	7.95	2
		木板	m^3	0.059	11
		其他材料			13118

（续）

分项工程	过程	内容	单位	工程量	碳排放量/kgCO₂ₑ
外墙装饰	运输	铁路	t·km	0	0
		公路	t·km	1669.7	474
		其他			465
	施工	电锤	工日	26.596	173
		电	kW·h	37.276	40
屋面防水保温	生产	钢筋	t	0.03	63
		C20 混凝土	m³	27.21	7202
		M10 水泥砂浆	m³	47.62	9518
		EPS 保温板	m³	96.17	22678
		SBS 防水卷材	m²	3233.70	1746
		水泥珍珠岩 1:10	m³	73.54	37905
		铁件	kg	1.55	3
		水泥浆	m³	2.02	1925
		改进水泥净浆	m³	0.07	65
		水	m³	112.98	24
		木材	m³	1.70	302
		其他材料			9419
	运输	铁路	t·km	19.2	0
		公路	t·km	6332.5	1798
		其他			229
	施工	混凝土泵 30m³/h	工日	0.25	70
门窗	生产	钢质防火门	m²	160.74	9805
		铁件	kg	4.34	8
		塑钢窗	m²	354.24	11336
		其他材料			5997
	运输	铁路	t·km	0	0
		公路	t·km	832.6	237
		其他			194
	施工	电	kW·h	106.12	115
		木工圆锯机	工日	0.51	14
		切割机	工日	0.61	25
		摇臂钻床	工日	2.44	17
		榫接机	工日	2.44	95
		刨平机	工日	1.52	25
		刨床	工日	1.52	102
		电锤	工日	37.94	247

（续）

分项工程	过程	内容	单位	工程量	碳排放量/kgCO$_{2e}$
措施项目	生产	钢筋	t	1.033	2211
		C30 混凝土	m^3	36	11390
		铁件	kg	149.214	286
		镀锌铁线	kg	828.643	1947
		焊条	kg	6.012	123
		水	m^3	4.932	1
		安全网	m^2	2006.706	7425
		木材	m^3	5.962	1061
		支撑钢管	kg	2419.7	5178
		其他材料			2517
	运输	铁路	t·km	2236.65	20
		公路	t·km	3143	894
		其他			3
	施工	电	kW·h	30268.39	32811
		钢筋切断机 φ40	工日	0.11	4
		钢筋弯曲机 φ40	工日	0.22	4
		木工圆锯机	工日	0.04	3
		对焊机 75kW	工日	0.04	5
		汽车式起重机 5t	工日	0.07	8
		汽车式起重机 20t	工日	9.00	2392
		塔式起重机 1000kN·m	工日	0.50	145
		塔式起重机 QTZ30	工日	76.78	12837
		载重汽车 15t	工日	6.00	1500
		载重汽车 6t	工日	7.37	935
		载重汽车 8t	工日	4.00	571
		卷扬机 2t	工日	255.65	19966
		卷扬机 5t	工日	0.22	9
		混凝土泵 60m^3/h	工日	0.18	89
		混凝土振捣器	工日	5.83	59
		电焊机 32kW	工日	0.25	26

进一步分析可知，承重结构、保温和装饰分项工程是隐含碳排放量和成本的主要来源。考虑建筑保温和装饰受区域气候条件和美学要求的影响，后续分析将侧重通过改进设计方案进行结构优化。此外，为确定待优化的关键构件类别，本研究详细分析了不同构件对物化阶段碳排放量和成本的贡献。图 7-22 对主要结构构件（如混凝土基础、柱、梁、板和楼梯）进行了比较，其中梁在碳排放量和成本方面均有突出贡献，确定为优化目标。此外，板对碳排放量和成本的贡献也较大，但对于小尺寸板，其板厚和配筋主要受构造设计要求（如板

的最小厚度和钢筋的最小直径及最大间距）而非承载能力的影响。因此，在不改变水平结构布置的情况下，通过优化现浇板厚度与配筋获得的降碳效益有限，本算例中不再详细讨论。

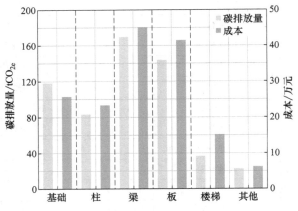

图 7-22　构件隐含碳排放量与成本对比

如图 7-20 所示，梁根据其位置和荷载特性被归并为五组，以便于设计和施工。对于初始结构方案，首先根据已有经验预估梁的截面尺寸（截面高度和宽度）以及混凝土和钢筋的强度等级；然后建立结构模型并分析构件内力；最后，基于设计要求和工程经验，利用软件后处理功能确定构件配筋情况（如直径、数量和间距）。在优化过程中，将每组梁的控制截面内力作为优化设计的基础条件，主要设计变量包括：①截面高度和宽度；②纵筋的直径和数量；③箍筋的直径和间距；④混凝土和钢筋的强度等级。表 7-13 给出了上述变量的详细信息。考虑工程需要，其中一些变量（如截面尺寸）对不同编号的梁是差异化的，而其他变量（如材料的强度等级）则对所有梁均是相同的。因此，需同时对所有梁进行优化，而非逐编号进行优化。

表 7-13　优化设计变量的取值范围

分类	设计变量	计量单位	范围	说明
截面尺寸	宽度	mm	200	依建筑设计需要，梁截面宽度取墙体厚度
	高度	mm	[400, 450, 500, 550, 600, 650, 700]	同一编号的梁截面高度相同
强度等级	混凝土	MPa	[30, 35, 40, 45, 50]	假设所有梁构件的材料强度等级相同
	纵筋	MPa	[335, 400, 500]	
	箍筋	MPa	[300, 335, 400, 500]	
纵筋	直径	mm	[16, 18, 20, 22]	不同楼层及编号的梁，其纵筋直径与数量相互独立
	数量	根	[2, 3, 4, 5, 6, 7, 8, 9, 10]	
箍筋	直径	mm	[8, 10, 12]	不同楼层及编号的梁，其箍筋直径与间距相互独立
	间距	mm	[100, 120, 150, 180, 200]	

依据离散设计变量的范围和数量，估算本优化设计算例可随机创建约 $2.7×10^{28}$ 组解。在这种情况下，穷举法的计算成本极高，难以实现。为此，本研究中，分别采用遗传算法及和声搜索算法实现单目标优化设计与双目标优化设计，并通过两种情景的对比，交叉验证设

计结果的可靠性。遗传算法的最大代数与和声搜索法的最大创作次数考虑算法效率和性能经试算确定。此外，为加快算法收敛速度，将初始结构设计方案作为初始种群或初始和声记忆库中的一组解。

7.4.3　单目标优化设计

1. 算法参数

以降碳量为目标，采用遗传算法进行优化设计。图 7-23 比较了每一代中最优个体的降碳量和所有个体的平均降碳量。当子代数小于 10 时，最优降碳量呈现波动变化趋势，而所有个体的平均降碳量没有显著变化；当子代数从 10 增加到 100 时，最优降碳量和平均降碳量均迅速增加，相邻代的降碳量变化也逐渐稳定；当子代数达到 1000 时，最优降碳量和平均降碳量趋于一致。因此，子代数在后续分析中确定为 1000。此外，本例中所有梁设计变量的总数为 51，其他算法参数取值根据经验和试算确定。每一代的种群容量设为 50，交叉和变异操作的概率分别为 0.5 和 0.1，交叉点数量设置为 5。

需要强调的是，尽管通过分析定义了合适的最大子代数，但为避免陷入局部最优的影响，优化设计时进行了 10 次独立试算。图 7-24 从主体结构和梁的降碳量角度比较了优化结果。结果表明，在 10 次试算中，最优解的降碳量具有高度一致性，验证了算法的稳定性。然而，在 10 次优化试算中获得了两种典型的解决方案，相应主体结构和梁降碳量的相对差异分别为 0.2% 和 2.2%。其中 6 次试算结果（定义为解 A）的降碳量完全来自梁的优化设计；而其他 4 次试算结果（定义为解 B）的主体结构的降碳量小于梁的降碳量。这种差异的原因是解 B 中梁 L1 和 L2 的高度从 600mm 减少为 550mm，导致梁下墙体高度发生变化，从而导致墙体分项工程的碳排放量出现一定的增加。总体而言，上述试算对比验证了遗传算法的可行性。

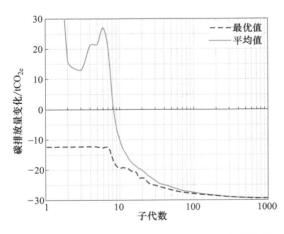

图 7-23　碳排放量优化结果随子代数的变化趋势

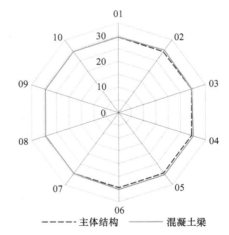

图 7-24　十次独立试验的减排量优化
结果（计量单位：tCO_{2e}）

2. 优化结果

如表 7-14 所示，解 A 中主体结构的碳排放量与初始结构方案相比降低了 29.45tCO_{2e}。解 B 中主体结构的最大降碳量略低于解 A，但梁构件的降碳量高于解 A。综合考虑解的有效性，基于解 A 的设计参数对结构模型进行更新与内力重新计算，并在此基础上进行了另一轮优化。结果表明，截面尺寸的变化使得梁的内力降低，从而产生了更高的降碳量。在第二轮优化后，梁 L1 和 L2 的高度不再变化，优化过程结束。最终优化设计结果（解 C）中梁构件及主体结构降碳量分别为 31.14tCO$_{2e}$ 和 30.41tCO$_{2e}$，比初始结构方案分别降低 18.3% 和 4.2%。

表 7-14　优化解的主要设计变量取值

变量与结果		单位	初始方案	优化方案		
				第一轮优化解 A	第一轮优化解 B	第二轮优化解 C
梁截面尺寸(h, b)	L1 和 L2	mm	(600, 200)	(600, 200)	(550, 200)	(550, 200)
	L3 和 L4	mm	(600, 200)	(600, 200)	(600, 200)	(600, 200)
	L5	mm	(500, 200)	(500, 200)	(500, 200)	(500, 200)
材料强度等级	混凝土	MPa	30	30	30	30
	纵筋	MPa	400	500	500	500
	箍筋	MPa	400	400	400	400
材料消耗量	纵筋	t	41.65	29.90	30.37	29.99
	箍筋	t	6.56	5.42	5.38	5.32
	混凝土	m^3	150.97	150.97	146.71	146.71
	模板	m^2	1487.36	1487.36	1445.44	1445.44
	砌体	m^3	503.13	503.13	506.50	506.50
减排量	主体结构	tCO$_{2e}$	—	29.45	29.38	30.41
	混凝土梁	tCO$_{2e}$	—	29.45	30.10	31.14

3. 结果讨论

在上述分析中，为降低结构的碳排放量，对梁的潜在最优设计方案进行了研究。如表 7-11 所示，砌体工程也是隐含碳排放的重要来源。以整体结构降碳为目标，本研究进一步分析了使用轻质墙板替代砌体内隔墙的潜在降碳效益。依据相应的建筑工程定额，表 7-15 比较了砌体墙和轻质墙板的工程量清单。由于两种墙体的厚度不同，因此在比较中以"1m^2"作为功能单位。研究发现，轻质墙板的物化碳排放量远低于砌体墙的。此外，使用轻质墙板也可减少自重，降低传递给框架结构和基础的内力，从而减少这些承重结构构件的碳排放量。

表 7-15　砌体墙与轻质墙板的碳排放指标对比

墙体类型	单位	单位工程清单				碳排放指标/(kgCO$_{2e}$/m^2)
		材料与机械	计量单位	消耗量	碳排放量/kgCO$_{2e}$	
砌体墙	1m^2	M7.5 水泥砂浆	m^3	1.65	325.0	4224
		混凝土砌块	m^3	18.65	3865.6	
		石料切割锯片	片	0.57	9.3	
		改性剂	kg	11.10	20.5	
		电动切割机	kW·h	3.11	3.4	

（续）

墙体类型	单位	单位工程清单				碳排放指标/（kgCO₂ₑ/m²）
		材料与机械	计量单位	消耗量	碳排放量/kgCO₂ₑ	
轻质墙板	1m²	C75 轻钢龙骨	m	305.84	612.7	2453
		石膏板 12mm	m²	210.00	1202.0	
		钢钻头	个	6.22	49.3	
		铝铆钉	100	9.40	26.5	
		自攻螺钉	100	35.80	64.4	
		木板	m³	0.01	0.9	
		膨胀螺栓	个	226.76	256.6	
		电动切割机	kW·h	203.23	220.3	
		电锤	kW·h	18.65	20.2	

依据上述采用轻质墙板的替代设计方案，重新建模计算了结构构件的内力，并采用本研究提出的遗传算法对梁进行了优化设计。与此同时，考虑结构自重降低，对框架柱和基础也进行了重新设计。图 7-25 比较了初始方案和优化方案有差异的分项工程碳排放量，表 7-16 提供了该优化方案结构部分的隐含碳排放量详细计算结果。分析表明，轻质墙板的碳排放增量为 $44.0tCO_{2e}$，但建筑墙体部分的碳排放总量降低了 $37.5tCO_{2e}$。此外，基础和框架结构的碳排放量分别减少了 $6.3tCO_{2e}$ 和 $42.5tCO_{2e}$，其中混凝土梁的优化贡献了 $38.6tCO_{2e}$ 的降碳量。使用轻质墙板时可实现建筑主体结构降碳 $86.3tCO_{2e}$，近似为结构隐含碳排放总量的 12%。与不采用轻质墙板的优化方案相比，额外降低了 $55.9tCO_{2e}$ 的碳排放。这一结果强调了框架结构低碳设计时，非承重结构构件优化的重要性。

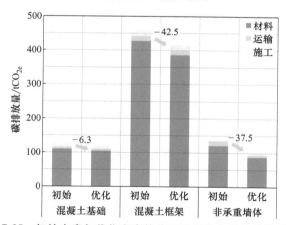

图 7-25　初始方案与优化方案的分项工程隐含碳排放量对比

表 7-16　优化方案的碳排放量计算结果

分项工程	过程	内容	计量单位	工程量	碳排放量/kgCO₂ₑ
基础	材料	钢筋	t	15.1	32250
		镀锌铁线	kg	205.7	483
		铁制品	kg	123.7	237

（续）

分项工程	过程	内容	计量单位	工程量	碳排放量/kgCO₂ₑ
基础	材料	C30 混凝土	m³	184.7	58439
		C15 混凝土	m³	62.2	11059
		焊条	kg	15.0	308
		水	m³	45.6	10
		木模板	m³	3.0	533
		钢模板	kg	538.0	1151
		其他材料①	CNY	925.9	250
	运输	铁路	t·km	9795.0	89
		公路	t·km	18684.0	5306
		其他	CNY	46.3	11
	施工	电	kW·h	606.0	657
		载重汽车 6t	工日	1.2	155
		卷扬机 5t	工日	3.9	165
		混凝土输送泵 60m³/h	工日	1.2	611
		混凝土振捣器	工日	20.1	203
		木工圆锯机	工日	0.3	8
		钢筋切断机 φ40	工日	1.7	65
		钢筋弯曲机 φ40	工日	5.3	92
		电焊机 32kW	工日	1.8	180
		电动夯实机 20~62N·m	工日	34.6	705
		推土机 75kW	工日	2.4	518
		挖掘机 0.8m³	工日	1.7	474
		挖掘机 1m³	工日	2.7	854
		汽车式起重机 5t	工日	1.4	164
		平板拖车组 40t	工日	1.0	360
		自卸汽车 12t	工日	14.1	3033
混凝土框架	材料	钢筋	t	80.7	172784
		镀锌铁线	kg	1190.5	2798
		铁件	kg	1171.6	2249
		C20 混凝土	m³	23.7	6273
		C30 混凝土	m³	569.2	180095
		焊条	kg	80.6	1653
		钢模板	kg	4124.3	8826
		木模板	m³	34.1	9246
		水	m³	67.6	14
		其他材料	CNY	5916.7	2013

（续）

分项工程	过程	内容	计量单位	工程量	碳排放量/kgCO$_{2e}$
混凝土框架	运输	铁路	t·km	52481.0	479
		公路	t·km	48274.1	13710
		其他	CNY	295.8	72
	施工	汽车式起重机 5t	工日	6.8	768
		载重汽车 6t	工日	15.6	1973
		卷扬机 5t	工日	20.8	880
		混凝土输送泵 60m^3/h	工日	3.4	1659
		电	kW·h	3582.8	3884
		混凝土振捣器	工日	132.0	1333
		木工圆锯机	工日	38.2	1039
		钢筋切断机 ϕ40	工日	9.1	348
		钢筋弯曲机 ϕ40	工日	31.6	547
		电焊机 32kW	工日	9.9	1014
砌体墙	材料	钢筋	t	2.7	5827
		镀锌铁线	kg	120.8	284
		铁件	kg	13.5	26
		C25 混凝土	m^3	8.6	2517
		M10 水泥砂浆	m^3	5.0	991
		M7.5 水泥砂浆	m^3	12.6	2290
		混凝土砌块	m^3	200.5	36083
		焊条	kg	1.1	23
		水	m^3	1.2	0
		木模板	m^3	1.1	290
		其他材料	CNY	1160.2	361
	运输	铁路	t·km	1770.0	16
		公路	t·km	20993.4	5962
		其他	CNY	58.0	14
	施工	载重汽车 6t	工日	0.1	18
		卷扬机 5t	工日	0.8	36
		混凝土输送泵 60m^3/h	工日	0.0	21
		电	kW·h	106.1	115
		混凝土振捣器	工日	1.4	14
		木工圆锯机	工日	0.6	16
		石料切割机	工日	2.2	12
		钢筋切断机 ϕ40	工日	0.6	24
		钢筋弯曲机 ϕ40	工日	0.2	3
		电焊机 32kW	工日	0.1	8

（续）

分项工程	过程	内容	计量单位	工程量	碳排放量/kgCO$_{2e}$
轻质墙板	材料	C75 轻钢龙骨	m	5491.0	10929
		石膏板 12mm	m^2	3770.6	21236
		膨胀螺栓 M16	套	4071.5	4446
		自攻螺钉	100	642.8	1116
		其他材料	CNY	4022.9	1328
	运输	公路	t·km	1477.0	419
		其他	CNY	1034.0	250
	施工	电动切割机	工日	35.9	3956
		电锤 520W	工日	55.8	363

① 其他材料包括塑料薄膜、混凝土输送管及配件、脱模剂、草片袋、填缝材料、胶带、锯片、改性剂、钢钻头和铝铆钉等。

7.4.4　双目标优化设计

1. 算法参数

以降碳量和成本为目标，采用和声搜索法进行优化设计。图 7-26 给出了创作次数增加时最优减排量与成本的变化趋势。当即兴创作次数超过 1000 时，本例的优化设计结果趋于稳定，但多次试算发现优化设计的有效子代数为 1000~8000 次。为保证结果的可靠性，将最大创作次数设定为 10000。

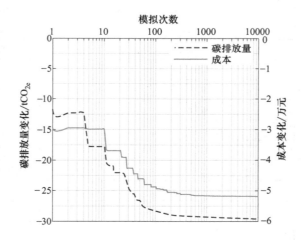

图 7-26　碳排放量和成本优化结果随模拟次数的变化趋势

为避免在单次优化中陷入局部最优解，采用和声搜索法对本研究定义的优化设计问题进行了 10 次独立试算。表 7-17 从耗时、可行解数量、最大成本下降量和降碳量的角度对结果进行了对比。每次试算的时间成本约为每 0.25s/循环，该速度与计算机的硬件配置有关。最大成本下降量为 5.16~5.25 万元，同时，最大降碳量为 29.3~29.5tCO$_{2e}$，分别约为初始设计方案中梁成本和碳排放量的 11.6% 和 17.3%。此外，不同试算中两个目标的优化结果相近，验证了本研究所提算法和相关参数的可靠性。

表 7-17　十次独立试算的优化结果对比

试算	每万次循环的耗时/s	优化设计结果			
		最大有效循环次数[①]	可行解数量	成本下降的最优值/万元	降碳量的最优值/tCO₂ₑ
01	2578.0	7231	83347	5.249	29.446
02	2536.3	7616	83487	5.246	29.446
03	2570.5	6160	84643	5.249	29.446
04	2517.9	4215	84356	5.244	29.446
05	2419.8	7938	78687	5.175	29.376
06	2454.7	1984	82650	5.248	29.446
07	2499.5	1611	84928	5.243	29.446
08	2453.1	6519	80388	5.186	29.376
09	2468.8	3935	80582	5.169	29.376
10	2506.0	6183	85381	5.249	29.446

① 最大有效循环次数指最优成本及碳排放量不再发生变化时对应的循环次数。

2. 优化结果

通过综合考虑上述优化试算，得到了包含 20 个非支配解的 Pareto 前沿。在 20 个 Pareto 最优解中，有 11 个解的梁高度与初始方案一致，而其他解中的梁高度发生了变化，可能导致结构内力重分布。因此，基于截面高度更新后的结构模型重新进行了一轮优化分析，并将相应的结果与第一阶段的 11 个 Pareto 解结合，以确定最终的 Pareto 最优解。

图 7-27 展示了基于和声搜索算法的碳排放量和成本优化结果。图中 I1 和 I2 代表优化的第一和第二阶段；A、A1、B、C 和 C1 是五个代表性的 Pareto 最优解。其中，可行解集由优化过程中生成的可行解组成，Pareto 前沿 I1 和 I2 分别包括第一轮和第二轮迭代优化的 Pareto 最优解。如图 7-27 所示，解 C 的降碳量最大，达 30.4tCO₂ₑ，比解 A 高 5.4%；而解 A 的成本下降最多，达 5.56 万元，比解 C 多 14.5%。因此，解 A 与解 C 相比，需要在增加成本的情况下，获得更好的降碳潜力。此外，解 B 等中间最优解可作为考虑成本和碳排放平衡的替代设计方案。最终 Pareto 解的平均降碳量和成本下降量分别为 29.63tCO₂ₑ 和 5.15 万元。

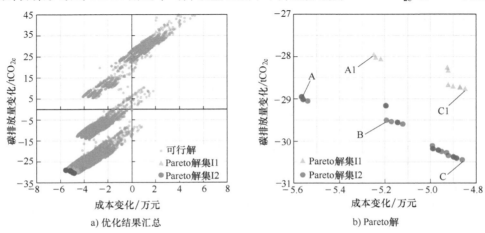

a) 优化结果汇总　　　　　　　b) Pareto解

图 7-27　碳排放量和成本的优化结果

表 7-18 比较了初始方案与代表性解决方案的主要设计变量和相关优化结果。对于最优解，梁的截面尺寸和混凝土强度在第二阶段优化后保持不变。因此，梁的内力保持不再变化，不需要进行第三轮迭代。总体而言，最终的 Pareto 最优解能够将梁的初始碳排放量降低 17.9%，将整个框架结构的碳排放量降低 6.7%，并同时将成本分别降低 12.3% 和 4.2%。

表 7-18 梁优化设计代表性解的主要设计变量和结果

变量与结果		初始方案	解 A1	解 C1	解 A	解 C
梁截面尺寸(h, b)/mm	L1 和 L2	(600, 200)	(600, 200)	(600, 200)	(550, 200)	(550, 200)
	L3 和 L4	(600, 200)	(600, 200)	(600, 200)	(600, 200)	(600, 200)
	L5	(500, 200)	(500, 200)	(500, 200)	(500, 200)	(500, 200)
强度等级/MPa	混凝土	30	30	30	30	30
	纵筋	400	500	500	500	500
	箍筋	400	300	400	300	400
纵筋总用量/t		41.65	29.95	29.90	30.07	29.99
箍筋总用量/t		6.56	6.06	5.42	5.95	5.32
混凝土用量/m³		150.97	150.97	150.97	146.71	146.71
降碳量/tCO$_{2e}$		0	27.95	29.45	28.84	30.41
成本降低值/万元		0	5.25	4.52	5.56	4.85

3. 结果对比

第7.4.3节的结果表明，以碳排放量为唯一优化目标时，对梁构件采用遗传算法经两轮混合优化设计后，结构总体隐含碳排放量降低了 30.41tCO$_{2e}$。这一结果与本节采用和声搜索算法，以碳排放量和成本进行双目标优化时得到的 Pareto 最优解 C（碳排放量最优解）完全一致，故两种算法情景的优化结果可靠性得到了相互验证。本例双目标优化设计结果进一步显示，成本最优解与碳排放量最优解存在一定的竞争性关系；按框架结构主体部分估算，每增加 1% 的成本可获得近 1% 的降碳量提升。此外，框架结构中采用轻质墙板代替砌体内隔墙，具有较好的降碳效益。

本章小结

本章以混凝土结构的低碳设计为对象，提出了对比设计与优化设计两类方法。从目标边界、评估指标、决策方法等方面建立了对比设计法的基本框架，并分别以低层、多层和高层建筑为例，对比了混凝土结构与其他常用结构体系的碳排放水准，为结构方案的比选提供参考。进一步地，以智能优化算法为基础，融合整体结构分析与关键构件优化提出了混凝土结构低碳设计的混合式优化方法，建立了利用和声搜索算法进行优化设计的基本框架。以混凝土框架结构优化设计为算例，在分析初始结构设计方案碳排放指标与构成的基础上，以隐含碳排放量和工程成本为目标，分别采用遗传算法及和声搜索算法实现了单目标与双目标优化设计。通过两种优化情景与优化算法的结果对比，验证了混合式优化方法用于混凝土结构低碳优化设计的可靠性。

参 考 文 献

[1] Intergovernmental Panel on Climate Change (IPCC). Climate change 2023: Synthesis report AR6 [R]. IPCC, Geneva, Switzerland, 2023.

[2] 英国石油公司. 世界能源统计年鉴 [R]. 毕马威中国, 2023.

[3] United Nations Environment Programme. 2022 Global status report for buildingsand construction: towards a zero emission, efficient and resilient buildings and construction sector [R]. 2022.

[4] 中国建筑节能协会. 2023 中国建筑与城市基础设施碳排放研究报告 [R]. 2023.

[5] ZHANG X, WANG F. Life-cycle carbon emission assessment and permit allocation methods: A multi-region case study of China's construction sector [J]. Ecological Indicators, 2017, 72: 910-920.

[6] IBN-MOHAMMED T, GREENOUGH R, TAYLOR S, et al. Operational vs. embodied emissions in buildings: A review of current trends [J]. Energy & Buildings, 2013, 66: 232-245.

[7] HASHEMPOUR N, TAHERKHANI R, MAHDIKHANI M. Energy performance optimization of existing buildings: A literature review [J]. Sustainable Cities and Society, 2020, 72: 101967.

[8] MONCASTER A M, RASMUSSEN F N, MALMQVIST T, et al. Widening understanding of low embodied impact buildings: Results and recommendations from 80 multi-national quantitative and qualitative case studies [J]. Journal of Cleaner Production, 2019, 235: 378-393.

[9] LE A, RODRIGO N, DOMINGO N, et al. Policy mapping for net-zero-carbon buildings: Insights from leading countries [J]. Buildings, 2023, 13: 2766.

[10] International Organization for Standardization. Greenhouse gases—Part 1: Specification with guidance at the organization level for quantification and reporting of greenhouse gas emissions and removals: ISO 14064-1: 2018 [S]. Geneva: International Organization for Standardization, 2018.

[11] International Organization for Standardization. Greenhouse gases—Part 2: Specification with guidance at the project level for quantification, monitoring and reporting of greenhouse gas emission reductions or removal enhancements: ISO 14064-2: 2019 [S]. Geneva: International Organization for Standardization, 2019.

[12] International Organization for Standardization. Greenhouse gases—Part 3: Specification with guidance for the validation and verification of greenhouse gas statements: ISO 14064-3: 2019 [S]. Geneva: International Organization for Standardization, 2019.

[13] British Standards Institution. Specification for the assessment of the life cycle greenhouse gas emissions of goods and services: PAS 2050: 2008 [S]. London: British Standards Institution, 2008.

[14] British Standards Institution. Sustainability of construction works—Assessment of environmental performance of buildings—Calculation method: BS EN 15978: 2011 [S]. London: British Standards Institution, 2011.

[15] International Organization for Standardization. Greenhouse gases—Carbon footprint of products—Requirements and guidelines: ISO 14067: 2018 [S]. Geneva: International Organization for Standardization, 2018.

[16] 中华人民共和国住房和城乡建设部. 建筑碳排放计算标准: GB/T 51366—2019 [S]. 北京: 中国建筑工业出版社, 2019.

[17] 中华人民共和国住房和城乡建设部. 绿色建筑评价标准 (2024 年版): GB/T 50378—2019 [S]. 北京: 中国建筑工业出版社, 2024.

[18] 中华人民共和国住房和城乡建设部. 建筑节能与可再生能源利用通用规范: GB 55015—2021 [S]. 北京: 中国建筑工业出版社, 2021.

[19] 厦门市建设局. 厦门市建筑碳排放核算标准: DB 3502/Z 5053—2019 [S]. 厦门: 厦门市建设局, 2019.

[20] 广东省住房和城乡建设厅. 建筑碳排放计算导则 (试行): 粤建科〔2021〕235 号 [Z]. 广州: 广

东省住房和城乡建设厅，2021.

[21] 山东省住房和城乡建设厅. 建筑设计碳排放计算导则（试行）：JD 37-002—2023［S］. 济南：山东省住房和城乡建设厅，2023.

[22] 江苏省住房和城乡建设厅. 江苏省民用建筑碳排放计算导则：苏建科〔2023〕153 号［Z］. 南京：江苏省住房和城乡建设厅，2023.

[23] 黑龙江省住房和城乡建设厅. 建筑全过程碳排放计算标准：DB23/T 3631—2023［S］. 哈尔滨：黑龙江省住房和城乡建设厅，2023.

[24] 中国工程建设标准化协会. 建筑碳排放计量标准：CECS 374—2014［S］. 北京：中国计划出版社，2014.

[25] 中国工程建设标准化协会. 民用建筑碳排放数据统计与分析标准：T/CECS 1243—2023［S］. 北京：中国计划出版社，2023.

[26] 中国工程建设标准化协会. 城市轨道交通工程碳排放核算标准：T/CECS 1532—2024［S］. 北京：中国计划出版社，2024.

[27] 中国工程建设标准化协会. 民用建筑新风系统碳排放评价标准：T/CECS 1586—2024［S］. 北京：中国计划出版社，2024.

[28] 中国工程建设标准化协会. 民用建筑暖通空调系统碳排放计算标准：T/CECS 1653—2024［S］. 北京：中国计划出版社，2024.

[29] 中国工程建设标准化协会. 建筑幕墙碳排放计算标准：T/CECS 1663—2024［S］. 北京：中国计划出版社，2024.

[30] ABANDA F H, TAH J H M, CHEUNG F K T. Mathematical modelling of embodied energy, greenhouse gases, waste, time-cost parameters of building projects: A review［J］. Building and Environment, 2013, 59: 23-37.

[31] ZHANG X, WANG F. Hybrid input-output analysis for life-cycle energy consumption and carbon emissions of China's building sector［J］. Building and Environment, 2016, 104: 188-197.

[32] ONAT N C, KUCUKVAR M, TATARI O. Scope-based carbon footprint analysis of U. S. residential and commercial buildings: An input-output hybrid life cycle assessment approach［J］. Building and Environment, 2014, 72: 53-62.

[33] HUANG Y A, WEBER C L, MATTHEWS H S. Categorization of Scope 3 emissions for streamlined enterprise carbon footprinting［J］. Environmental Science & Technology, 2009, 43: 8509-8515.

[34] CHANG Y, HUANG Z Y, RIESR, et al. The embodied air pollutant emissions and water footprints of buildings in China: a quantification using disaggregated input-output life cycle inventory model［J］. Journal of Cleaner Production, 2016, 113: 274-284.

[35] ZHANG X, WANG F. Assessment of embodied carbon emissions for building construction in China: Comparative case studies using alternative methods［J］. Energy and Buildings, 2016, 130: 330-340.

[36] SUH S, LIPPIATT B. Framework for hybrid life cycle inventory databases: A case study on the building for environmental and economic sustainability (BEES) database［J］. International Journal of Life Cycle Assessment, 2012, 17 (5): 604-612.

[37] CLARK D H. What color is your building? Measuring and reducing the energy and carbon footprint of buildings［M］. London: RIBA Publishing, 2013.

[38] European Committee for Standardization. Sustainability of construction works—Assessment of environmental performance of buildings—Calculation method: EN 15978: 2011［S］. Belgium: European Committee for Standardization, 2011.

[39] KURIAN R, KULKARNI K S, RAMANI P V, et al. Estimation of carbon footprint of residential building

in warm humid climate of India through BIM [J]. Energies, 2021, 14: 4237.

[40] 张春晖, 林波荣, 彭渤. 我国寒冷地区住宅生命周期能耗和 CO_2 排放影响因素研究 [J]. 建筑科学, 2014, 30 (10): 76-83.

[41] ZHAN J, LIU W, WU F, et al. Life cycle energy consumption and greenhouse gas emissions of urban residential buildings in Guangzhou city [J]. Journal of Cleaner Production, 2018, 194: 318-326.

[42] 张孝存. 建筑碳排放量化分析计算与低碳建筑结构评价方法研究 [D]. 哈尔滨: 哈尔滨工业大学, 2018.

[43] LI H, DENG Q, ZHANG J, et al. Assessing the life cycle CO_2 emissions of reinforced concrete structures: Four cases from China [J]. Journal of Cleaner Production, 2019, 210: 1496-1506.

[44] 李金潞. 寒冷地区城市住宅全生命周期碳排放测算及减碳策略研究 [D]. 西安: 西安建筑科技大学, 2019.

[45] LUO L, CHEN Y. Carbon emission energy management analysis of LCA-based fabricated building construction [J]. Sustainable Computing: Informatics and Systems, 2020, 27: 100405.

[46] ALOTAIBI B S, KHAN S A, ABUHUSSAIN M A, et al. Life cycle assessment of embodied carbon and strategies for decarbonization of a high-rise residential building [J]. Buildings, 2022, 12: 1203.

[47] LI X, XIE W, XU L, et al. Holistic life-cycle accounting of carbon emissions of prefabricated buildings using LCA and BIM [J]. Energy & Buildings, 2022, 266: 112136.

[48] 张宏, 张赟, 黑赏罡, 等. 建筑全生命周期划分与各阶段工程控碳技术要点和方法研究 [J]. 建筑技术, 2022, 53 (3): 263-266.

[49] 吴刚, 欧晓星, 李德智, 等. 建筑碳排放计算 [M]. 北京: 中国建筑工业出版社, 2022.

[50] 张艳敏. 装配式建筑全生命周期碳足迹与碳汇固碳评估研究: 以陕西省住宅为例 [D]. 西安: 长安大学, 2023.

[51] KUMAR A, GHIMIRE A, ADHIKARI B, et al. Life cycle energy use and carbon emission of a modern single-family residential building in Nepal [J]. Current Research in Environmental Sustainability, 2024, 7: 100245.

[52] BISWAS W K. Carbon footprint and embodied energy consumption assessment of building construction works in Western Australia [J]. International Journal of Sustainable Built Environment, 2014, 3: 179-186.

[53] 王凤来, 朱飞, 张孝存. 哈尔滨 17 层住宅结构方案对比与碳排放分析 [J]. 哈尔滨工业大学学报, 2014, 40 (2): 11-15.

[54] ZHANG X, WANG F. Life-cycle assessment and control measures for carbon emissions of typical buildings in China [J]. Building and Environment, 2015, 86: 89-97.

[55] FANG Y, NG S T, MA Z, et al. Quota-based carbon tracing model for construction processes in China [J]. Journal of Cleaner Production, 2018, 200: 657-666.

[56] HUANG Z, ZHOU H, TANG H, et al. Process-based evaluation of carbon emissions from the on-site construction of prefabricated steel structures: A case study of a multistory data center in China [J]. Journal of Cleaner Production, 2024, 439: 140579.

[57] ZHANG X, ZHANG X. A subproject-based quota approach for life cycle carbon assessment at the building design and construction stage in China [J]. Building and Environment, 2020, 185: 107258.

[58] 徐鹏鹏, 申一村, 傅晏, 等. 基于定额的装配式建筑预制构件碳排放计量及分析 [J]. 工程管理学报, 2020, 34 (3): 45-50.

[59] 王茹, 高欣宇, 段译斐, 等. 建筑装饰碳排放快速计算方法研究 [J]. 建筑科学, 2023, 39 (12): 20-27.

[60] TENG Y, PAN W. Estimating and minimizing embodied carbon of prefabricated high-rise residential build-

ings considering parameter, scenario and model uncertainties [J]. Building and Environment, 2020, 180: 106951.

[61] 徐照，方卓祯，李德智，等. BIM 技术在建筑碳排放计算领域研究进展 [J]. 建筑结构，2024，54 (5)：138-148.

[62] ALVI S A, KUMAR H, KHAN R A. Integrating BIM with carbon footprint assessment of buildings: A review [J]. Materials Today: Proceedings, 2023, 93: 497-504.

[63] 吴东东. 基于 BIM 的绿色建筑分析及碳排放计算的应用研究 [D]. 哈尔滨：哈尔滨工业大学，2015.

[64] PENG C. Calculation of a building's life cycle carbon emissions based on Ecotect and building information modeling [J]. Journal of Cleaner Production, 2016, 112: 453-465.

[65] 袁荣丽. 基于 BIM 的建筑物化碳足迹计算模型研究 [D]. 西安：西安理工大学，2019.

[66] CHENG B, LI J, TAM V W Y, et al. A BIM-LCA approach for estimating the greenhouse gas emissions of large-scale public buildings: A case study [J]. Sustainability 2020, 12: 685.

[67] DING Z, LIU S, LUO L, et al. A building information modeling-based carbon emission measurement system for prefabricated residential buildings during the materialization phase [J]. Journal of Cleaner Production, 2020, 264: 121728.

[68] HAO J, CHENG B, LU W, et al. Carbon emission reduction in prefabrication construction during materialization stage: A BIM-based life-cycle assessment approach [J]. Science of the Total Environment, 2020 723: 137870.

[69] 张黎维. 基于 BIM 技术的绿色建筑碳足迹计算模型及应用研究 [D]. 扬州：扬州大学，2022.

[70] ZHANG Y, JIANG X, CUI C, et al. BIM-based approach for the integrated assessment of life cycle carbon emission intensity and life cycle costs [J]. Building and Environment, 2022, 226: 109691.

[71] MORSI D M A, ISMAEEL W S E, et al. BIM-based life cycle assessment for different structural system scenarios of a residential building [J]. Ain Shams Engineering Journal, 2022, 13: 101802.

[72] 李春丽，高项荣. 基于 BIM 技术的建筑生命周期碳排放计量分析 [J]. 城市建筑，2023，20 (1)：205-208.

[73] 刘平平，王瑶，朱峰磊，等. 基于 BIM 的装配式住宅建筑碳排放分析 [J]. 建筑节能，2024，52 (5)：19-23.

[74] PARECE S, RESENDE R, RATO V. A BIM-based tool for embodied carbon assessment using a construction classification system [J]. Developments in the Built Environment, 2024, 19: 100467.

[75] HUANG Y, WANG Y, PENG J, et al. Can China achieve its 2030 and 2060 CO_2 commitments? Scenario analysis based on the integration of LEAP model with LMDI decomposition [J], Science of the Total Environment, 2023, 888: 164151.

[76] LI Y, WANG J, DENG B, et al. Emission reduction analysis of China's building operations from provincial perspective: Factor decomposition and peak prediction [J]. Energy & Buildings, 2023, 296: 113366.

[77] HUO T, MA Y, CAI W, et al. Will the urbanization process influence the peak of carbon emissions in the building sector? A dynamic scenario simulation [J]. Energy & Buildings, 2021, 232: 110590.

[78] YUE T, LONG R, CHEN H, et al. The optimal CO_2 emissions reduction path in Jiangsu province: An expanded IPAT approach [J]. Applied Energy, 2013, 112: 1510-1517.

[79] LIU D, XIAO B. Can China achieve its carbon emission peaking? A scenario analysis based on STIRPAT and system dynamics model [J]. Ecological Indicators, 2018, 93: 647-657.

[80] HUANG R, ZHANG X, LIU K. Assessment of operational carbon emissions for residential buildings comparing different machine learning approaches: A study of 34 cities in China [J]. Building and Environment,

2024，250：111176.

［81］ ZHANG X, SUN J, ZHANG X, et al. Assessment and regression of carbon emissions from the building and construction sector in China：A provincial study using machine learning ［J］. Journal of Cleaner Production, 2024, 450：141903.

［82］ CHEN H, DU Q, HUO T, et al. Spatiotemporal patterns and driving mechanism of carbon emissions in China's urban residential building sector ［J］. Energy, 2023, 263：126102.

［83］ ZHANG J, YAN Z, BI W, et al. Prediction and scenario simulation of the carbon emissions of public buildings in the operation stage based on an energy audit in Xi'an, China ［J］. Energy Policy, 2023：173, 113396.

［84］ LU Y, CUI P, LI D. Carbon emissions and policies in China's building and construction industry：Evidence from 1994 to 2012 ［J］. Building and Environment, 2016, 95：94-103.

［85］ ZHU C, CHANG Y, LI X, et al. Factors influencing embodied carbon emissions of China's building sector：An analysis based on extended STIRPAT modeling ［J］. Energy & Buildings, 2022, 255：111607.

［86］ SUN X, ZHANG X. Assessment and driving factors of embodied carbon emissions in the construction sector：Evidence from 2005 to 2021 in Northeast China ［J］. Sustainability, 2024, 16：5681.

［87］ WU P, SONG Y, ZHU J, et al. Analyzing the influence factors of the carbon emissions from China's building and construction industry from 2000 to 2015 ［J］. Journal of Cleaner Production, 2019, 221：552-566.

［88］ HUO T, XU L, FENG W, et al. Dynamic scenario simulations of carbon emission peak in China's city-scale urban residential building sector through 2050 ［J］. Energy Policy, 2021, 159：112612.

［89］ LI S P, RISMANCHI B, AYE L. Scenario-based analysis of future life cycle energy trajectories in residential buildings-A case study of inner Melbourne ［J］. Building and Environment, 2023, 230：109955.

［90］ ZHANG Y, YAN D, HU S, et al. Modelling of energy consumption and carbon emission from the building construction sector in China, a process-based LCA approach ［J］. Energy Policy, 2019, 134：110949.

［91］ HUO T, MA Y, CAI W, et al. Will the urbanization process influence the peak of carbon emissions in the building sector? A dynamic scenario simulation ［J］. Energy & Buildings, 2021, 232：110590.

［92］ LI R, LIU Q, CAI W, et al. Echelon peaking path of China's provincial building carbon emissions：Considering peak and time constraints ［J］. Energy, 2023, 271：127003.

［93］ ZOU C, MA M, ZHOU N, et al. Toward carbon free by 2060：a decarbonization road map of operational residential buildings in China ［J］. Energy, 2023, 277：127689.

［94］ XIN L, LI S, RENE E R, et al. Prediction of carbon emissions peak and carbon neutrality based on life cycle CO_2 emissions in megacity building sector：Dynamic scenario simulations of Beijing ［J］. Environmental Research, 2023, 238：117160.

［95］ 张又升. 建筑物生命周期二氧化碳减量评估 ［D］. 台南：台湾成功大学, 2002.

［96］ 董坤涛. 基于钢筋混凝土结构的建筑物二氧化碳排放研究 ［D］. 青岛：青岛理工大学, 2011.

［97］ LUO Z, YANG L, LIU J. Embodied carbon emissions of office building：A case study of China's 78 office buildings ［J］. Building and Environment, 2016, 95：365-371.

［98］ VICTORIA M F, PERERA S. Parametric embodied carbon prediction model for early stage estimating ［J］. Energy & Buildings, 2018, 168：106-119.

［99］ 毛希凯. 建筑生命周期碳排放预测模型研究：以天津市住宅为例 ［D］. 天津：天津大学, 2018.

［100］ CANG Y, YANG L, LUO Z. et al. Prediction of embodied carbon emissions from residential buildings with different structural forms ［J］. Sustainable Cities and Society, 2020, 54：101946.

［101］ 宋志茜. 建筑物化阶段碳排放特征及减碳策略研究 ［D］. 杭州：浙江大学, 2023.

[102] ZHANG X, SUN J, ZHANG X, et al. Statistical characteristics and scenario analysis of embodied carbon emissions of multi-story residential buildings in China [J]. Sustainable Production and Consumption, 2024, 46: 629-640.

[103] CHEN R, TSAY Y. Carbon emission and thermal comfort prediction model for an office building considering the contribution rate of design parameters [J]. Energy Reports, 2022, 8: 8093-8107.

[104] SU Y, CHENG H, WANG Z, et al. Analysis and prediction of carbon emission in the large green commercial building: A case study in Dalian, China [J]. Journal of Building Engineering, 2023, 68: 106147.

[105] YAN S, ZHANG Y, SUN H, et al. A real-time operational carbon emission prediction method for the early design stage of residential units based on a convolutional neural network: A case study in Beijing, China [J]. Journal of Building Engineering, 2023, 75: 106994.

[106] FANG Y, LU X, LI H. A random forest-based model for the prediction of construction-stage carbon emissions at the early design stage [J]. Journal of Cleaner Production, 2021, 328: 129657.

[107] 王志强, 任金哥, 韩硕, 等. 基于可解释性机器学习的建筑物物化阶段碳排放量预测研究 [J]. 安全与环境学报, 2024, 24 (6): 2454-2466.

[108] 李远钊, 吴雨婷, 于娟, 等. 基于 SVR 的高层办公建筑全生命周期碳排放预测模型: 以天津地区为例 [J]. 建筑节能, 2021, 49 (9): 25-30.

[109] ZHENG L, MUELLER M, LUO C, et al. Predicting whole-life carbon emissions for buildings using different machine learning algorithms: A case study on typical residential properties in Cornwall, UK [J]. Applied Energy, 2024, 357: 122472.

[110] MAO X, WANG L, LI J, et al. Comparison of regression models for estimation of carbon emissions during building's life cycle using designing factors: A case study of residential buildings in Tianjin, China [J]. Energy & Building, 2019, 204: 109519.

[111] 钟丽雯, 于江, 祝侃, 等. 建筑全生命周期碳排放计算分析及软件应用比较 [J]. 绿色建筑, 2023, 15 (02): 70-75.

[112] MARSHALL S K, RASDORF W, LEWIS P. Methodology for estimating emissions inventories for commercial building projects [J]. Journal of Architectural Engineering, 2012, 18: 251-260.

[113] PACHECO-TORRES R, JADRAQUE E, ROLDÁN-FONTANA J, et al. Analysis of CO_2 emissions in the construction phase of single-family detached houses [J]. Sustainable Cities and Society, 2014, 12: 63-68.

[114] HONG J, SHEN G Q, FENG Y, et al. Greenhouse gas emissions during the construction phase of a building: A case study in China [J]. Journal of Cleaner Production, 2015, 103: 249-259.

[115] SU X, ZHANG X. A detailed analysis of the embodied energy and carbon emissions of steel-construction residential buildings in China [J]. Energy & Buildings, 2016, 119: 323-330.

[116] GAN V J L, CHENG J C P, LOI M C, et al. Developing a CO_2-e accounting method for quantification and analysis of embodied carbon in high-rise buildings [J]. Journal of Cleaner Production, 2017, 141: 825-836.

[117] TENG Y, PAN W. Systematic embodied carbon assessment and reduction of prefabricated high-rise public residential buildings in Hong Kong [J]. Journal of Cleaner Production, 2019, 238: 117791.

[118] ZHAN Z, XIA P, XIA D. Study on carbon emission measurement and influencing factors for prefabricated buildings at the materialization stage based on LCA [J]. Sustainability, 2023, 15: 13648.

[119] 黄志甲, 赵玲玲, 张婷, 等. 住宅建筑生命周期 CO_2 排放的核算方法 [J]. 土木建筑与环境工程, 2011, 33 (S2): 103-105.

［120］ DAVIES P J, EMMITT S, FIRTH S K. Delivering improved initial embodied energy efficiency during con-struction［J］. Sustainable Cities and Society, 2015, 14: 267-279.

［121］ LI D, CUI P, LU Y. Development of an automated estimator of life-cycle carbon emissions for residential buildings: A case study in Nanjing, China［J］. Habitat International, 2016, 57: 154-163.

［122］ 王幼松, 杨馨, 闫辉, 等. 基于全生命周期的建筑碳排放测算: 以广州某校园办公楼改扩建项目为例［J］. 工程管理学报, 2017, 31 (3): 19-24.

［123］ ROH S, TAE S. An integrated assessment system for managing life cycle CO_2 emissions of a building［J］. Renewable & Sustainable Energy Reviews, 2017, 73: 265-275.

［124］ LU K, WANG H. Estimation of building's life cycle carbon emissions based on life cycle assessment and building information modeling: A case study of a hospital building in China［J］. Journal of Geoscience and Environment Protection, 2019, 7: 147-165.

［125］ 郑晓云, 徐金秀. 基于 LCA 的装配式建筑全生命周期碳排放研究: 以重庆市某轻钢装配式集成别墅为例［J］. 建筑经济, 2019, 40 (1): 107-111.

［126］ ZHANG X, LIU K, ZHANG Z. Life cycle carbon emissions of two residential buildings in China: Comparison and uncertainty analysis of different assessment methods［J］. Journal of Cleaner Production, 2020, 266: 122037.

［127］ 秦鳌, 袁艳平, 蒋福建. 地铁站建筑全生命周期碳排放研究: 以成都三号线某站为例［J］. 建筑经济, 2020, 41 (S1): 329-334.

［128］ 冯国会, 崔航, 常莎莎, 等. 近零能耗建筑碳排放及影响因素分析［J］. 气候变化研究进展, 2022, 18 (2): 205-214.

［129］ 罗智星, 于运星, 卢梅. 基于保温结构一体化系统的建筑生命周期碳排放研究［J］. 建筑科学, 2023, 39 (4): 26-34.

［130］ 惠怡, 张守峰, 马云朝, 等. 某中学项目全生命周期碳排放计算与分析［J］. 建筑结构, 2023, 53 (S2): 407-412.

［131］ 王婷, 高春艳, 王骏. 建筑全生命周期碳排放计算方法及案例应用研究［J］. 绿色建造与智能建筑, 2024, 1: 24-27.

［132］ CHASTAS P, THEODOSIOU T, KONTOLEON K J. Normalising and assessing carbon emissions in the building sector: A review on the embodied CO_2 emissions of residential buildings［J］. Building and Environment, 2018, 130: 212-226.

［133］ RÖCK M, SAADE M R M, BALOUKTSI M, et al. Embodied GHG emissions of buildings: The hidden challenge for effective climate change mitigation［J］. Applied Energy, 2020, 258: 114107.

［134］ 张凯, 李岳岩. 国内高层钢筋混凝土结构住宅建筑全生命周期碳排放对比分析［J］. 城市建筑, 2020, 17 (25): 36-38.

［135］ NAWARATHNA A, ALWAN Z, GLEDSON B, et al. Embodied carbon in commercial office buildings: Lessons learned from Sri Lanka［J］. Journal of Building Engineering, 2021, 42: 102441.

［136］ CHENG S, ZHOU X, ZHOU H. Study on carbon emission measurement in building materialization stage［J］. Sustainability, 2023, 15: 5717.

［137］ JI C, HONG T, JEONG K, et al. Embodied and operational CO_2 emissions of the elementary school buildings in different climate zones［J］. KSCE Journal of Civil Engineering, 2020, 24: 1037-1048.

［138］ 杨芯岩, 于震, 张时聪, 等. 近零能耗公共建筑示范工程全寿命期碳排放研究［J］. 建筑科学, 2023, 39 (2): 20-27.

［139］ ZHENG L, MUELLER M, LUO C, et al. Variations in whole-life carbon emissions of similar buildings in proximity: An analysis of 145 residential properties in Cornwall, UK［J］. Energy & Buildings, 2023,

296：113387.

[140] ZHANG X, LI Y, CHEN H, et al. Characteristics of embodied carbon emissions for high-rise building construction：A statistical study on 403 residential buildings in China [J]. Resource Conservation & Recycling, 2023, 198：107200.

[141] ARCEO A, SAXE S, MACLEAN H L. Product stage embodied greenhouse gas reductions in single-family dwellings：Drivers of greenhouse gas emissions and variability between Toronto, Perth, and Luzon [J]. Building and Environment, 2023, 242：110599.

[142] HUANG Z, ZHOU H, MIAO Z, et al. Life-cycle carbon emissions (LCCE) of buildings：Implications, calculations, and reductions [J]. Engineering, 2024, 35：115-139.

[143] GUO C, ZHANG X, ZHAO L, et al. Building a life cycle carbon emission estimation model based on an early design：68 case studies from China [J]. Sustainability, 2024, 16：744.

[144] IZAOLA B, AKIZU-GARDOKI O, OREGI X. Setting baselines of the embodied, operational and whole life carbon emissions of the average Spanish residential building [J]. Sustainable Production and Consumption, 2023, 40：252-264.

[145] 余洁卿, 曾兴贵, 黄海生. 夏热冬暖地区居住建筑建材消耗碳排放特征及基准线研究 [J]. 建筑科学, 2023, 39 (12)：36-41.

[146] GONG X, WANG Z, CUI S, et al. Life cycle energy consumption and carbon dioxide emission of residential building designs in Beijing：A comparative study [J]. Journal of Industrial Ecology, 2012, 16 (4)：576-587.

[147] 李飞, 崔胜辉, 高莉洁, 等. 砖混和剪力墙结构住宅建筑碳足迹对比研究 [J]. 环境科学与技术, 2012, 35 (S1)：18-22.

[148] 杜书廷, 张献梅. 不同结构住宅建筑物化阶段碳排放对比分析 [J]. 建筑经济, 2013 (8)：105-108.

[149] LI X, WANG F, ZHU Y, et al. An assessment frame work for analyzing the embodied carbon impacts of residential buildings in China [J]. Energy & Buildings, 2014, 85：400-409.

[150] SAZEDJ S, MORAIS A J, JALALI S. Comparison of environmental bench marks of masonry and concrete structure based on a building model [J]. Construction and Building Materials, 2016, 141：36-43.

[151] KAZIOLAS D N, ZYGOMALAS I, STAVROULAKIS G E, et al. LCA of timber and steel buildings with fuzzy variables uncertainty quantification [J]. European Journal of Environmental and Civil Engineering, 2017, 21 (9)：1128-1150.

[152] ZHANG X, ZHENG R. Reducing building embodied emissions in the design phase：A comparative study on structural alternatives [J]. Journal of Cleaner Production, 2020, 243：118656.

[153] 徐洪澎, 李恺文, 刘哲瑞. 基于类型比较的严寒地区被动式木结构建筑碳排放分析 [J]. 建筑技术, 2021, 52 (3)：324-328.

[154] ZHANG X, XU J, ZHANG X, et al. Life cycle carbon emission reduction potential of a new steel-bamboo composite frame structure for residential houses [J]. Journal of Building Engineering, 2021, 39：102295.

[155] CHEN C X, PIEROBON F, JONES S, et al. Comparative life cycle assessment of mass timber and concrete residential buildings：A case study in China [J]. Sustainability, 2022, 14：144.

[156] 魏同正, 王志毅, 杨银琛. 基于全生命周期评价某木结构建筑碳排放及减碳效果 [J]. 水利规划与设计, 2024 (4)：128-132.

[157] MAO C, SHEN Q, SHEN L, et al. Comparative study of greenhouse gas emissions between off-site prefabrication and conventional construction methods：Two case studies of residential projects [J]. Energy & Building, 2013, 66：165-176.

［158］ LI X, LAI J, MA C, et al. Using BIM to research carbon footprint during the materialization phase of pre-fabricated concrete buildings：A China study ［J］. Journal of Cleaner Production, 2021, 279：123454.

［159］ 曹西, 缪昌铅, 潘海涛. 基于碳排放模型的装配式混凝土与现浇建筑碳排放比较分析与研究 ［J］. 建筑结构, 2021, 51（S2）：1233-1237.

［160］ WU X, PENG B, LIN B. A dynamic life cycle carbon emission assessment on green and non-green build-ings in China ［J］. Energy & Buildings, 2017, 149：272-281.

［161］ 王卓然. 寒区住宅外墙保温体系生命周期 CO_2 排放性能研究与优化 ［D］. 哈尔滨：哈尔滨工业大学, 2020.

［162］ ALLEN C, OLDFIELD P, TEH S H, et al. Modelling ambitious climate mitigation pathways for Austral-ia's built environment ［J］. Sustainable Cities and Society, 2022, 77：103554.

［163］ ZHU C, LI X, ZHU W, et al. Embodied carbon emissions and mitigation potential in China's building sector：An outlook to 2060 ［J］. Energy Policy, 2022, 170：113222.

［164］ BERGMAN R, PUETTMANN M, TAYLOR A, et al. The carbon impacts of wood products ［J］. Forest Products Journal, 2014, 64：220-231.

［165］ GONG Y, LIU R, YAO L, et al. Innovation analysis of carbon emissions from the production of glued laminated timber in China based on real-time monitoring data ［J］. Journal of Cleaner Production, 2024, 469：143174.

［166］ ZEITZ A, GRIFFIN C T, DUSICKA P. Comparing the embodied carbon and energy of a mass timber structure system to typical steel and concrete alternatives for parking garages ［J］. Energy & Buildings, 2019, 199：126-133.

［167］ HART J, D'AMICO B, POMPONI F. Whole-life embodied carbon in multistory buildings：Steel, con-crete and timber structures ［J］. Journal of Industrial Ecology, 2021, 25：403-418.

［168］ ROBATI M, OLDFIELD P. The embodied carbon of mass timber and concrete buildings in Australia：An uncertainty analysis ［J］. Building and Environment, 2022, 214：108944.

［169］ SASAKI N. Timber production and carbon emission reductions through improved forest management and substitution of fossil fuels with wood biomass ［J］. Resources, Conservation & Recycling, 2021, 173：105737.

［170］ 住房和城乡建设部科技与产业化发展中心, 中国建筑材料科学研究总院有限公司, 北京建筑材料科学研究总院有限公司. 建筑材料领域碳达峰碳中和实施路径研究 ［M］. 北京：中国建筑工业出版社, 2022.

［171］ 商雁青, 李敏, 张萌, 等. 浅谈低碳水泥国内外研究进展 ［J］. 中国水泥, 2024, 7：21-28.

［172］ QUATTRONE M, ANGULO S C, JOHN V M. Energy and CO_2 from high performance recycled aggregate production ［J］. Resources, Conservation & Recycling, 2014, 90：21-33.

［173］ VISINTIN P, XIE T, BENNETT B. A large-scale life-cycle assessment of recycled aggregate concrete：The influence of functional unit, emissions allocation and carbon dioxide uptake ［J］. Journal of Cleaner Production, 2020, 248：119243.

［174］ XIAO J, ZHANG H, TANG Y, et al. Fully utilizing carbonated recycled aggregates in concrete：Strength, drying shrinkage and carbon emissions analysis ［J］. Journal of Cleaner Production, 2022, 377：134520.

［175］ ZHAO Y, WANG T, YI W. Emergy-accounting-based comparison of carbon emissions of solid waste recy-cled concrete ［J］. Construction and Building Materials, 2023, 387：131674.

［176］ POMPONI F, MONCASTER A. Scrutinising embodied carbon in buildings：The next performance gap made manifest ［J］. Renewable & Sustainable Energy Reviews, 2018, 81：2431-2442.

[177] PARK H S, LEE H, KIM Y, et al. Evaluation of the influence of design factors on the CO_2 emissions and costs of reinforced concrete columns [J]. Energy & Buildings, 2014, 82: 378-384.

[178] FRAILE-GARCIA E, FERREIRO-CABELLO J, MARTINEZ-CAMARA E, et al. Adaptation of methodology to select structural alternatives of one-way slab in residential building to the guidelines of the European Committee for Standardization (CEN/TC 350) [J]. Environmental Impact Assessment Review, 2015, 55: 144-155.

[179] OH B K, CHOI S W, PARK H S. Influence of variations in CO_2 emission data upon environmental impact of building construction [J]. Journal of Cleaner Production, 2017, 140: 1194-1203.

[180] MERGOS P E. Contribution to sustainable seismic design of reinforced concrete members through embodied CO_2 emissions optimization [J]. Structural Concrete, 2018, 18: 454-462.

[181] NA S, PAIK I. Reducing greenhouse gas emissions and costs with the alternative structural system for slab: A comparative analysis of South Korea cases [J]. Sustainability, 2019, 11 (19): 5238.

[182] JAYASINGHE A, ORR J, IBELL T, et al. Minimising embodied carbon in reinforced concrete beams [J]. Engineering Structures, 2021, 242: 112590.

[183] ZHANG X, ZHANG X. Sustainable design of reinforced concrete structural members using embodied carbon emission and cost optimization [J]. Journal of Building Engineering, 2021, 44: 102940.

[184] 张孝存, 王凤来. 基于低碳指标的混凝土框架柱截面优化设计 [J]. 建筑结构学报, 2022, 43 (S1): 77-85.

[185] 高宇, 李政道, 张慧, 等. 基于LCA的装配式建筑建造全过程的碳排放分析 [J]. 工程管理学报, 2018, 32 (2): 30-34.

[186] NADOUSHANI Z S M, AKBARNEZHAD A. Effects of structural system on the life cycle carbon footprint of buildings [J]. Energy & Buildings, 2015, 102: 337-346.

[187] LOTTEAU M, LOUBET P, SONNEMANN G. An analysis to understand how the shape of a concrete residential building influences its embodied energy and embodied carbon [J]. Energy & Buildings, 2017, 154: 1-11.

[188] 赵彦革, 孙倩, 韦婉, 等. 建筑结构类型及方案对碳排放的影响研究 [J]. 建筑结构, 2023, 53 (17): 14-18.

[189] TRINH H T M K, CHOWDHURY S, DOH J, et al. Environmental considerations for structural design of flat plate buildings: Significance of and interrelation between different design variables [J]. Journal of Cleaner Production, 2021, 315: 128123.

[190] ALMULHIM M S M, TAHER R. Environmental impact assessment of residential building structural systems: A case study in Saudi Arabia [J]. Journal of Building Engineering, 2023, 72: 106644.

[191] HAN Q, CHANG J, LIU G, et al. The carbon emission assessment of a building with different prefabrication rates in the construction stage. International Journal of Environmental Research and Public Health, 2022, 19: 2366.

[192] 王安琪. 装配式混凝土框架结构物化阶段碳排放量化分析 [J]. 长沙: 湖南大学, 2023.

[193] 李小冬, 王帅, 孔祥勤, 等. 预拌混凝土生命周期环境影响评价 [J]. 土木工程学报, 2011, 44 (1): 132-138.

[194] GAN V J L, CHAN C M, TSE K T, et al. A comparative analysis of embodied carbon in high-rise buildings regarding different design parameters [J]. Journal of Cleaner Production, 2017, 161: 663-675.

[195] 王载, 武岳, 沈世钊, 等. 高层结构低碳设计方法研究 [J]. 建筑结构学报, 2023, 44 (S1): 38-47.

[196] PAYA-ZAFORTEZA I, YEPES V, HOSPITALER A, et al. CO_2-optimization of reinforced concrete

frames by simulated annealing [J]. Engineering Structures, 2009, 31: 1501-1508.

[197] CAMP C V, HUQ F. CO_2 and cost optimization of reinforced concrete frames using a big bang-big crunch algorithm [J]. Engineering Structures, 2013, 48: 363-372.

[198] YEO D H, POTRA F A. Sustainable design of reinforced concrete structures through CO_2 emission optimization [J]. Journal of Structural Engineering, 2015, 43 (3): 2028-2033.

[199] MERGOS P E. Seismic design of reinforced concrete frames for minimum embodied CO_2 emissions [J]. Energy & Buildings, 2018, 162: 177-186.

[200] MERGOS P E. Structural design of reinforced concrete frames for minimum amount of concrete or embodied carbon [J]. Energy & Buildings, 2024, 318: 114505.

[201] XIANG Y, MAHAMADU A, FLOREZ-PEREZ L, et al. Design optimisation towards lower embodied carbon of prefabricated buildings: Balancing standardisation and customization [J]. Developments in the Built Environment, 2024, 18: 100413.

[202] GAN V J L, WONG C L, TSE K T, et al. Parametric modelling and evolutionary optimization for cost-optimal and low-carbon design of high-rise reinforced concrete buildings [J]. Advanced Engineering Informatics, 2019, 42: 100962.

[203] CHOI S W, OH B K, PARK H S. Design technology based on resizing method for reduction of costs and carbon dioxide emissions of high-rise buildings [J]. Energy & Buildings, 2017, 138: 612-620.

[204] ELEFTHERIADIS S, DUFFOUR P, GREENING P, et al. Investigating relationships between cost and CO_2 emissions in reinforced concrete structures using a BIM-based design optimisation approach [J]. Energy & Buildings, 2018, 166: 330-346.

[205] LIAO W, LU X, FEI Y, et al. Generative AI design for building structures [J]. Automation in Construction, 2024, 157: 105187.

[206] CHEW Z X, WONG J Y, TANG H Y, et al. Generative Design in the Built Environment [J]. Automation in Construction, 2024, 166: 105638.

[207] CHAU C K, LEUNG T M, NG W Y. A review on life cycle assessment, life cycle energy assessment and life cycle carbon emissions assessment on buildings [J]. Applied Energy, 2015, 143: 395-413.

[208] ZHANG X, WANG F. Analysis of embodied carbon in the building life cycle considering the temporal perspectives of emissions: A case study in China [J]. Energy and Buildings, 2017, 155: 404-413.

[209] 张孝存, 王凤来. 建筑工程碳排放计量 [M]. 北京: 机械工业出版社, 2022.

[210] 生态环境部, 国家统计局. 关于发布 2021 年电力二氧化碳排放因子的公告 [Z]. 北京: 生态环境部, 国家统计局, 2024-04-12.

[211] ZHANG X, ZHU Q, ZHANG X. Carbon emission intensity of final electricity consumption: Assessment and decomposition of regional power grids in China from 2005 to 2020 [J]. Sustainability, 2023, 15: 9946.

[212] 中华人民共和国住房和城乡建设部. 房屋建筑与装饰工程消耗量定额: TY01-31-2021 [S]. 北京: 中国计划出版社, 2022.

[213] ZHANG X, ZHENG R, WANG F. Uncertainty in the life cycle assessment of building emissions: A comparative case study of stochastic approaches [J]. Building and Environment, 2019, 147: 121-131.

[214] HONG J, SHEN G Q, PENG Y, et al. Uncertainty analysis for measuring greenhouse gas emissions in the building construction phase: A case study in China [J]. Journal of Cleaner Production, 2016, 129: 183-195.

[215] WANG E, SHEN Z. A hybrid data quality indicator and statistical method for improving uncertainty analysis in LCA of complex system: Application to the whole building embodied energy analysis [J]. Journal of

Cleaner Production, 2013, 43: 166-173.

[216] ZHANG X, WANG F. Stochastic analysis of embodied emissions of building construction: A comparative case study in China [J]. Energy & Buildings, 2017, 151: 574-584.

[217] WEIDEMA B P, BAUER C, HISCHIER R, et al. Overview and methodology: Data quality guideline for the Ecoinvent database version 3 [R]. St. Gallen, the Ecoinvent Centre, 2013.

[218] 国家发展改革委. 省级温室气体清单编制指南（试行）[Z]. 北京：国家发展改革委, 2011.

[219] 国家发展改革委. 中国区域电网基准线排放因子 [Z]. 北京：国家发展改革委, 2015.

[220] DIXIT M K, FERNANDEZ-SOLIS J L, LAVY S, et al. Identification of parameters for embodied energy measurement: A literature review [J]. Energy & Buildings, 2010, 42 (8): 1238-1247.

[221] BILEC M M, RIES R J, MATTHEWS H S. Life-cycle assessment modeling of construction processes for buildings [J]. Journal of Infrastructure Systems, 2010, 16 (3): 199-205.

[222] LUO W, SANDANAYAKE M, ZHANG G. Direct and indirect carbon emissions in foundation construction: Two case studies of driven precast and cast-in-situ piles [J]. Journal of Cleaner Production, 2019, 211: 1517-1526.

[223] MALMQVIST T, NEHASILOVA M, MONCASTER A, et al. Design and construction strategies for reducing embodied impacts from buildings: Case study analysis [J]. Energy & Buildings, 2018, 166: 35-47.

[224] ARCEO A, THAM M, GUVEN G, et al. Capturing variability in material intensity of single-family dwellings: A case study of Toronto, Canada [J]. Resources, Conservation & Recycling, 2021, 175: 105885.

[225] ZHANG Y R, WU W J, WANG Y F. Bridge life cycle assessment with data uncertainty [J]. International Journal of Life Cycle Assessment, 2016, 21: 569-576.

[226] CHEN X, CORSON M S. Influence of emission-factor uncertainty and farm-characteristic variability in LCA estimates of environmental impacts of French dairy farms [J]. Journal of Cleaner Production, 2014, 81: 150-157.

[227] LIU F T, TING K M, ZHOU Z. Isolation Forest [C]. Eighth IEEE International Conference on Data Mining, 2008: 413-422.

[228] 中华人民共和国住房和城乡建设部. 民用建筑设计统一标准：GB 50352—2019 [S]. 北京：中国建筑工业出版社, 2019.

[229] HAFLIGER I F, JOHN V, PASSER A, et al. Buildings environmental impacts' sensitivity related to LCA modelling choices of construction materials [J]. Journal of Cleaner Production, 2017, 156: 805-816.

[230] 中华人民共和国住房和城乡建设部. 高层建筑混凝土结构技术规程：JGJ 3—2010 [S]. 北京：中国建筑工业出版社, 2010.

[231] CARRUTH M A, ALLWOOD J M, MOYNIHAN M C. The technical potential for reducing metal requirements through lightweight product design [J]. Resources, Conservation & Recycling, 2011, 57: 48-60.

[232] SHANKS W, DUNANT C F, DREWNIOK M P, et al. How much cement can we do without? Lessons from cement material flows in the UK [J]. Resources, Conservation & Recycling, 2019, 141: 441-454.

[233] LI D Z, CHEN H X, HUI E C M, et al. A methodology for estimating the life-cycle carbon efficiency of a residential building [J]. Building and Environment, 2013, 59: 448-455.

[234] 中华人民共和国住房和城乡建设部. 建筑抗震设计标准（2024年版）：GB/T 50011—2010 [S]. 北京：中国建筑工业出版社, 2024.

[235] CHEN T, GUESTRIN C. Xgboost: A scalable tree boosting system [C] //Proceedings of the 22nd ACM SIGKDD international conference on knowledge discovery and data mining. 2016: 785-794.

[236] PRASAD R K, SARMAH R, CHAKRABORTY S, et al. NNVDC: A new versatile density-based cluste-

ring method using k-Nearest Neighbors [J]. Expert Systems With Applications, 2023, 227: 120250.

[237] SUN Z, WANG G, LI P, et al. An improved random forest based on the classification accuracy and correlation measurement of decision trees [J]. Expert Systems With Applications, 2024, 237: 121549.

[238] DORMANN C F, ELITH J, BACHER S, et al. Collinearity: a review of methods to deal with it and a simulation study evaluating their performance [J]. Ecography, 2013, 36: 27-46.

[239] VEIGA R K, VELOSO A C, MELO A P, et al. Application of machine learning to estimate building energy use intensities [J]. Energy & Buildings, 2021, 249: 111219.

[240] FUSHIKI T. Estimation of prediction error by using K-fold cross-validation [J]. Statistics & Computing, 2011, 21 (2): 137-146.

[241] PANG Y, WANG Y, LAI X, et al. Enhanced Kriging leave-one-out cross-validation in improving model estimation and optimization [J]. Computer Methods in Applied Mechanics and Engineering, 2023, 414: 116194.

[242] SEYEDZADEH S, RAHIMIAN F P, GLESK I, et al. Machine learning for estimation of building energy consumption and performance: A review [J]. Visualization in Engineering, 2018, 6 (1): 1-20.

[243] 何书元. 应用时间列分析 [M]. 2版. 北京: 北京大学出版社, 2023.

[244] 伍德里奇. 计量经济学导论: 现代观点 (第七版) [M]. 北京: 中国人民大学出版社, 2023.

[245] HASAN M K, ALAM M A, ROY S, et al. Missing value imputation affects the performance of machine learning: A review and analysis of the literature (2010 – 2021) [J]. Informatics in Medicine Unlocked, 2021, 27: 100799.

[246] ALIMOHAMMADI H, CHEN S N. Performance evaluation of outlier detection techniques in production time series: A systematic review and meta-analysis [J]. Expert Systems With Applications, 2022, 191: 116371.

[247] NYITRAI T, VIRÁG M. The effects of handling outliers on the performance of bank ruptcy prediction models [J]. Socio-Economic Planning Sciences, 2019, 67: 34-42.

[248] XIE J, SAGE M, ZHAO Y F. Feature selection and feature learning in machine learning applications for gas turbines: A review [J]. Engineering Applications of Artificial Intelligence, 2023, 117: 105591.

[249] FREDERICK P, BROOKS J R. No silver bullet: essence and accidents of software engineering [J]. Computer, 1987, 4: 10-19.

[250] HO Y, PEPYNE D L. Simple explanation of the no-free-lunch theorem and its implications [J]. Journal of Optimization Theory and Applications, 2002, 115: 549-570.

[251] RUSSELL S, NORVIG P. 人工智能: 现代方法 (第四版) [M]. 张博雅, 陈坤, 田超, 等, 译. 北京: 人民邮电出版社, 2022.

[252] WONG Y. Performance evaluation of classification algorithms by k-fold and leave-one-out cross validation [J]. Pattern Recognition, 2015, 48 (9): 2839-2846.

[253] YANG L, SHAMI A. On hyperparameter optimization of machine learning algorithms: Theory and practice [J]. Neurocomputing, 2020, 415: 295-316.

[254] ZHANG X, CHEN H, SUN J, et al. Predictive models of embodied carbon emissions in building design phases: Machine learning approaches based on residential buildings in China [J]. Building and Environment, 2024, 258: 111595.

[255] LUKIĆ I, PREMROV M, PASSER A, et al. Embodied energy and GHG emissions of residential multistorey timber buildings by height: A case with structural connectors and mechanical fasteners [J]. Energy & Buildings, 2021, 252: 111387.

[256] BABOVI C Z, BAJAT B, ĐOKI C V, et al. Research in computing-intensive simulations for nature-orien-

ted civil-engineering and related scientific fields, using machine learning and big data: An overview of open problems [J]. Journal of Big Data, 2023, 10: 73.

[257] 余丽武, 朱平华, 张志军. 土木工程材料 [M]. 2 版. 北京: 中国建筑工业出版社, 2021.

[258] 中华人民共和国住房和城乡建设部. 混凝土结构设计标准 (2024 年版): GB/T 50010—2010 [S]. 北京: 中国建筑工业出版社, 2024.

[259] 中华人民共和国住房和城乡建设部. 普通混凝土配合比设计规程: JGJ 55—2011 [S]. 北京: 中国建筑工业出版社, 2011.

[260] 中华人民共和国国家质量监督检验检疫总局. 水泥密度测定方法: GB/T 208—2014 [S]. 北京: 中国标准出版社, 2014.

[261] 刘勇, 马良, 张惠珍, 等. 智能优化算法 [M]. 上海: 上海人民出版社, 2019.

[262] SHI C, LI Y, ZHANG J, et al. Performance enhancement of recycled concrete aggregate: A review [J]. Journal of Cleaner Production, 2016, 112: 466-472.

[263] TAM V W Y. Comparing the implementation of concrete recycling in the Australian and Japanese construction industries [J]. Journal of Cleaner Production, 2009, 17: 688-702.

[264] ZHANG W, WANG S, ZHAO P, et al. Effect of the optimized triple mixing method on the ITZ microstructure and performance of recycled aggregate concrete [J]. Construction and Building Materials, 2019, 203: 601-607.

[265] DAY R L. Strength measurement of concrete using different cylinder sizes: A statistical analysis [J]. Cement Concrete & Aggregates, 1994, 16: 21-30.

[266] NEVILLE A M. Properties of concrete [M]. London: Longman, 1995.

[267] SHI X, XIE N, FORTUNE K, et al. Durability of steel reinforced concrete in chloride environments: An overview [J]. Construction and Building Materials, 2012, 30: 125-138.

[268] WANG H, BAH M J, HAMMAD M. Progress in outlier detection techniques: A survey [J]. IEEE Access 7, 2019: 107964-108000.

[269] LIU F T, TING K M, ZHOU Z. Isolation forest [J]. IEEE, 2008: 413-422.

[270] PEDREGOSA F, VAROQUAUX G, GRAMFORT A, et al. Scikit-learn: Machine learning in python [J]. Journal of Machine Learning Research, 2011, 12: 2825-2830.

[271] GÓMEZ-SOBERÓN J M V. Porosity of recycled concrete with substitution of recycled concrete aggregate: An experimental study [J]. Cement and Concrete Research, 2002, 32: 1301-1311.

[272] 肖建庄, 李佳彬, 孙振平, 等. 再生混凝土的抗压强度研究 [J]. 同济大学学报 (自然科学版), 2004, 12: 1558-1561.

[273] POON C S, SHUI Z H, LAM L, et al. Influence of moisture states of natural and recycled aggregates on the slump and compressive strength of concrete [J]. Cement and Concrete Research, 2004, 34: 31-36.

[274] ETXEBERRIA M, VÁZQUEZ E, MARÍ A, et al. Influence of amount of recycled coarse aggregates and production process on properties of recycled aggregate concrete [J]. Cement and Concrete Research, 2007, 37: 735-742.

[275] KOU S C, POON C S, CHAN D. Influence of fly ash as cement replacement on the properties of recycled aggregate concrete [J]. Journal of Materials in Civil Engineering, 2007, 19: 709-717.

[276] CORINALDESI V, MORICONI G. Influence of mineral additions on the performance of 100% recycled aggregate concrete [J]. Construction and Building Materials, 2009, 23: 2869-2876.

[277] 周静海, 何海进, 孟宪宏, 等. 再生混凝土基本力学性能试验 [J]. 沈阳建筑大学学报 (自然科学版), 2010, 26 (3): 464-468.

[278] CORINALDESI V. Mechanical and elastic behaviour of concretes made of recycled-concrete coarse aggre-

gates [J]. Construction and Building Materials, 2010, 24: 1616-1620.

[279] DOMINGO A, LÁZARO C, GAYARRE F L, et al. Long term deformations by creep and shrinkage in recycled aggregate concrete [J]. Materials and Structures, 2010, 43: 1147-1160.

[280] KOU S, POON C, ETXEBERRIA M. Influence of recycled aggregates on long term mechanical properties and pore size distribution of concrete [J]. Cement and Concrete Composites, 2011, 33: 286-291.

[281] LIMBACHIYA M, MEDDAH M S, OUCHAGOUR Y. Use of recycled concrete aggregate in fly-ash concrete [J]. Construction and Building Materials, 2011, 27: 439-449.

[282] SUN Y D, XIAO X. Experiment research on basic mechanic property of recycled concrete with different ratio of recycled aggregate [J]. Advanced Materials Research, 2011, 250: 994-1000.

[283] LI Y, TAO J L, LEI T, et al. Experimental study on compressive strength of recycled concrete [J]. Advanced Materials Research, 2011, 261-263, 75-78.

[284] THOMAS C, SETIÉN J, POLANCO J A, et al. Durability of recycled aggregate concrete [J]. Construction and Building Materials, 2013, 40: 1054-1065.

[285] ZHANG X H, TIAN S, DAI H R, et al. Study strength of recycled concrete mix design [J]. Applied Mechanics and Materials, 2013, 423: 1072-1075.

[286] AAMER R B M, HASANAH N, FARHAYU N, et al. Properties of porous concrete from waste crushed concrete (recycled aggregate) [J]. Construction and Building Materials, 2013, 47: 1243-1248.

[287] RADONJANIN V, MALEŠEV M, MARINKOVIĆ S, et al. Green recycled aggregate concrete [J]. Construction and Building Materials, 2013, 47: 1503-1511.

[288] THOMAS C, SOSA I, SETIÉN J, et al. Evaluation of the fatigue behavior of recycled aggregate concrete [J]. Journal of Cleaner Production, 2014, 65: 397-405.

[289] ANDREU G, MIREN E. Experimental analysis of properties of high performance recycled aggregate concrete [J]. Construction and Building Materials, 2014, 52: 227-235.

[290] LÓPEZ G F, LÓPEZ-COLINA P C, SERRANO L M A, et al. The effect of curing conditions on the compressive strength of recycled aggregate concrete [J]. Construction and Building Materials, 2014, 53: 260-266.

[291] MEDINA C, ZHU W, HOWIND T, et al. Influence of mixed recycled aggregate on the physical-mechanical properties of recycled concrete [J]. Journal of Cleaner Production, 2014, 68: 216-225.

[292] PEDRO D, BRITO J, EVANGELISTA L. Influence of the use of recycled concrete aggregates from different sources on structural concrete [J]. Construction and Building Materials, 2014, 71: 141-151.

[293] PEDRO D, BRITO J, EVANGELISTA L. Performance of concrete made with aggregates recycled from precasting industry waste: Influence of the crushing process [J]. Materials and Structures, 2015, 48: 3965-3978.

[294] HAI TAO Y, SHI ZHU T. Preparation and properties of high-strength recycled concrete in cold areas [J]. Materiales de Construccion, 2015, 65 (318): 50.

[295] LASERNA S, MONTERO J. Influence of natural aggregates typology on recycled concrete strength properties [J]. Construction and Building Materials, 2016, 115: 78-86.

[296] GONZALEZ-COROMINAS A, ETXEBERRIA M. Effects of using recycled concrete aggregates on the shrinkage of high performance concrete [J]. Construction and Building Materials, 2016, 115: 32-41.

[297] GONZALEZ-COROMINAS A, ETXEBERRIA M, POON C S. Influence of steam curing on the pore structures and mechanical properties of fly-ash high performance concrete prepared with recycled aggregates [J]. Cement and Concrete Composites, 2016, 71: 77-84.

[298] ZHOU C, CHEN Z. Mechanical properties of recycled concrete made with different types of coarse aggre-

gate [J]. Construction and Building Materials, 2017, 134: 497-506.

[299] THOMAS C, SETIÉN J, POLANCO J A, et al. Influence of curing conditions on recycled aggregate concrete [J]. Construction and Building Materials, 2018, 172: 618-625.

[300] OZBAKKALOGLU T, GHOLAMPOUR A, XIE T. Mechanical and durability properties of recycled aggregate concrete: Effect of recycled aggregate properties and content [J]. Journal of Materials in Civil Engineering, 2018, 30 (2): 4017275.

[301] BEN N A, ALHUMOUD J M. Effects of recycled aggregate on concrete mix and exposure to chloride [J]. Advances in Materials Science and Engineering, 2019: 1-7.

[302] GENG Y, WANG Q, WANG Y, et al. Influence of service time of recycled coarse aggregate on the mechanical properties of recycled aggregate concrete [J]. Materials and Structures, 2019, 52 (5): 1-16.

[303] NAWAZ M A, QURESHI L A, ALI B, et al. Mechanical, durability and economic performance of concrete incorporating fly ash and recycled aggregates [J]. SN Applied Sciences, 2020, 2 (2): 1-10.

[304] WANG J, ZHANG J, CAO D, et al. Comparison of recycled aggregate treatment methods on the performance for recycled concrete [J]. Construction and Building Materials, 2020, 234: 117366.

[305] WANG Q, GENG Y, WANG Y, et al. Drying shrinkage model for recycled aggregate concrete accounting for the influence of parent concrete [J]. Engineering Structures, 2020, 202: 109888.

[306] DU Y, ZHAO Z, XIAO Q, et al. Experimental Study on the mechanical properties and compression size effect of recycled aggregate concrete [J]. Materials, 2021, 14: 2323.

[307] KOU S C, POON C S, CHAN D. Influence of fly ash as a cement addition on the hardened properties of recycled aggregate concrete [J]. Materials and Structures, 2008, 41: 1191-1201.

[308] KOU S C, POON C S, AGRELA F. Comparisons of natural and recycled aggregate concretes prepared with the addition of different mineral admixtures [J]. Cement and Concrete Composites, 2011, 33: 788-795.

[309] KOU S C, POON C S. Long-term mechanical and durability properties of recycled aggregate concrete prepared with the incorporation of fly ash [J]. Cement and Concrete Composites, 2013, 37: 12-19.

[310] DUAN Z H, POON C S. Properties of recycled aggregate concrete made with recycled aggregates with different amounts of old adhered mortars [J]. Materials & Design, 2014, 58: 19-29.

[311] THOMAS J, THAICKAVIL N N, WILSON P M. Strength and durability of concrete containing recycled concrete aggregates [J]. Journal of Building Engineering, 2018, 19: 349-365.

[312] LIU K, ZHENG J, DONG S, et al. Mixture optimization of mechanical, economical, and environmental objectives for sustainable recycled aggregate concrete based on machine learning and metaheuristic algorithms [J]. Journal of Building Engineering, 2023, 63: 105570.

[313] KOU S C, POON C S. Compressive strength, pore size distribution and chloride-ion penetration of recycled aggregate concrete incorporating class-F fly ash [J]. Journal of Wuhan University of Technology, 2006, 21 (4): 130-136.

[314] 戴明辉. 再生混凝土抗氯离子渗透性试验研究 [D]. 福州: 福州大学, 2013.

[315] PAN Z, ZHOU J, JIANG X, et al. Investigating the effects of steel slag powder on the properties of self-compacting concrete with recycled aggregates [J]. Construction and Building Materials, 2019, 200: 570-577.

[316] BAO J, LI S, ZHANG P, et al. Influence of the incorporation of recycled coarse aggregate on water absorption and chloride penetration into concrete [J]. Construction and Building Materials, 2020, 239: 117845.

[317] 韦胜怀. 矿物掺合料对再生混凝土抗氯盐侵蚀及抗冻性能影响的研究 [D]. 徐州: 中国矿业大

学，2020.

[318] 段珍华，江山山，肖建庄，等. 再生粗骨料含水状态对混凝土性能的影响［J］. 建筑材料学报，2021，24（3）：545-550.

[319] 郑佳凯. 基于机器学习的再生混凝土配合比优化设计方法研究［D］. 广州：广东工业大学，2023.

[320] 中华人民共和国住房和城乡建设部. 建筑结构可靠性设计统一标准：GB 50068—2018［S］. 北京：中国建筑工业出版社，2018.

[321] LEE K S，GEEM Z W，LEE S，et al. The harmony search heuristic algorithm for discrete structural optimization［J］. Engineering Optimization，2005，37（7）：663-684.

[322] 王竹君，夏晋，金伟良. 一种改进的工程结构全寿命设计理论指标体系［J］. 建筑结构学报，2019，40（1）：40-48.

[323] DEB K. An efficient constraint handling method for genetical gorithms［J］. Computer Methods in Applied Mechanics & Engineering，2000，186：311-338.

[324] MARLER R，ARORA J. Survey of multi-objective optimization methods for engineering［J］. Structural and Multidisciplinary Optimization，2004，26：369-395.

[325] DEB K，PRATAP A，AGARWAL S，et al. A fast and elitist multiobjective genetic algorithm：NSGA-II［J］. IEEE Transactions on Evolutionary Computation，2002，6（2）：182-197.

[326] 中华人民共和国住房和城乡建设部. 混凝土结构通用规范：GB 55008—2021［S］. 北京：中国建筑工业出版社，2021.

[327] ZHANG X，WANG F. Influence of parameter uncertainty on the low-carbon design optimization of reinforced concrete continuous beams［J］. Structural Concrete，2023，24：855-871.

[328] TARANTOLA S，FERRETTI F，PIANO S L，et al. An annotated timeline of sensitivity analysis［J］. Environmental Modelling and Software，2024，174：105977.

[329] ZHANG X，ZHANG X. Comparison and sensitivity analysis of embodied carbon emissions and costs associated with rural house construction in China to identify sustainable structural forms［J］. Journal of Cleaner Production，2021，293：126190.

[330] 张孝存，郑荣跃，王凤来. 清单选择对乡村建筑物化碳排放的影响分析［J］. 工程管理学报，2020，34（3）：51-55.

[331] 中华人民共和国住房和城乡建设部. 砌体结构设计规范：GB 50003—2011［J］. 北京：中国建筑工业出版社，2011.

[332] GEEM Z W，KIM J H. A new heuristic optimization algorithm：Harmony search［J］. Simulation，2001，76（2）：60-68.

[333] ZHANG T，GEEM Z W. Review of harmony search with respect to algorithm structure［J］. Swarm and Evolutionary Computation，2019，48：31-43.

[334] WANG X，GAO X Z，ZENGER K. An introduction to harmony search optimization method［J］. Springer，2015.

[335] HASANCEBI O，ERDAL F，SAKA M P. Adaptive harmony search method for structure optimization［J］. Journal of Structural Engineering，2010，136（4）：419-431.

[336] KUMAR V，CHHABRA J K，KUMAR D. Parameter adaptive harmony search algorithm for unimodal and multimodal optimization problems［J］. Journal of Scientific Computing，2014，5：144-155.

[337] PERAZA C，VALDEZ F，GARCIA M，et al. A new fuzzy harmony search algorithm using fuzzy logic for dynamic parameter adaptation［J］. Algorithms，2016，9（4）：69.

［338］ ZHANG X，ZHANG X．Design of low-carbon and cost-efficient concrete frame buildings：A hybrid optimization approach based on harmony search ［J］．Journal of Asian Architecture and Building Engineering，2023，22（4）：2161-2174.

［339］ ZHANG X，ZHANG X．Low-carbon design optimization of reinforced concrete building structures using genetic algorithm ［J］．Journal of Asian Architecture and Building Engineering，2023. DOI：10. 1080/13467581. 2023. 2278466.